网络空间安全系列丛书

AI+网络安全

智网融合空间体系建设指南

申志伟　张　尼　王　翔

朱肖曼　于运涛　张　驰　编　著

张大松　郭　烁　李　玲

U0281493

电子工业出版社

Publishing House of Electronics Industry

北京·BEIJING

内 容 简 介

本书首先介绍人工智能、网络安全发展历程，从政策、战略和规划、技术研发、产业应用方面分析其国内外发展现状，研究人工智能的概念、内涵及与创新技术的融合；然后给出智能安全的总体框架、架构、标准现状，以及人工智能技术、可信人工智能技术、网络安全技术和智能网络安全技术体系；接下来，分别以网络攻击和网络防御为维度，从静态、动态、新型三个方面介绍传统网络攻击和网络防御技术，从物理层、接入层、系统层、网络层、应用层、管理层六个层面详尽介绍智能网络攻击和网络防御技术，系统总结和归纳主流人工智能网络安全产品，不仅论述了人工智能在网络空间中的应用，也详尽剖析了其在关键基础设施领域的安全应用；最后分析了人工智能的局限性、安全性等，提出人工智能的哲学思考与安全治理。

本书主要面向人工智能、网络安全、人工智能安全等领域的从业者，也适合高等院校人工智能、网络安全、电子、通信专业的师生阅读和参考。

图书在版编目（CIP）数据

AI+网络安全：智网融合空间体系建设指南/申志伟等编著. —北京：电子工业出版社，2022.10
（网络空间安全系列丛书）

ISBN 978-7-121-44382-4

Ⅰ. ①A… Ⅱ. ①申… Ⅲ. ①人工智能－网络安全 Ⅳ. ①TP393.08

中国版本图书馆 CIP 数据核字（2022）第 182959 号

责任编辑：李树林　　文字编辑：苏颖杰
印　　刷：北京天宇星印刷厂
装　　订：北京天宇星印刷厂
出版发行：电子工业出版社
　　　　　北京市海淀区万寿路 173 信箱　邮编：100036
开　　本：720×1000　1/16　印张：27.75　字数：469 千字
版　　次：2022 年 10 月第 1 版
印　　次：2024 年 12 月第 5 次印刷
定　　价：138.00 元

凡所购买电子工业出版社图书有缺损问题，请向购买书店调换。若书店售缺，请与本社发行部联系，联系及邮购电话：（010）88254888，88258888。
质量投诉请发邮件至 zlts@phei.com.cn，盗版侵权举报请发邮件至 dbqq@phei.com.cn。
本书咨询和投稿联系方式：（010）88254463，lisl@phei.com.cn。

序

人工智能的提法始于 1956 年的美国达特茅斯会议，比 1969 年美国国防部 ARPANet 项目的提出要早十多年。ARPANet 后来转为美国自然科学基金会使用，并于 20 世纪 90 年代进入商用阶段，特别是 Web 技术的出现，使得互联网迅速在全球普及。在达特茅斯会议之后的很长时间里，学术界对人工智能的结构与功能争论不休，几十年以来与互联网的发展几乎没有交集。2010 年，4G 商用推动互联网进入移动互联网时代。随着移动互联网和物联网的兴起，大数据迅速发展，大数据的分析应用促使人工智能从基于专家经验的知识驱动拓展发展到基于数据驱动。2016 年，以 AlphaGo 战胜棋手李世石为标志，人工智能开始受到社会普遍关注，并从学术界走向社会经济各领域的应用。现在，人工智能技术已深入应用到 5G 和工业互联网，未来人工智能与互联网的发展会继续紧密耦合，相互促进。

网络安全问题几乎与互联网商用同时开始引起关注，从最早的蠕虫、病毒到木马，现在是利用 0Day（未发现的漏洞）攻击、APT（高级持续性威胁）攻击和以勒索为目的的恶意加密等，从攻击 PC 到网络及云计算，从面向消费者到面向重要政企机构与国家重要基础设施，从黑客的个人行为到有组织，甚至有国家背景的对抗，网络安全的隐蔽性、潜伏性、危害性越来越严重，在非传统安全领域中越来越占主要位置。

应对网络安全的挑战，自然而然会想到利用人工智能技术，通过对与网络安全有关的大数据进行人工智能分析，可掌握网络攻击的规律或易于发现异常，使云端的白名单或黑名单更便于查杀，网络安全防御变得更加智能。不过攻击者也会利用人工智能技术，例如，语音识别和人脸识别技术会被反向用于深度伪造。正所谓"知己知彼"，人工智能技术会使攻击变得更狡猾，会识别和规避常规的防御手段。人工智能使得网络安全的攻防博弈提升到了一个更高的层次，"魔高一尺，道高一丈"，攻防双方都在不断深化对人工智能技术的应用，人工智能技术将促进网络安全技术的发展。同时，人工智能技术也得益于在网络安全方面的应用，不断完善和发展。

　　本书以人工智能技术为主线，以网络安全为核心，从静态、动态、新型三个维度全方位覆盖网络系统的物理层、接入层、网络层、系统层、应用层和管理层六个层面，从政策、标准和现状分析入手，对攻防两方面的三维六层人工智能网络安全全景技术进行了详尽的深入剖析，不仅对人工智能在网络空间的应用做了研究，也涵盖了人工智能在关键基础设施领域的安全应用落地，还较为全面地论述了在人工智能技术应用背景下，网络安全的新机遇与新挑战。

　　本书结构编排合理、内容由浅入深，具备逻辑性、连续性和层次性，系统性和实用性兼备，可以说是一本人工智能与网络安全相结合的体系书，可引发读者更多的思考，并加强对人工智能技术背景下网络安全的重视。

中国工程院院士

邬江兴

2022 年 8 月 28 日

前　言

　　网络空间是继陆、海、空、天之后的第五维空间。DDoS、APT 等方式的网络安全事件、数据泄露日益增多，黑客、有组织犯罪团体等可谓无处不在，网络安全问题日益突出。西方国家在 20 世纪 90 年代就提出了网络战的概念，网络空间安全技术正向更大覆盖面、更高速率、更广应用的方向发展，网络空间安全的战略地位日益突出，成为支撑国家安全的重要基础之一。

　　人工智能从本质上看是一种理念，指的是通过加载智能算法、程序、模型的机器实体来模拟、延伸和扩展人类的五官和肢体能力，打破人类在生理、心理等方面的局限，在一些重、难、险、害等环境中替代或辅助人类工作。从 1942 年提出的"机器人三定律"开始，经过机器人、模式识别、专家系统等发展阶段，尤其是 2012 年以来，人工智能在海量数据的加持下，模型、算法、算力的理论、技术等得到了快速发展和突破，数据分析、知识提取、智能决策等优势明显，已经成为当前最热门、最前沿的技术。2020—2022 年，人工智能连续 3 年出现在政府工作报告中，人工智能在国内快速发展，未来与各行业的紧密融合和应用落地将成为发展常态。在网络空间领域，越来越多的攻击者（攻击端）利用人工智能技术有效躲避、绕过防御端的检测发动智能攻击，防御端也运用人工智能技术预测、防范、应对各类动态多变、复杂交织的网络安全风险和攻击，攻击端和防御端形成了一种长期的智能、动态、实时的博弈，因此将人工智能技术应用到网络安全领域是未来网络空间安全发展的重要方向。

　　本书面向国家重大战略需求，全面梳理人工智能网络安全技术特点，提出面向未来的智能网络安全体系，从网络攻击和网络防御两个维度，分别研究了人工智能在网络空间中的物理层、接入层、系统层、网络层、应用层、管理层的具体安全技术，基于这些智能技术，对当前的主流人工智能网络安全产品进行了系统总结和归纳，不仅论述了人工智能在网络空间中的攻防应用，也详尽剖析了其在关键基础设施领域中的安全应用，且在分析人工智能的风险、局限性等的基础上，提出了对人工智能的哲学思考与安全治理路径。全书分为 6 篇，共 13 章。

第 1 篇（第 1、2 章）为导论篇。本篇围绕人工智能和网络空间安全，重点介绍两者的历史演进过程，国内外相关政策、市场、技术、产业等的发展现状，同时解析相关概念和内涵，分析人工智能与创新技术的融合情况。

第 2 篇（第 3、4 章）为体系篇。本篇从智能安全框架入手，梳理国内外智能安全标准，结合现有研究给出智能网络安全的架构和技术体系。

第 3 篇（第 5、6 章）为攻击篇。本篇首先以攻击者的视角研究传统网络攻击技术的工作机理和优劣势，进而构建物理层、接入层、系统层、网络层、应用层、管理层的智能网络攻击技术体系，详尽论述所涉及的技术实现原理；最后给出对抗人工智能的攻击方法，为防御端更好地防御奠定基础，做到知己知彼，防患于未然。

第 4 篇（第 7、8 章）为防御篇。本篇的结构与攻击篇类似，在掌握现有传统和智能攻击技术的基础上，首先研究传统网络防御技术的工作机理和优劣势；进而构建物理层、接入层、系统层、网络层、应用层、管理层的智能网络防御技术体系，详尽论述所涉及的技术实现原理；最后给出对抗人工智能的防御方法，虽然防御总是滞后于攻击，但也可借助人工智能实现主动、全局、系统化的防御。

第 5 篇（第 9~11 章）为应用篇。本篇构建人工智能基础产品和人工智能网络安全产品体系，对人工智能在网络空间中的攻击和防御应用进行分析，结合具体场景，全面研究人工智能在政务、能源、交通、金融、医疗、教育等关键基础设施领域的安全应用。

第 6 篇（第 12、13 章）为思考篇。本篇解读人工智能带来的各种问题，主要包括当前网络空间存在的安全风险挑战、人工智能的局限性、人工智能网络攻击和网络防御的局限性、人工智能本身的安全性和衍生安全性，给出一些对人工智能的哲学思考和对人工智能安全治理路径的探讨。

全书由申志伟进行顶层设计、模式编排、系统论证和组织编写，负责第 2 篇、第 6 篇、其他篇部分内容的编写，以及全书的调整、优化、完善工作；张尼负责总体指导；王翔负责第 4 篇的主体内容编写；朱肖曼负责第 1 篇、第 5 篇的主体内容编写，于运涛提供了这部分的相关素材；张驰负责第 3 篇的主体内容编写，张大松提供了这部分的相关素材；郭烁、李玲负责校对工作。

本书从构思到出版历时 3 年，可以说是全体作者历经波折、不懈坚持、团结一致的结果。2019 年 10 月，我们在研究中发现人工智能和网络安全虽然都属于快速发展的技术领域，已有大量的论文、专利、标准和报告等，但基本放在具体的应用场景和研究点上，缺乏将两者相结合的全面系统研究，当时市场上也没有这方面的图书，因此初步构思了本书的总体框架，并着手编写了第 1 篇的部分内容，计划 2020 年完成出版。2020 年上半年，编写团队成员忙于各自的项目工程，本书的编写几乎处于停滞状态，同时人工智能与网络安全相结合内容的图书陆续出版，为了避免重复，我们终止了本书的出版计划。但 2021 年，在电子工业出版社首席策划编辑李树林的指导下，我们认真阅读了同类图书，并重新思考、设计了本书架构，在和出版社达成共识后，组织了全新的编写团队，克服工作和编写中的重重困难，充分利用业余和节假时间，在 2022 年 3 月底顺利完成了初稿，之后又进行不断完善，得以正式出版。

非常感谢邬贺铨院士在为《卫星互联网——构建天地一体化网络新时代》作序之后，又在百忙之中拨冗为本书作序，同时给出非常中肯又极具价值的指导意见，这对于我们的努力是极大的鼓励与肯定，也为我们指出了未来进步的方向。

本书在编写过程中，得到了电子六所副所长丰大军博士、人工智能安全专家淮晓永博士给予的指导和宝贵建议，在此表示由衷的感谢。除此之外，我们还查阅和参考了大量相关政策、现状、应用等的报道，以及相关研究者的阶段性想法和成果、技术性文章等，在这里对相关作者一并表示感谢。最后，再次感谢电子工业出版社首席策划编辑李树林，没有他的坚持，本书就不会与广大读者见面；同时，在他的积极申报下，《卫星互联网——构建天地一体化网络新时代》荣获"'十四五'时期国家重点出版物出版专项规划项目"。

本书是我们对人工智能应用于网络安全领域的研究、实践和思考，部分技术是受到一些研究者的启发后加工提炼而成的，并没有进行具体的算法推演，这也为我们未来的工作指明了方向，其他部分的分析、归纳、总结也难免有欠周全之处，敬请读者谅解，并给予宝贵意见。

编著者

2022 年 9 月 10 日

目 录 ●

第 2 篇　体系篇

第 3 篇　攻击篇

第 4 篇　防御篇

第 5 篇　应用篇

第 1 篇

导 论 篇

本篇围绕人工智能和网络空间安全，重点介绍两者的历史演进过程，国内外相关政策、市场、技术、产业等的发展现状，同时解析相关概念和内涵，分析人工智能与创新技术融合情况。

第1章　人工智能导论

人工智能（Artificial Intelligence，AI）是一套模拟、延伸和扩展人类智能的理论、方法、技术及应用系统。本章全面梳理人工智能的历史沿革和国内外发展现状，提出人工智能概念与内涵，并阐述人工智能与 5G、大数据、云计算、物联网等技术融合发展的应用价值。

1.1　人工智能发展历程

从 1942 年"机器人三定律"提出到 2022 年，人工智能经历了 80 年的起伏发展过程[1]，可以分为萌芽期、发展期、衰落期、崛起期、停滞期、上升期、蓬勃期 7 个阶段，如图 1-1 所示。

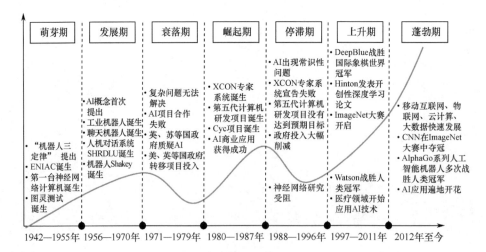

图 1-1　人工智能发展历程

萌芽期（1942—1955 年） 1942 年，科幻作家艾萨克·阿西莫夫在他发表的作品《转圈圈》中提出了"机器人三定律"，即"第一定律，机器人不得伤害人类个体，或者目睹人类个体将遭受危险而袖手不管；第二定律，机器人必须服从人给予它的命令，当该命令与第一定律冲突时例外；第三定律，机器人在不违反第一、第二定律的情况下要尽可能保护自己的生存"，首次设想了人类可能设计制造出具有意识的机器人。1946 年，为美军作战研制的全球第一台通用计算机（Electronic Numerical Integrator and Computer，ENIAC）诞生，ENIAC 为人工智能研究提供了最基本的物质基础。1950 年，大四学生马文·明斯基与他的同学邓恩·埃德蒙一起，设计制造了世界上第一台神经网络计算机。同年，艾伦·图灵提出了著名的"图灵测试"，即"如果计算机能在 5 分钟内回答由人类测试者提出的一系列问题，且其超过 30%的回答让测试者误认为是人类所答，则通过测试。也就是说，如果一台机器能够与人类开展对话而不能被辨别出机器身份，那么这台机器就具有智能"，说明具备真正智能的机器可能存在。此阶段可认为是人工智能的萌芽期。

发展期（1956—1970 年） 1956 年，在达特茅斯学院举办的一次会议上，计算机专家约翰·麦卡锡首次提出了"人工智能"的概念，也正式确立了"人工智能"这一术语，之后麦卡锡与明斯基在麻省理工学院（Massachusetts Institute of Technology，MIT）共同创建了世界上第一个人工智能实验室——MIT AI LAB，最早一批人工智能学者和技术开始涌现。在此后十余年的时间里，计算机被广泛应用于数学和自然语言领域，用来解决代数、几何和英语问题，同时工业机器人、聊天机器人等相继问世。尤其是由美国斯坦福大学计算机教授 T·维诺格拉德团队开发的，能够分析语义、理解语言的人机对话系统 SHRDLU，被视为人工智能研究的一次巨大成功。该系统能够分析指令，如理解语义、解释不明确的句子，并通过虚拟方块操作来完成任务。1968 年，美国斯坦福研究所（SRI）研发的机器人 Shakey 能够自主感知、分析环境、规划行为并执行任务，拥有类似人的感觉，如触觉、听觉等。在此期间，人工智能快速发展。

衰落期（1971—1979 年） 受限于计算机性能的不足，科研人员在很多人工智能项目研究上对难度预估不足，同时缺乏足够多的数据来训练设计的人工智能程序，而当时人工智能程序大多通过固定指令来执行特定问题，并不具备真正的学习和思考能力，问题一旦变复杂就不堪重负，变得不再智能，因此在实际应用时出现了很多错误和问题，这直接带来了很多的社会舆论压力，使人工智能的发展前景蒙上了阴影。1973 年，Lighthill 针对英国人工智能研究状况的报告，批评人工智能在实现"宏伟目标"上的失败，尤其是苏联非常排斥人工智能，并将其看成"资产阶级的反动伪科学"。随后，美、英等多国的人工智能研究经费大都转移到了其他项目上，使人工智能经历了长达 6 年的科研衰落。

崛起期（1980—1987 年） 1980 年，卡内基梅隆大学采用人工智能程序，为 DEC 数字设备公司设计了一套名为 XCON 的"专家系统"，可以简单理解为"知识库+推理机"的组合。XCON 是一套具有完整专业知识和经验的计算机智能系统，特别是在决策方面，能提供有价值的内容。该系统帮助 DEC 公司每年节约 4000 万美元的费用，在当时产业价值就高达 5 亿美元。这种将人工智能应用在商业上的巨大成功，快速衍生出像 Symbolics、Lisp Machines、IntelliCorp、AIon 等这样的软硬件公司。1981 年，日本、英国、美国纷纷在人工智能领域研究上投入大量资金。例如，第五代计算机研发项目的目标是制造出能够与人对话、翻译语言、解释图像，并能像人一样推理的机器。1984 年的 Cyc 项目试图将人类拥有的所有一般性知识都输入计算机，建立一个巨型数据库，并在此基础上实现知识推理，目标是让人工智能的应用能够以类似人类推理的方式工作，成为人工智能领域的一个全新研发方向。在这个时期，人工智能从研发转向应用，产品遍地开花，得到了快速发展。

停滞期（1988—1996 年） 由于 XCON 的"专家系统"只能在特定领域内模拟人类专家解决问题，当其应用领域越来越广时，出现的错误越来越多，甚至很多常识性的问题也频频出现。1987 年，苹果和 IBM 公司生产的台式机性能超过了 Symbolics 等厂商生产的通用计算机，这个曾经轰动一时的人工智能系统结束了其历史使命。1991 年，经过近 10 年研究的第五代计算机研发项目没能实现其最初设想，宣告失败，各国政府的投入大幅削减，神经网络的研究遇到了很大的阻力，随后人工智能发展再次陷入低谷。

上升期（1997—2011 年） 1997 年，IBM 公司的国际象棋计算机"深蓝"（DeepBlue）战胜了国际象棋世界冠军卡斯帕罗夫，成为人工智能史上的一个重要里程碑，再次点燃了人们对智能机器的热情。2006 年，Geoffrey Hinton 在 *Nature* 上发表了具有开创性的深度学习论文，后来其获得 2018 年度图灵奖。同年，李飞飞教授意识到专家学者在研究人工智能算法的过程中忽视了数据的重要性，于是开始带头构建大型图像数据库 ImageNet，并举办图像识别大赛。2011 年，IBM 开发的人工智能程序 Watson 在一档智力问答节目中战胜了两位人类冠军，之后，Watson 被 IBM 广泛应用于医疗诊断领域。至此，人工智能进入了平稳向上的发展轨道。

蓬勃期（2012 年至今） 2012 年之后，移动互联网、物联网（Internet of Things，IoT）得到快速发展，产生海量大数据，云计算技术又为海量大数据计算和存储提供了坚实的基础设施，深度学习算法也在不断优化，并在不同行业得到了应用。同年，卷积神经网络（Convolutional Neural Network，CNN）在 ImageNet 大赛中夺冠。2014 年，被称为计算机视觉界的黄埔军校——香港中文大学多媒体实验室所设计的 DeepID 算法首次超过人眼识别人脸率。2016—2017 年，基于深度学习的，由谷歌（Google）旗下深度思考（DeepMind）公司开发的，具有自我学习能力的 AlphaGo 人工智能机器人，以及后续的 AlphaGo Master、AlphaGo Zero，先后战胜世界围棋冠军李世石、柯洁和世界冠军团队。2018—2019 年，人工智能芯片、基于神经网络的机器翻译、生物识别、人机交互等技术和产品层出不穷，人工智能进入井喷式发展阶段。2020 年至今及以后，人工智能将在政务、教育、金融、交通、医疗等各领域得到更加广泛的应用和落地，物理和数字空间的边界越来越模糊，人类逐渐迈入智能时代。

1.1.1 国外人工智能发展现状

根据中国信息通信研究院发布的《2020 年全球人工智能产业地图》中的数据，2020 年全球人工智能产业规模达到 1565 亿美元，同比增长 12.3%，增速低于 2019 年。世界各国都积极在人工智能领域发力、布局，尤其是西方发达国家，将其上升至国家战略层面，纷纷出台人工智能相关战略、规划和政策，但各国发展重点有所不同[2]。

1. 美国人工智能发展现状

美国人工智能着重在互联网、芯片与操作系统等软硬件基础，同时非常重视其理论算法和技术研究，致力于确保其在全球的领先地位。

1）政策、战略和规划[3]

2011 年，美国出台《国家机器人计划》，以"建立美国在下一代机器人技术及应用方面的领先地位"。2016 年，白宫成立人工智能和机器学习委员会，用于协调全美各届在人工智能领域的行动，提高对人工智能和机器学习的使用率，以提升政府办公效率。

2016 年，美国陆续发布《为人工智能的未来做好准备》《国家人工智能研究与发展战略规划》《人工智能、自动化和经济》，将人工智能上升到国家战略高度，确定了研发、人机交互、社会影响、安全、开发、标准、人才七项长期战略，同时认为应该制定政策推动人工智能发展，并释放企业和工人的创造潜力，以确保美国在人工智能创造和使用中的领导地位。

2017 年，美国连续出台《国家机器人计划 2.0》《人工智能与国家安全》《人工智能未来法案》，划拨资金支持机器人科学与技术基础研究，以及集成机器人系统领域的创新研究，提出制定人工智能和国家安全未来政策的 3 个目标：保持美国技术领先优势、支持人工智能用于和平和商业用途，减少灾难性风险，要求商务部设立联邦人工智能发展与应用咨询委员会，并阐明了发展人工智能的必要性，对人工智能相关概念进行了梳理，明确了人工智能咨询委员会的职责、权利、人员构成、经费等。

2018 年，白宫召开人工智能峰会，旨在推动机器人、算法和人工智能等技术的快速部署。

2019 年，特朗普总统签署 13859 号行政命令《美国人工智能倡议》，旨在加强国家和经济安全，确保美国人工智能在先进制造、量子计算等相关领域保持研发优势，并提高美国人的生活质量；同年 6 月，发布《国家人工智能研究与发展战略规划》更新版，将原七大战略更新为八大战略，新增联邦投资用于人工智能研发的优先事项，与学术界、行业、国际合作伙伴和其他非联邦实体合作，以促进人工智能研发的持续投资，加速人工智能发展。

2020 年 1 月，白宫推出《人工智能应用规范指南》草案稿，提出 10 条监管人工智能发展和使用的原则，希望推广"值得信赖的人工智能"，倡导"公平、非歧视、开放、透明、安全"。

2020 年 8 月，白宫科技政策办公室宣布，将在未来 5 年内投资超过 10 亿美元，在全国范围内设立 12 个新的人工智能和量子信息科学研究机构。国家科学基金会和其他联邦机构将向 7 个专注于 AI 的研究所投资 1.4 亿美元。

2021 年 3 月，美国人工智能国家安全委员会向国会递交了一份建议报告，主要建议包括为美国人工智能领域的发展设定 2025 年目标、在白宫成立一个由副总统领导的技术竞争力委员会，以帮助提升人工智能在各个领域的地位，并大力培养技能人才。

2）技术研发

美国政府把人工智能看成关乎国家经济与国家安全的关键技术之一。2015 年以来，美国政府对人工智能及相关领域的研发投资已增长 40%以上。2020 年，美国的人工智能研究和开发预算支出为 9.73 亿美元。2020 年 8 月，网络与信息技术研究与发展计划指出，2020 财年人工智能领域研发实际支出预计超过 11 亿美元。特朗普政府提议在 2021 年预算提案中，15 亿美元用于人工智能，比 2020 年增加约 30%。2022 年，人工智能、量子信息科学、5G 等是研发预算的优先方向。

美国的著名高校也纷纷成立人工智能相关的实验室，在人工智能技术的理论研究、算法设计等方面做了大量工作。比如，斯坦福大学建立了人造神经网络系统，加利福尼亚大学伯克利分校系统仿生实验室在动力自制爬行昆虫方面进行了深入研究，普林斯顿大学人工智能实验室聚焦机器学习等方面的研究，卡内基梅隆大学计算机科学实验室专注于专家系统的开发，康奈尔大学计算机科学实验室重点研究智能机器人、人工神经网络等，南加利福尼亚大学计算机科学实验室在机器视觉、自然语言理解等方面颇有建树。

美国著名的高科技巨头们也不断加大人工智能领域的技术产品开发力度。比如，谷歌聚焦人工智能围棋软件 Alpha Go、开源深度学习系统 Tensor Flow、量子计算机、计算机视觉、谷歌图像搜索功能等，微软围绕语音识别系统、微软知识图谱、概念标签模型、智能应用程序认知服务、存储应用 OneDrive、图像识别等开发产品，国际商业机器公司（IBM）不断优化 Watson、类脑超级计算机平台、“深蓝”计算机等，亚马逊以智能硬件、Amazon Echo Dot 等产品研发为主，脸书（Facebook）与谷歌、Vision Labs 合作推出通用计算机视觉开源平台、智能照片管理应用 Moments、Big Sur 服务器、聊天机器人服务器、聊天机器人等。

2021 年 6 月，拜登政府成立了国家人工智能研究资源工作组，目标是让人工智能研究人员获得更多政府数据、计算资源和其他工具，并获批 2500 亿美元的投资用于从人工智能到量子通信等的科学研究。

3）产业应用

人工智能技术正在带动美国医疗、金融、交通、电子设备等领域发生变革。

在医疗领域，人工智能应用增长率最高。2016 年，克利夫兰诊所与微软合作，使用微软人工智能数字助理小娜（Cortana）进行预测性和高级分析，帮助克利夫兰诊所"根据重症加强护理病房（Intensive Care Unit，ICU）护理确定潜在的心脏骤停高危患者"；麻省总医院"临床数据科学中心"与英伟达（NVIDIA）合作，通过深度学习超级计算机 GPU NVIDIA DGX-1 改进检测、诊断、治疗和管理疾病。2017 年，梅奥诊所个性化医疗中心与 Tempus 公司合作，基于分析和机器学习技术为癌症患者提供个性化治疗；加利福尼亚大学洛杉矶分校医疗中心联手 IBM，利用人工智能创建虚拟放射科医师，为非介入放射科医生提供临床决策支持。

在金融领域，2015 年，摩根大通推出一款采用机器学习技术的预测性推荐系统引擎（Emerging Opportunities Engine，EOE），能够通过对财务现状、市场行情和历史数据的自动化分析，辨别应该发行或出售股票的客户，同时也应用于证券；2017 年，富国银行基于 Facebook Messenger 平台的聊天机器人与用户交流，为其提供账户信息，帮助客户重置密码；同年 10 月，基于 IBM Watson 人工智能平台的交易型开放式指数基金（Exchange Traded Fund，ETF）在美国纽约证券交易所问世，通过人工智能程序每天自动扫描分析股票关联信息，自主选出具有上涨潜力的股票，并对投资组合进行主动管理。

在交通领域，无人驾驶技术已成为未来汽车行业发展的重要趋势和战略制高点。谷歌的无人驾驶汽车已从公路测试转向公共试乘，还宣布下一阶段目标是向公众提供无人驾驶出租车服务。除谷歌、优步、特斯拉等科技公司在这一领域发力外，奔驰、奥迪、丰田等传统汽车厂商也在竞相投入人工智能巨资研发。

在电子设备领域，苹果公司的 iPhone X 手机具备快速人脸识别功能，相关芯片使用了生物神经网络等人工智能技术；亚马逊公司也基于人工智能技术推出了 Alexa 智能语音助手。

2. 俄罗斯人工智能发展现状

俄罗斯将人工智能放入"联邦数字经济"国家发展计划，偏向在国家安全领域中的应用。

1）政策、战略和规划

2012 年 10 月，俄罗斯政府成立高级研究基金会，有很多科学家和研究人员加入人工智能和无人技术项目。

2018 年 3 月，俄罗斯科学院、教育科学部等召开题为"人工智能：问题和解决方案"的论坛会议，这次会议制定了《人工智能路线图草案》，提出建立人工智能和大数据联盟、建立人工智能培训和教育国家体系、跟踪全球人工智能发展、建立国家人工智能中心等。

2019 年 10 月，俄罗斯发布《2030 年前俄罗斯国家人工智能发展战略》，第一次将加快推进人工智能发展提升至国家战略层面，通过促进人工智能技术的发展与应用，确保俄罗斯国家安全，提升整体经济实力。

2019 年 11 月，普京总统签署《关于发展俄罗斯人工智能》命令，批准《俄罗斯 2030 年前国家人工智能发展战略》，提出俄罗斯发展人工智能的基本原则、总体目标、主要任务、工作重点及实施机制，旨在加快推进俄罗斯人工智能发展与应用，谋求俄罗斯在人工智能领域的世界领先地位，以确保国家安全、提升经济实力和人民福祉。

2019 年 12 月，俄罗斯将人工智能发展战略文件内容纳入《俄罗斯联邦数字经济》国家发展计划，每年向总统提交关于 2030 年前国家人工智能发展战略执行情况报告。

2）技术研发

2017 年年底，俄罗斯政府计划到 2020 年投入约 4.19 亿美元开展人工智能技术研发。2018 年，《数字技术计划 2019—2021 年》中的该数字更新为接近原来的两倍，其中 2.87 亿美元用于领先的研究中心和初创企业，1.45 亿美元用于开发产品、服务和平台，2.87 亿美元用于"极度准备就绪"技术。

2020 年 2 月，俄罗斯政府宣布自 2020 年 12 月起，人工智能研发与应用公司可以享受为期 10 年的税收优惠，同时，政府从外国投资者处筹集 20 亿美元用于人工智能技术研发。莫斯科国立大学成立人工智能研究所，致力于研究"人工智能问题和智能系统"，重点研究领域是"基础和实用的认知研究"。俄罗斯非常重视人工智能人才的储备和培养，截至 2020 年 2 月底，已经拥有 4000 名人工智能专家，接下来每年计划新增 4000 名专业人才。

3）产业应用

俄罗斯人工智能工作的重点是图像和语音识别，希望在数据与图像的收集和分析中使用人工智能，寻求在信息处理的速度和质量方面获得优势。

2016 年，俄联邦道路交通管理局与汽车制造企业、物流企业、科技公司合作，开始实施保障无人驾驶汽车行驶的"驼队"计划。依据微软公司在 2019 年 3 月"人工智能时代的商业领袖"的调查研究，大约 30%（超过欧洲和美国）的俄罗斯公司目前采用了人工智能技术，且从基于人工智能项目中获得的收入增加了 63%。2019 年 9 月，俄罗斯联邦储蓄银行利用人工智能对潜在借款人进行心理分析，分析其使用银行历史、教育和职业，并根据这些信息提供贷款建议。2020 年 2 月，俄罗斯利用人脸识别技术追踪逃避 14 天隔离期的人，用于预防新冠病毒的扩散。

俄罗斯经济发展部正在制订人工智能在卫生、交通、智慧城市、农业、工业等领域的应用战略和路线图，至 2024 年，将制定不少于 15 项此类政策[4]。

在卫生领域，俄罗斯将运用人工智能开发新药，通过解释医学图像为疾病诊断方面提供帮助，以及创建能进行诊断、开处方并下达医疗决策的系统。

在交通领域，俄罗斯将人工智能技术用于城市中运行的车辆等无人驾驶工具，用无人机组织输送，对交通工具状况进行预测性监控。

在工业领域，俄罗斯将运用人工智能对工业设施的安全技术进行监视，对设备和单个组件的运行进行预测性分析以确保产品质量。此外，计划将人工智能作为助手来设计新零件和产品。

在创建"智慧城市"方面，俄罗斯首先将人工智能用于监控街道安全并向警方报告，分析特大城市的交通流量，预测各地区犯罪活动的概率；其次用技术识别俄罗斯居民的面部和声音，以提高政府服务效率，多功能中心将出现机器人助手，而语音助手将出现在国家机构的信息咨询服务中；最后利用人工智能对社交网络中的帖子进行分析，以帮助城市管理部门确定热门旅游点。

3. 欧盟人工智能发展现状

欧盟注重人工智能对人类社会的影响、人工智能伦理与法律研究，以确保欧洲人工智能的全球竞争力。

1）政策、战略和规划

2014 年，欧盟委员会发布《2014—2020 年欧洲机器人技术战略》报告和

《地平线 2020 战略——机器人多年发展战略图》，旨在促进机器人行业和供应链建设，并将先进机器人技术的应用范围拓展到海、陆、空，以及农业、健康、救援等诸多领域，以扩大机器人技术对社会和经济的有利影响。

2016 年 5 月，欧盟议会法律事务委员会发布《对欧盟机器人民事法律规则委员会的建议草案》，同年 10 月，又发布《欧盟机器人民事法律规则》，积极关注人工智能法律、伦理、责任问题，建议欧盟成立监管机器人的人工智能专门机构，制定人工智能伦理准则，赋予自助机器人法律地位，明确人工智能知识产权，等等。

2018 年 4 月，欧盟委员会发布政策文件《欧盟人工智能》，提出欧盟将采取三管齐下的方式推动欧洲人工智能发展：增加财政支持并鼓励公共和私营部门应用人工智能技术；促进教育和培训体系升级，以适应人工智能为就业带来的变化；研究和制定人工智能道德准则，确立适当的道德与法律框架。同年 12 月，欧盟委员会及其成员国发布主题为"人工智能欧洲造"的《人工智能协调计划》。这项计划除明确人工智能核心倡议外，还包括具体的项目，涉及开发高效电子系统和电子元器件、人工智能应用的专用芯片、世界级计算机，以及量子技术和人脑映射领域的核心项目。

2019 年 2 月，欧盟理事会审议通过《关于欧洲人工智能开发与使用的协同计划》，以促进欧盟成员国在增加投资、数据供给、人才培养和确保信任等四个关键领域的合作，使欧洲成为全球人工智能开发部署、伦理道德等领域的领导者。同年 4 月，欧盟委员会发布人工智能伦理准则，以提升人们对人工智能产品的信任。

2019 年 4 月，欧盟委员会发布《人工智能道德准则》，规定人工智能应用程序应符合七项要求方可视为可信任，包括人的能动性和监督，技术稳健性和安全性，隐私和数据治理，透明度，多样性、非歧视和公平性，社会和环境福祉及问责制。

2020 年 2 月，欧盟发布《追求卓越和信任的人工智能发展之道》白皮书和《欧洲数据战略》，提出在政策监管层面构建促进人工智能应用的"卓越生态系统"，明确未来 10 年投资 2000 亿欧元，旨在推动欧盟人工智能及数字安全领域的发展。5 月，欧盟"欧洲量子技术旗舰计划"发布《战略研究议程（SRA）》，以推动建设欧洲量子通信网络。

2021 年 4 月，欧盟委员会通过了《人工智能法》提案，旨在建立关于人工智能技术的统一规则，将欧洲打造成为值得信赖的人工智能全球中心。欧盟有史以来首次将人工智能的法律框架与欧盟成员国的协调计划相结合，用于保障个人和企业的安全和基本权利，同时加强欧盟对人工智能的吸收、投资和创新。新法规将调整安全规范，以增加使用者对新一代多功能产品的信任。

2）技术研发

2016 年，欧盟成员国率先提出工业 4.0 战略，核心是以信息技术在制造业等领域大规模应用来提高欧盟产业智能化水平，确保欧盟产业在全球保持领先地位。在产业应用领域推进人工智能，具体表现在机器人、IoT 等方面的快速进展。欧洲用于人工智能的投入为 32 亿欧元，目标是在未来 10 年，欧盟每年在成员国范围内吸引 200 亿欧元的人工智能技术研发和应用资金。2019 年 4 月，欧盟委员会将在下一个欧盟 7 年预算期内，通过"数字欧洲计划"加大对人工智能的投入。

2020 年，英国、法国、德国等国成立"人工智能全球合作组织"，旨在"共同鼓励志同道合的国家按照共同的价值观发展人工智能"。

欧盟在人工智能领域的技术研发把机器人作为重点方向之一，自 2014 年起就着重部署全球最大民用机器人研发。目前，欧洲生产的工业机器人在全球市场的占有率达到 32%，而服务机器人更占到全球市场份额的 63%。

3）产业应用

根据《欧洲 2020 战略》，欧盟成员国积极推进人工智能在各个领域的应用，如智能电网、智能城市、智能养老等多个以人工智能技术为基础的应用，致力于把欧洲建设成智能型社会。

在电力领域，2016 年之前，欧盟对智能电网每年的投资约为 68 亿欧元。为配合未来节能减排目标，欧盟近年来持续加大智能电网的建设力度。2010 年，以英、法、德为代表的欧洲国家正式拟定联手打造可再生能源的超级电网计划，计划在 2020 年建立一套横贯欧洲大陆的智能电力传输网络。同时，欧盟委员会设立了到 2020 年年底，智能电表普及率达到 72%的发展目标，带动形成总规模为 450 亿欧元的投资市场。

在智能城市领域，2012 年，欧盟成立智能城市创新联盟，推进智能交通、智能建筑等在城区建设发展中的应用，迄今已实施了 370 多个研发项目，吸纳了欧洲 30 多个国家的 3000 多个城市/社区参与。欧洲主要大城市，如伦敦、巴黎、柏林等已形成各自的智能城市发展战略，一些中小城市甚至大型社区也在智能型发展上取得显著成效。被评为欧洲第一智能城市的丹麦首都哥本哈根，2014 年获得世界智能城市大奖，是全球智能城市发展的样板。

在养老宜居领域，由于欧盟在未来很长一段时间内，将受到老龄化人口高占比的严峻压力，因此对老龄化社会提出发展"银发经济"的战略构想。该战略把智能养老作为一项核心内容，制订了健康老龄化创新行动计划，通过研发、推广适用于家庭的智能机器人，为患病或独居的老人提供护理、陪伴等全方位养老服务。

4．英国人工智能发展现状

英国升级基础设施，致力于建设世界级人工智能创新中心，打造最佳人工智能创业和商用环境。

1）政策、战略和规划

2013 年，英国政府将大数据及机器人和自主系统（RAS）列入"八项重大技术"。

2016 年，英国发布了两份与人工智能相关的战略报告，第一是《人工智能对未来决策的机会和影响》，由英国政府科学办公室发布，该报告重点关注了人工智能对个人隐私、就业及政府决策可能产生的影响，明确英国政府应当以积极、负责的态度处理与人工智能相关的决策，并重申人工智能发展过程中应当遵守现有法律、规范，但对于有限且受控的试错行为应该持开放态度；第二是《机器人技术和人工智能》，由英国下议院科学和技术委员会发布，主要关注英国机器人、自动化和人工智能产业整体，重点聚焦其对就业和教育的冲击，分析了人工智能在安全和可控及治理方面的挑战，制订了一份包括资金、领导者及技术 3 个方面的机器人和自主系统 2020 行动计划。

2017 年，英国政府发布《人工智能产业发展报告》，提出在英国促进人工智能发展的重要行动建议，从数据获取、培养人才、支持研究与应用发展四个维度着重布局，并鼓励学术界、产业界和政府携手并进，加强英国在全球人工智能竞争中的实力，预测到 2035 年人工智能将给英国经济增加 8140 亿美元的额外收入，对英国 GDP 增长将起到极大作用。

2018 年 4 月，英国政府陆续发布《人工智能行业新政》《英国人工智能发展的计划、能力与志向》《产业战略：人工智能领域行动》，确立围绕人工智能打造世界创新经济、为全民提供好工作和高收入、升级英国基础设施、打造优质商业环境、建设遍布英国的繁荣社区五大目标，增加人工智能人才和领导全球数字道德交流等方面的内容。

2）技术研发

2017 年，英国逐步构建完善的人工智能人才培育和激励体系，政府鼓励高校设立与发展人工智能课程，在 26 所高校的本科阶段开设人工智能专业课程，超过 30 所高校开设人工智能研究生课程，通过工程和自然科学理事会（Engineering and Physical Science Research Council，EPSRC）对英国大学在人工智能科技研发领域进行 1700 万英镑的投资，新设立 1000 个政府资助的人工智能博士项目，大力发展人工智能学科研究；利用持续的专业技能培训，提供更丰富的行业专业知识，通过创立图灵人工智能奖学金，向来自世界各地的有资历的专家开放，每年吸引 1000～2000 名人工智能人才。此外，2020—2021 年，英国各大高校每年增加招收 200 名人工智能专业博士生，并不断扩大招生规模，这同时也带来来自全球的 120 亿英镑投资。

2018 年，为加速落实人工智能行动计划，英国政府在人工智能方面的投入超过 10 亿英镑，其中 2.7 亿英镑用于支持本国高校和商业机构开展研究和创新，高度关注重点领域的人工智能行业应用价值。同年 11 月，英国政府拨款 5000 万英镑，用于更深入开发人工智能在医疗领域的应用，以便提升癌症等多种疾病的早期诊断和病患护理效率。

2019 年，英国政府为人工智能行业及学术界提供 10 亿英镑的资金支持，以加速推动用于离岸石油开采、核能、航天等行业的人工智能技术和应用，并推进人工智能与医疗健康、汽车、金融服务等行业的深度融合；同时支持英国大型公司发展人工智能，比如赛捷（Sage）公司就建立了"机器人营地"，以培养超过 100 名年龄为 16～25 岁的人工智能和机器人技术人才，12 月底建立 5 个人工智能医疗技术中心。

2021 年，英国 DeepMind 公司的神经网络 AlphaFold2 预测了蛋白质结构；同年，创建了 XLand 的元宇宙，可以在 XLand 的 4000 个独立世界中玩约 70 万个独立游戏，涉及 340 万个独立任务。

3）产业应用

在产业应用方面，英国的人工智能聚焦在无人驾驶、人工智能对决和机器人人力。

对于无人驾驶，由于在第一次工业革命中受益于蒸汽机火车，相关企业纷纷响应政府重视在交通领域发展的理念。HORBIA MIRA 是一家关于工程制作和测试的研发机构，这家公司共有 39 个不同交通方式（汽车、飞机、火车）的实验室，以及 100 千米长的无人驾驶测试跑道。E-CAVE 是一个为期 4 年的项目，其目的是开发出一个有效且相互关联的环境，并且为无人驾驶交通工具设计道路；Ordnance Survey 在其位于南安普顿的总部建造测试中心。Westfield 自动驾驶汽车公司正在参与一个 3 亿英镑的项目，并向韩国出口无人驾驶交通工具。

对于人工智能对决，在数字图像领域应用较多，是机器在生成的对抗网络环境中，可以通过与另一台机器竞争对抗来实现自我升级。英国通过发展人工智能对决，借助人工智能系统自我升级调控，以对抗黑客入侵或系统被接管。

对于机器人人力，在工厂和生产车间应用较多，让机器人代替人去完成一些工作。英国将不断发展的人工智能技术应用到机器人中，使其承担的劳动密集型工作水平同步发展提高，机器人除用于在工厂、车间里完成常规任务外，还将用于完成法律等更多更专业的工作。

英国已经形成了以伦敦、剑桥、爱丁堡等高校集中城市为中心的人工智能产业集群，不仅拥有 "深层思维" 公司、"快键" 公司、"巴比伦" 公司等在人工智能领域占有重要地位的科技公司，而且孕育了 "克莱奥" 公司、"思维追溯" 公司等在理财、自动驾驶领域开拓的人工智能初创公司，当前拥有超过 220 家人工智能初创企业，成为欧洲最大人工智能公司聚集地之一。

5. 法国人工智能发展现状

法国重视尊重隐私和道德，在符合社会伦理的基础上发展人工智能。

1）政策、战略和规划

2017 年 3 月，法国发布了《法国人工智能战略》，该战略将人工智能纳入法国原有的创新战略与举措，尤其是纳入未来投资计划，确定了政府首要任务的重点是在尊重隐私和道德的基础上开发人工智能模型，主要内容包括引导人工智能前沿技术研发，研究方向大致分为感知、人机互动、数据处理、语言理解、机器学习、解决问题、集体智能、强人工智能和社会伦理问题；促进人工智能技术向其他经济领域转化，充分创造经济价值，以及结合经济、社会与国家安全问题考虑人工智能发展；集合人工智能与大数据所有相关机构，共同起草人工智能研发路线图等。目的是谋划法国未来人工智能的发展，使法国成为欧洲人工智能的领军者。

2018 年 4 月，法国政府发布《国家自动驾驶汽车战略规划》，5 月发布了《法国与欧洲人工智能战略研究报告》，人工智能的发展将优先聚焦在健康、交通、环境和安全这四个领域。2021 年 2 月，法国发布《自动驾驶汽车国家战略（第二版）》，该国家战略涵盖了法国自动驾驶汽车生态，拓展了新领域，特别是道路、物流和通信领域。

2019 年 2 月，法国发布《法国人工智能技术发展水平和前景报告》，提出要利用法国在数学科学上的优势深化人工智能基础研究，培养人工智能后备人才。

2）技术研发

2018 年 3 月，法国政府承诺 5 年内在人工智能的研究上提供超过 18.5 亿美元，用于科研创新项目、工业项目，以及鼓励初创企业，其中 4.5 亿美元用于科研项目的招标和颠覆性创新研究，特别是在医疗健康、自动驾驶领域。

2019 年 2 月，微软公司在法国成立人工智能全球发展中心。同年 4 月，在法国国家人工智能发展战略框架内，法国高等教育研究与创新部在巴黎、格勒诺布尔、尼斯和图卢兹四地的研究中心分别正式设立 4 个人工智能跨学科研究院，每个研究院的研究专业和主题不完全相同，涉及健康、环境、能源、交通等领域，作为法国国家科研署征集筛选科研、培训和创新机构参与"人工智能跨学科研究院"项目，同时希望人工智能跨学科发展在法国可以迅速形成合力，并与各国科研机构展开更广泛的合作。另外，法国信息与自动化研究所牵头制订了一份国家人工智能计划，遴选若干研究机构组建法国人工智能研究网络，制订了一项人才计划，以吸引全球的一流科研人员，把人工智能的学生人数增加 1 倍；简化科研人员成立初创企业的程序，加速科研项目的审批；鼓励科研人员在公共机构和企业间的流动，科研人员用于企业工作的时间将从 20%提升至 50%。

3）产业应用

法国人工智能在医疗领域的应用最为活跃，主要体现在医疗预防、医学诊断和研究方面，通过人工智能推进实施医疗改革。法国现有 100 余家人工智能领域初创企业，占世界总量的 3.1%，它们活跃在机器人、自动驾驶、零售和保险等多个领域。

2018 年，法国经济部门引入 CFVR 人工智能算法来追缴逃税，这套算法将纳税户的银行、税务、不动产、社保、社会补贴及企业的专利商标等多领域数据进行对比分析，找出其中可能存在的违规之处，如企业隐瞒营业额、刻意低估房产价值、银行账户可疑现金流动等。2019 年，法国税务部门又花费 2000 万欧元来改进税务稽查信息工具，借助人工智能遴选出 10 万份有问题的申报，追缴逃税 7.8 亿欧元，比 2018 年度的 3.42 亿欧元增加 130%，使 2019 年法国税收总额超过 90 亿欧元，税务追缴范围也从法国的 500 家企业扩展到 3700 个应征税家庭。

2020 年 2 月，法国 Cartesiam 公司研发了面向人工智能的嵌入式系统 NanoEdge 人工智能 Studio，该系统能够安全地生成人工智能算法，随机存储器（Random Access Memory，RAM）让普通的 Arm 微控制器也能运行无监督学习人工智能，并且生成的算法只需 2 分钟就可在 Arm 微处理器上运行，容量大小仅为 4~16KB，帮助开发人员轻松地生成机器学习静态库，以嵌入在任何 Arm 微控制器上运行的主程序，并直接在微控制器内部进行机器学习、推理和预测。

6. 德国人工智能发展现状

德国用工业 4.0 带动人工智能发展，定位打造人工智能"德国造"的全球品牌，推动人工智能研发应用达到全球领先水平。

1）政策、战略和规划

2018 年 7 月，德国政府发布《联邦政府人工智能战略要点》，要求加大对人工智能重点领域的研发和创新转化的投资，加强与法国在人工智能方面的合作建设，以实现互联互通；11 月，正式发布《联邦政府人工智能战略》将人工智能的重要性上升到国家高度，在积极政策框架下，广泛开展社会对话，推进人工智能伦理、法律、文化和制度方面与社会深度融合，重视人工智能在中小企业中的应用，制定基础研究、技术转化、创业、人才、标准、法律法规，以及国际合作 12 个领域中的具体行动措施。

2）技术研发

德国政府把人工智能视为德国经济未来的重要增长点，以加强德国在人工智能研究领域的国际竞争力。

2018 年 11 月，德国政府计划在 2025 年前向人工智能领域投资 30 亿欧元，该资金将用于建立由 12 个人工智能研究中心组成的全国创新网络，新增 100 名人工智能教授；另外，投入 2.3 亿欧元用于人工智能领域研究成果转化，并投入超过 1.9 亿欧元用于人工智能领域研究和人才培养。德国经济部还将拿出 1.5 亿欧元用于人工智能领域研发竞争的奖励。

2019 年 9 月，德国政府计划在 2022 年之前为德国的人工智能研究机构提供 1.28 亿欧元资金支持，比原计划翻了一倍，并承诺在 2025 年前投入 31 亿欧元用于国家人工智能战略。

德国人工智能研究中心是德国顶级的人工智能研究机构，也是目前世界上最大的非营利人工智能研究机构，分布在不来梅、柏林、奥斯纳布吕克等 5 个城市，与分别位于柏林、慕尼黑、蒂宾根等地的 6 所人工智能竞争力中心共同形成了德国的人工智能研究网络，研究方向覆盖人工智能的主要产业方向，包括大数据分析、知识管理、画面处理和理解，以及自然语言处理、人机交互、机器人。由于非常注重对从研究到实际应用的转化，将近 30 年来形成的大量产业成果孵化了 84 家分拆公司，创造了 2500 个工作岗位。其主要优势领域与竞争力体现在 22 个方面，见表 1-1。

表 1-1 德国人工智能研究中心优势方向

序号	优势方向	序号	优势方向
1	工业 4.0 及创新工业系统	12	多通道用户界面与语言理解
2	智慧数据：大数据的智能分析	13	视觉计算与增强视觉
3	可穿戴计算/随身计算	14	移动机器人系统
4	知识管理与文件分析	15	购物辅助与智能物流
5	虚拟世界与 3D 互联网	16	语义产品存储
6	电子教育与电子政务	17	安全认知系统与安防智慧方案
7	可验证正确软件开发	18	环境智能与生活协助
8	智慧城市技术与智能网络	19	智能辅助驾驶系统与 Car2X 云端交互沟通
9	文本文件中的信息提取	20	信息物理系统
10	智能网页检索与网页服务	21	多语言技术
11	多代理系统与代理技术	22	业务流程管理

2020 年 2 月，柏林工业大学在原有的"柏林大数据中心"和"柏林机器学习中心"基础上，合并成立新的人工智能研究所"柏林学习基础与数据研究所"，其主要任务包括开展大数据、机器学习和交叉领域的尖端科研，从技术、工具和系统方面强化人工智能在科学、经济和社会中的作用，培养全球急需的人工智能专业人才。

德国政府将在人工智能战略框架内对该研究所追加预算，2022 年，研究所获得了 3200 万欧元财政支持。柏林市政府也将为研究所新增人工智能岗位。除此之外，德国政府还在其他高校资助了 5 所人工智能能力中心。

3）产业应用

对自动驾驶车辆而言，道路或车道较窄时容易引起拥堵，建立网络站点的挑战性高，传感器系统和自动驾驶系统的算法无法应对诸如车道标记重叠、指向标的数量有限、传感器难以识别锥形交通路标等复杂交通情况。2016 年 12 月，德国政府负担部分资金的 AutoConstruct 研究项目启动。该项目旨在设计一系列待用、成本优化的摄像头，以替代自动驾驶用传感器。2017 年 9 月，德国联邦教研部启动"学习系统"人工智能平台，计划通过开发和应用"学习系统"提高工作效率和生活品质，促进经济、交通和能源供应等领域的可持续发展。2021 年，德国通过了允许 L4 级高度自动驾驶汽车在 2022 年可以出现在德国的公共道路的法案。

在德国人工智能初创企业中，涉及最多的领域分别是客户服务、客户沟通、营销/市场、软件开发、计算机视觉/图像识别，这 5 个领域人工智能初创企业的数量占 48%，大量公司将计算机视觉（图像识别）作为其主要的人工智能产品。另外，德国人工智能初创企业中也有很少一部分选择了汽车、法律、工业、供应链、安防及物流产业。

7. 日本人工智能发展现状

日本以建设超智能社会 5.0 为引领，重视应用超过研发，以实现人工智能技术与各行业的对接[4]。

1）政策、战略和规划

2014 年，日本人工智能学会（Japanese Society for Artificial Intelligence，

JSAI）伦理委员会成立，旨在探索人工智能技术与社会之间的关系，并努力将研究结果有效传达给社会公众。

2015 年 1 月，日本政府公布《机器人新战略》，拟通过实施五年行动计划和六大重要举措达成三大战略目标："世界机器人创新基地""世界第一的机器人应用国家""迈向世界领先的机器人新时代"，使日本实现机器人革命，以应对日益突出的社会问题，提升日本制造业的国际竞争力，获取大数据时代全球化竞争优势。

2016 年 1 月，日本政府颁布《第五期科学技术基本计划（2016—2020 年)》，提出要建立"超智能社会 5.0"战略，指的是狩猎社会、农耕社会、工业社会、信息社会之后的第五代社会形态，将人工智能作为实现超智能社会的核心。

2016 年 4 月，成立由来自学术界、产业界和政府的 11 名成员组成的人工智能技术战略委员会，用于国家层面的综合管理，该委员会负责制定人工智能研究和发展目标及人工智能产业化路线图，确定"人工智能/大数据/IoT/网络安全综合项目"，以革命性人工智能技术为核心，融合大数据、IoT 和网络安全领域开展研究，并为开展创新性研究的科研人员提供支持。

2017 年 3 月，日本振兴战略与人工智能技术战略委员会发布《人工智能技术战略》报告，确定在人工智能技术和成果商业化方面，政府、产业界和学术界合作的行动目标，阐述日本政府为人工智能产业化发展所制定的路线图，包括 3 个阶段：在各领域发展数据驱动人工智能技术应用（2020 年完成一、二阶段过渡）；在多领域开发人工智能技术的公共事业（2025—2030 年完成二、三阶段过渡）；连通各领域建立人工智能生态系统。同年，日本经济产业省提出《第四次产业革命战略》，核心是 IoT、大数据和人工智能。

2018 年 3 月，人工智能技术战略会议进一步提出"三步走工程表"，明确日本以 2020 年和 2030 年为时间界限的人工智能发展进程，其中，第三阶段目标是做到两件大事：一是无人驾驶普及化，人为交通事故死亡率降为零；二是护理机器人正式成为日本家庭的一员。

2018 年 6 月，日本政府再次召开人工智能技术战略会议，制订推动人工智能普及的实行计划，并发布《综合创新战略》，将人工智能指定为重点发展领域之一，提出要通过加强官民合作，完善不同领域数据合作的基础，解决数据安全、个人数据跨境转移等相关问题，实现不同领域数据的相互利用。

2018 年 7 月，日本政府发布《第 2 期战略性创新推进计划（SIP）》，其中与人工智能相关的重点推进领域包括：基于大数据和人工智能的网络空间基础技术；自动驾驶系统和服务的扩展；人工智能驱动的先进医院诊疗系统和智能物流服务。

2018 年 12 月，日本政府发布《以人类为中心的人工智能社会原则》，是迄今为止日本为推进人工智能发展发布的最高级别政策文件，从宏观和伦理角度表明了日本政府的态度，既肯定了人工智能的重要作用，又强调重视其负面影响，如社会不平等、等级差距扩大、社会排斥等问题，主张在推进人工智能技术研发时，综合考虑其对人类、社会系统、产业构造、创新系统、政府等带来的影响，构建能够使人工智能有效且安全应用的"AI-Ready 社会"。该文件在公开征求意见后于 2019 年 3 月正式发布。

2）技术研发

日本汇聚政府、学术界和产业界力量，推动技术创新及人工智能产业发展。日本人工智能技术战略委员会作为人工智能国家层面的综合管理机构，负责推动总务省、文部省、经产省及下属研究机构间的协作，进行人工智能技术研发。其中，总务省主要负责脑信息通信、声音识别、创新型网络建设等内容，文部省主要负责基础研究、新一代基础技术开发及人才培养等，经产省主要负责人工智能的实用化和社会应用等。同时，科研机构还积极加强与企业的合作，大力推动人工智能研发成果的产业化。

日本已经在机器人、脑信息通信、语音识别、大数据分析等领域投入大量科研精力。早在 20 世纪 90 年代，包括东京大学、早稻田大学在内的 20 多所大学就已经设立了人工智能专业。

2018 年 6 月，日本政府年度预算案中人工智能相关预算总额约为 770 亿日元，确保在 2025 年之前每年培养和录用几十万名 IT 人才，其中顶级水平的高级 IT 人才要达到几万人规模。

2019 年，日本在科学技术领域的预算比 2018 年增长 13.3%，达到 4.351 万亿日元，人工智能相关技术开发和人才培养等是预算中的重要部分，其中，网络防御人工智能列有 8000 万日元预算，在培养人工智能人才方面的预算约为 133 亿日元。同年 12 月，东京大学和软银公司达成协议，将致力于打造世界顶尖人工智能研究所，预计未来 10 年将投资 200 亿日元用于人工智能的基础研究和应用研究。

3）产业应用

日本人工智能产业应用主要集中在生物医学、汽车交通、警务治安、社会生活领域。

在生物医学领域，日本利用人工智能帮助检测分析病情，也以人工智能进行新药开发。2017 年 5 月，富士胶片和奥林巴斯开发出在内窥镜检查中由人工智能自动判断胃癌等技术。

2018 年 1 月，岛津制作所开发出运用人工智能在 2 分钟内判别癌症的技术。日本的一些医院和研究机构还计划联合打造人工智能医院，将有助于解决医疗人员不足问题和促进个性化医疗，提高日本医疗行业效率；建立的样板医院利用人工智能技术自动输入病例、影像识别及提供最佳治疗方案等。另外，日本利用人工智能全力解决人口老龄化带来的老年人陪伴护理和劳动力缺失问题。

在汽车交通领域，以丰田、本田等几大汽车企业为主，集中突破无人驾驶的技术瓶颈。2018 年 8 月，开展测试的日本日之丸交通出租车公司和 ZMP 自动驾驶技术公司的无人驾驶出租车驶上东京街头，在固定线路上载客试运营，这是日本第一次为乘客提供自动驾驶出租车服务。

2018 年 10 月，丰田汽车宣布和日本软银集团合作，要变身为一家依托人工智能的移动出行服务公司，在无人驾驶和共享汽车等领域拓展业务，提出全自动驾驶的"共享汽车"概念，其场景为：在早上上班高峰期，汽车根据乘客预约，自动挨家挨户去接上班白领，然后把他们送到上班公司；9 点钟以后，它开到快递公司去负责送货；中午，它就带上盒饭到公司比较集中的地区去卖盒饭，变成一个小食堂；下午，它又去充当送货车；傍晚，它负责去公司接白领下班回家；到了夜里，它变成马路边一个货摊，给晚上出来散步或过夜生活的人们提供精美的食品或礼品。丰田汽车提出的这个"共享汽车"概念，不只是交通工具，而且是高智能的移动空间，能够带给人们崭新的人工智能生活。此外，还有人群预测系统，可实时管理周围行人和车辆流量，该系统将利用预先收集的实时数据访问周围的情况，预测每个点的拥堵情况，预测流量，并使用电子标志和/或智能手机消息将观众引导至最佳散场路线。

在警务治安领域，日本警察厅通过监控摄像头图像锁定汽车车型或在人群中发现可疑人员；日本安全公司 ALSOK 开发的人工智能警察巡逻系统，由安装有摄像头的自动漫游机器人和情感可视化系统组成，能够识别可疑包裹；NEC 与东京都警察局合作部署的恐怖分子智能识别系统，主要用于过境到达点，以及人群涌入活动场地时的监控识别与身份验证，是目前识别准确率最高的系统之一。

在社会生活领域，2018 年，日本村田制作所研发出一款可判读现场气氛和每个人情绪变化的人工智能系统，有助于教育、娱乐业或商业人士实时了解客户情绪：在幼儿园，老师可以通过该系统掌握每个孩子的情绪变化，并据此来调节室内温度，为孩子替换衣服；在商业谈判中，可以通过该系统了解客户的情绪变化，以掌握和分析其思路，并做出相应对策。

2019 年 6 月，婚介机构 Zwei 在举办一场相亲活动时给参与者佩戴人工智能手环，当男女双方握手时，对方的个人简介，包括喜好、是否抽烟、是否有过婚史等信息都会出现在面前的平板计算机上。借助人工智能设备，这场相亲活动成功率从 10%升至 20%。

2020 年 1 月，秋田县政府在 3 个官方婚介中心引入人工智能系统，以提升结婚率，凡注册成为会员的人，需先通过计算机或手机回答 100 多个问题，以便人工智能系统分析答案后为其提供合适的对象人选，而这些后台工作以前均由人工完成，会员要等待较长时间才能与合适人选见面。

日本由于进入老龄化社会，城镇工厂等面临人手短缺问题。2020 年 9 月，日本总务省启动利用人工智能技术分析和保存了对古代传下来的各种手工艺的研究资料，对匠人的手工制作过程进行了详细数据化，进行分析并编订教材等，以推进"匠人技术"的传承。

1.1.2　我国人工智能发展现状

人工智能成为新一轮产业变革核心驱动力，正在释放科技革命的巨大能量。持续探索新一代人工智能算法、核心技术和应用场景，将重构生产、分配、交换、消费等经济活动各环节。作为数字经济转型升级的推动力和新一轮科技竞争的制高点之一，人工智能近年来已提升到国家战略高度。

2017—2019 年，连续 3 年政府工作报告中均提及加快人工智能产业发展；2020—2022 年，人工智能更是与 5G 基站、大数据中心、工业互联网等一起被列入"新基建"，将为智能经济的发展和产业数字化转型提供底层支撑，推动人工智能与 5G、云计算、大数据、IoT 等领域深度融合。

1. 我国人工智能政策解读

2015 年以来，人工智能在我国获得快速发展，国家相继出台一系列政策支持人工智能的发展，推动我国人工智能步入新阶段。

2019 年，人工智能连续第三年出现在政府工作报告中。继 2017 年、2018 年的"加快人工智能等技术研发和转化""加强新一代人工智能研发应用"关键词后，2019 年政府工作报告中使用了"深化大数据、人工智能等研发应用"等关键词。从"加快"、"加强"到"深化"，说明我国的人工智能产业已经走过了萌芽阶段与初步发展阶段，将进入快速发展阶段，并且更加注重应用落地。

2020 年 7 月发布的《国家新一代人工智能标准体系建设指南》中明确，到 2023 年初步建立人工智能标准体系，重点研制数据、算法、系统、服务等重点急需标准，并率先在制造、交通、金融、安防、家居、养老、环保、教育、医疗健康、司法等重点行业和领域进行推进。

2021 年 9 月发布的《新一代人工智能伦理规范》旨在将伦理道德融入人工智能全生命周期，为从事人工智能相关活动的自然人、法人和其他相关机构等提供伦理指引。该文件的发布标志着人工智能政策已从推进应用逐渐转入监管，以确保人工智能处于人类控制之下。

截至 2022 年 3 月，国家层面的人工智能主要政策文件见表 1-2。

表 1-2 截至 2022 年 3 月，国家层面人工智能主要政策文件

发布时间	政策文件	政策分析
2015 年 7 月	国务院关于积极推进"互联网+"行动的指导意见	将人工智能列为其 11 项重点行动之一。具体行动为：培育发展人工智能新兴产业；推进重点领域智能产品创新；提升终端产品智能化水平。主要目标是加快人工智能核心技术突破，促进人工智能在智能家居、智能终端、智能汽车、机器人等领域的推广应用
2016 年 3 月	中华人民共和国国民经济和社会发展第十三个五年规划纲要	加快信息网络新技术开发应用，重点突破大数据和云计算关键技术、自主可控操作系统、高端工业和大型管理软件、新兴领域人工智能技术，人工智能写入"十三五"规划纲要

（续表）

发布时间	政 策 文 件	政 策 分 析
2016 年 4 月	机器人产业发展规划（2016—2020 年）	到 2020 年，自主品牌工业机器人年产量达到 10 万台，六轴及以上工业机器人年产量达到 5 万台以上，服务机器人年销售收入超过 300 亿元；工业机器人主要技术指标达到国外同类产品水平；机器人用精密减速器、伺服电动机及驱动器等关键零部件取得重大突破
2016 年 5 月	"互联网+"人工智能三年行动实施方案	到 2018 年，打造人工智能基础资源与创新平台，人工智能产业体系基本建立，基础核心技术有所突破，总体技术与产业发展与国际同步，应用及系统级技术局部领先
2016 年 8 月	"十三五"国家科技创新规划	发展新一代信息技术，其中人工智能方面，重点发展大数据驱动的类人智能技术方法，在基于大数据分析的类人智能方向取得重要突破
2016 年 9 月	智能硬件产业创新发展专项行动（2016—2018 年）	重点发展智能穿戴设备、智能车载设备、智能医疗健康设备、智能服务机器人、工业级智能硬件设备等
2016 年 11 月	"十三五"国家战略性新兴产业发展规划	打造人工智能，培育人工智能产业生态，推动人工智能技术向各行业全面融合渗透。具体包括：加快人工智能支撑体系建设；推动人工智能技术在各领域应用，鼓励各行业加强与人工智能融合，逐步实现智能化升级
2017 年 3 月	2017 年政府工作报告	"人工智能"首次被写入政府工作报告：一方面要加快培育新材料、人工智能、集成电路、生物制药、第五代移动通信等新兴产业；另一方面要应用大数据、云计算、IoT 等技术加快改造提升传统产业，把发展智能制造作为主攻方向
2017 年 7 月	国务院关于印发《新一代人工智能发展规划》的通知	确定新一代人工智能发展三步走战略目标，人工智能上升为国家战略层。该计划是所有国家人工智能战略中最为全面的，包含了研发、工业化、人才发展、教育和职业培训、标准制定和法规、道德规范与安全等各个方面的战略和发展目标
2017 年 10 月	十九大报告	"人工智能"被写入十九大报告，将推动互联网、大数据、人工智能和实体经济深度融合
2017 年 12 月	促进新一代人工智能产业发展三年行动计划（2018—2020 年）	从推动产业发展角度出发，结合"中国制造 2025"，对《新一代人工智能发展规划》相关任务进行了细化和落实，以信息技术与制造技术深度融合为主线，以新一代人工智能技术的产业化和集成应用为重点，推动人工智能和实体经济深度融合
2018 年 3 月	2018 年政府工作报告	"人工智能"再次被写入政府工作报告：加强新一代人工智能研发、应用；在医疗、养老、教育、文化、体育等多领域推进"互联网+"；发展智能产业，推展智能生活

（续表）

发布时间	政策文件	政策分析
2018年4月	高等学校人工智能创新行动计划	到2020年，基本完成适应新一代人工智能发展的高校科技创新体系和学科体系的优化布局，高校在新一代人工智能基础理论和关键技术研究等方面取得新突破，人才培养和科学研究的优势进一步提升，并推动人工智能技术广泛应用
2018年11月	新一代人工智能产业创新重点任务揭榜工作方案	通过在人工智能主要细分领域，选拔领头羊、先锋队，树立标杆企业，培育创新发展的主力军，加快我国人工智能产业与实体经济深度融合
2019年3月	2019年政府工作报告	将人工智能升级为"智能+"，要推动传统产业改造提升，特别是要打造工业互联网平台，拓展"智能+"，为制造业转型升级赋能。要促进新兴产业加快发展，深化大数据、人工智能等研发应用，培育新一代信息技术、高端装备、生物医药、新能源汽车、新材料等新兴产业集群，壮大数字经济
2019年3月	关于促进人工智能和实体经济深度融合的指导意见	把握新一代人工智能的发展特点，结合不同行业、不同区域特点，探索创新成果应用转化的路径和方法，构建数据驱动、人机协同、跨界融合、共创分享的智能经济形态
2019年6月	新一代人工智能治理原则——发展负责任的人工智能	提出发展负责任的人工智能这一主题，强调和谐友好、公平公正、包容共享、尊重隐私、安全可控、共担责任、开放协作、敏捷治理等八条原则
2020年3月	关于"双一流"建设高校促进学科融合加快人工智能领域研究生培养的若干意见	提出要构建基础理论人才与"人工智能+X"复合型人才并重的培养体系，探索深度融合的学科建设和人才培养新模式
2020年7月	国家新一代人工智能标准体系建设指南	加强人工智能领域标准化顶层设计，推动人工智能产业技术研发和标准制定，促进产业健康可持续发展
2021年7月	新型数据中心发展三年行动计划（2021—2023年）	推动新型数据中心与人工智能等技术协同发展，构建新型智能算力生态体系
2021年9月	新一代人工智能伦理规范	旨在将伦理道德融入人工智能全生命周期，为人工智能相关活动的自然人、法人和其他相关机构等提供伦理指引
2022年3月	2022年政府工作报告	加快发展工业互联网，培育壮大集成电路、人工智能等数字产业，提升关键软硬件技术创新和供给能力

2. 我国人工智能市场规模

　　人工智能作为科技创新产物，在促进人类社会进步、经济建设和提升人们生活水平等方面起到越来越重要的作用。国内人工智能经过多年的发展，已经在安防、金融、客服、零售、医疗健康、广告营销、教育、城市交通、制造、农业等领域实现商用及产生规模效应。

中国电子学会的数据显示，2019 年人工智能赋能实体经济产业规模接近 570 亿元；《中国互联网发展报告（2021）》数据表明，2020 年中国人工智能产业规模为 3031 亿元，业务高速增长主要是全球爆发新冠肺炎疫情环境中，人工智能开放平台应用程序编程接口（Application Programming Interface，API）的贡献。在艾媒咨询发布的《2020 年中国人工智能产业研究报告》中，预计到 2025 年，中国人工智能产业规模超过 4500 亿元。

在安全方面，人工智能技术在我国安防领域的落地最快，市场容量也最大，可细分为智能防盗报警、智能视频监控、智能楼宇对讲、智能防爆安检、智能门禁控制等子系统。依据艾瑞咨询的数据，2020 年人工智能+安防的市场规模为 453 亿元，2021—2025 年市场将进入产业结构调整期，市场规模增速将有所放缓，预计 2025 年市场规模超 900 亿元。

3. 我国人工智能技术研发

我国人工智能技术攻关和产业应用虽然起步较晚，但在国家多项政策和科研基金的支持与鼓励下，近年来发展势头迅猛[5]。

在基础研究方面，我国已拥有人工智能研发队伍和国家重点实验室等设施齐全的研发机构（以清华大学、北京大学、浙江大学、上海交通大学和中国科学院为代表），并先后设立了各种与人工智能相关的研究课题，在培养人工智能人才的同时，研发产出数量和质量也有很大提升，已取得许多突出成果。例如，智能芯片技术取得突破成果，中科院计算所发布了深度学习专用处理器，清华大学研制出可重构神经网络的计算芯片等。

当前，伴随着人工智能研究热潮，我国人工智能产业化应用也蓬勃发展。人工智能产品在医疗、商业、通信、城市管理等方面得到快速应用。目前已有 1.5 亿支付宝用户使用过"刷脸"功能，华为将人工智能移动芯片用于手机。人工智能创新创业也日益活跃，一批龙头骨干企业快速成长。据统计，当前中国的人工智能企业数量、专利申请数量及融资规模位列全球第二。全球最值得关注的 100 家人工智能企业中，我国有 27 家，其中以腾讯、阿里云、百度、科大讯飞等为代表。

2017 年 7 月，百度发布人工智能开放平台的整体战略、技术和解决方案。其中，对话式人工智能系统可让用户以自然语言对话的交互方式实现诸多功能。2021 年 5 月，百度发布飞桨开源框架 V2.1，它以超大规模深度学习模型训练技术实现了千亿稀疏特征、万亿参数、数百节点并行训练的能力，解决了超大规模深度学习模型的在线学习和部署的难题。

2017 年 8 月，腾讯公司正式发布人工智能医学影像产品——腾讯觅影，同时发起成立人工智能医学影像联合实验室。旗下的腾讯优图实验室是腾讯云下的机器学习研发团队，重点研发方向为人脸识别、图像识别和声音识别。2021 年 11 月，在腾讯数字生态大会中的腾讯云智能专场上，发布升级后的人工智能开发服务平台腾讯云 TI，主要用来解决感知、认知、决策三大基础研究领域的问题，让人工智能能够实现低门槛的智能接入。

2017 年 10 月，阿里宣布成立聚焦人工智能的达摩院。2018 年 9 月，达摩院官网正式上线，公开五大研究领域（机器智能、数据计算、机器人、金融科技、X 实验室），下设 14 个实验室。2018 年 10 月，达摩院智能计算实验室计划联合清华大学，围绕认知计算方向成立专业委员会。2020 年 3 月，达摩院总部开工，总投资 200 亿元，分三期实施；4 月，对外发布自动驾驶"混合式仿真测试平台"，该平台采用虚拟与现实结合的仿真技术，引进真实路测场景和云端训练师，可提升自动驾驶人工智能模型训练效率。

此外，科大讯飞在智能语音技术上处于领先水平；依图科技搭建了人像对比系统，在 2017 年美国国家标准与技术研究院组织的人脸识别技术测试中，成为第一个获得冠军的中国团队。

1.2　人工智能概念与内涵

人工智能是计算机科学的一个分支，在需要大量运算和决策的生活、业务等场景下，通过算法指令让机器设备模拟人类智能并替代、辅助人类完成相应的复杂工作。因此，人工智能不仅仅涉及信息通信领域，同时涉及脑科学、哲学、心理学等领域，是多种学科交叉并极富挑战的学科。从技术的角度来看，其研究方向包括机器人、语言识别、图像识别、自然语言处理和专家系统等。人工智能发展至今，理论和技术日益成熟，应用领域也不断扩大，未来人工智能带来的科技产品将是人类智慧的"容器"。

1.2.1　人工智能概念

当前人工智能还没有统一的概念，其主流的认识如下。

百度百科认为，人工智能是"研究、开发用于模拟、延伸和扩展人的智能的理论、方法、技术及应用系统的一门新的技术科学"，将其视为计算机科学的一个分支，指出其研究内容包括机器人、语言识别、图像识别、自然语言处理和专家系统等。

维基百科认为，人工智能就是机器展现的智能，即只要是某种机器，具有某种或某些智能的特征或表现，就应算作"人工智能"。

大英百科全书认为，限定人工智能是数字计算机或数字计算机控制的机器人在执行智能生物体才有的一些任务上的能力。

清华大学出版社出版的《人工智能（第 2 版）》中认为，人工智能是研究理解和模拟人类智能、智能行为及其规律的一门学科，主要任务是建立智能信息处理理论，进而设计可以展现某些近似于人力智能行为的计算系统。

艾瑞认为，广义人工智能是指通过计算机实现人的头脑思维所产生的效果，通过研究和开发用于模拟、延伸人的智能的理论、方法、技术及应用系统所构建而成的，其构建过程中综合了计算机科学、数学、生理学、哲学等内容；狭义的人工智能包括人工智能产业和人工智能技术等。

科大讯飞则认为，人工智能是指能够像人一样进行感知、认知、决策和执行的人工程序或系统。

本书作者认为，人工智能主要是在两种场景下替代或辅助人类的机器实体，一种是在重、难、险、害等环境中替代人类工作和决策，另一种是克服人脑在计算、存储等，以及心理、情绪等方面的局限性，辅助人类工作和决策。机器实体的核心在于基于数据、算法和模型的应用系统。总体来说，人工智能是模拟、延伸和扩展人类智能的理论、方法、技术及系统，主要体现在以下两个方面。

（1）人类五官能力，即会看、会听、会说、能味、能嗅，通过图像识别、文字识别、车牌识别等实现会看，通过语音识别、机器翻译等实现会听，通过语音合成、人机对话等实现会说，通过味觉传感器、人工味觉、电子舌等实现味觉感知，通过智能气味识别、电子鼻等实现嗅觉感知。

（2）人类肢体能力，即会行动，通过机器人、自动驾驶汽车、无人机等实现。

1.2.2　人工智能内涵

人工智能的终极目标是具备与人类大脑相当或优于人类大脑的能力，即能学习、会思考、做决策，通过机器学习、知识表示等实现具备学习能力，通过人机对弈、定理证明、医疗诊断等实现思考能力，通过自主机器学习、决策系统等实现决策能力。实现这些能力的核心是人工智能算法，其典型特征主要有以下三点[6]。

1.　通过计算形成信息流，为人类提供服务

人工智能的初衷是以人为本，即按照人类设定的程序逻辑或软件算法，通过对数据采集、加工、处理、分析和挖掘，形成有价值的信息流和知识模型，实现类似于人的"智能行为"效果，为人类提供服务。

2.　对外界环境进行感知，与人类交互互补

人工智能系统能借助传感器等器件接收来自环境的各种信息，从而对环境进行感知，借助按钮、键盘、鼠标、屏幕、手势、体态、表情、力反馈、虚拟现实/增强现实等方式对感知信息做出文字、语音、表情、动作等必要反应，类似于人类的回应。

人与机器可以产生连续互动，使机器设备越来越"理解"人类乃至与人类共同协作、优势互补。这样，人工智能系统能够实现人类不擅长、不喜欢但机器能够完成的工作，而人类则从事创造性、洞察力、想象力、灵活性、多变性，乃至用心领悟或需要感情的工作。

3.　拥有适应和学习特性，可以演化迭代

在面对不断变化的现实环境中，理想情况下的人工智能系统应具有一定的自适应特性和学习能力，即具有一定随环境、数据或任务变化而自适应调节参数或更新优化模型的能力，并且能够在此基础上通过与云、端、人、物的数字化连接实现延伸和扩展，推动机器客体乃至人类主体的演化迭代，也即人工智能系统具有适应性、灵活性、扩展性，从而可以在各行各业落地应用。

1.3　人工智能与创新技术融合

人工智能并不是单一技术，如果与 5G、大数据、云计算、物联网、区块

链等技术融合，就可以实现更多价值。人工智能、5G、大数据、云计算、物联网、区块链相互依赖、互相成就，只有融合成一个大技术生态，未来的智慧互联、"智慧+"才能真正落地。

1.3.1 人工智能与 5G

在 5G 赋能人工智能方面，人工智能可以借助 5G 技术实现"智慧+"等应用场景。5G 网络助力人工智能更加智能化主要体现在以下两个方面。

（1）5G 网络上云助力更快的智能算法。人工智能海量数据主要依靠云计算和端处理，端处理能力和网络传输速度受限导致人工智能智能化程度低，发展缓慢。应用 5G 网络连接上云，采用边缘计算技术，5G 核心网络分布式架构将完美匹配的应用扩展到边缘需求，实现更高更快的算法能力。

（2）5G 网络为人工智能提供更优越的网络承载。人工智能技术在应用过程中会产生海量数据和信息，传统网络不能承载这些数据、信息的处理与传输。

5G 技术具有传输速度更快、通信延迟更低、宽带更大和可靠性更高等优势，可以为人工智能提供更快的反应速度、更智能的应用模式、更直观的丰富内容，以及更优质的用户体验。5G 在人工智能领域的应用不仅起到提供网络传输的作用，更能补齐制约人工智能发展的短板，成为人工智能发展过程中新的驱动力。

在人工智能赋能 5G 方面，人工智能将促进 5G 网络的智能化应用，是未来重要的发展方向。5G 技术在推动人工智能发展的同时，人工智能也会对5G 技术的智能化、自动化提供很有价值的帮助。例如，人工智能在 5G 网络自动化提升的过程中具有重要作用，还可以根据用户业务使用行为和无线传播环境等数据，对未来的容量需求和网络覆盖进行准确预测，从而优化工作效率、降低运营成本。

综合人工智能与 5G，5G 网络是人工智能发展的新动力，而人工智能也将促进 5G 技术的智能化发展，两者相结合会为整个社会生产力的发展和生产方式的改进带来前所未有的变革。未来人工智能与 5G 技术的高度结合将产生更多商业应用价值，大大促进未来网络科技的发展，这也将成为具有巨大潜力的新领域。

1.3.2　人工智能与大数据

在大数据赋能人工智能方面，大数据不仅可以使人工智能预测结果更为准确，还可以为人工智能提供存储能力和计算能力，主要体现在以下两个方面。

（1）大数据为人工智能提供海量数据。人工智能的基础是数据，特别是机器学习。人工智能的数据越多，其预测的结果就越准确，如高德导航地图的路线和预估时间，近年来能明显体验到准确性的提升。这些都是大数据对人工智能提供的重要支撑，使得人工智能技术有了突破性进展。

（2）大数据为人工智能提供强大的存储能力和计算能力。传统的人工智能算法基本是依赖于单机的存储和单机算法，随着各行业的高速发展，传统人工智能已经不能满足日益增长的海量数据需求，而建立在集群技术上的大数据技术可以消除这一技术瓶颈。

在人工智能赋能大数据方面，人工智能代替人工对大数据进行对比分析，推演出最优解决方案，可以更快、更准确地完成某些任务或进行某些决定。在特定应用场景中，如机器人分拣货物、医学样本检测、自我软件调整等，人工智能可以通过进行重复性的事项，运用计算机的处理优势达到高质高效的目标。

综合人工智能与大数据，人工智能和大数据技术相辅相成，人工智能的核心在于思考和决策，而大数据的价值在于分析和应用，人工智能应用于大数据技术的是分析结果，不再是呆板的机器，而是具有懂得人类情感和认知的朋友间的交流。大数据赋能人工智能的则是更加精准的思考和决策。

1.3.3　人工智能与云计算

在云计算赋能人工智能方面，可以赋予人工智能及机器学习需要具有高速处理器的高级基础框架、最先进的 GPU，以及大容量的内存和存储空间，成为支撑新一代人工智能应用的必要基础设施之一。人工智能依赖的大数据中心还处于云计算和传统架构混合部署的阶段，云计算可以应对这种复杂业务和异构设备等环境，在最大限度上整合多种数据资源，补充资源整合效力，对人工智能的识别决策提供辅助性支持。

在人工智能赋能云计算方面，融入人工智能的云计算能够具备人工智能芯片、人工智能算法、语音、视觉等的全栈能力，从而可以解决现有市场中广泛存在的云计算产品同质化严重、价格战抢占市场的激烈竞争问题。

综合人工智能与云计算，两者都是智能化社会应用的重要技术，有着密切的联系。云计算为智能应用提供资源调度和能量管理重要支撑，人工智能为智能应用提供融合应用分析，两者相结合如何实现价值最大化也是未来重要的研究方向之一。

1.3.4　人工智能与物联网

在物联网赋能人工智能方面，一是物联网设备产生大量数据提供给人工智能，通过机器学习分析和跟踪这些数据并做出决策；二是物联网帮助人工智能深入各个领域，如智慧城市、工业物联网、智能家居、智能工厂和各种可穿戴设备等领域，都是物联网与人工智能深度整合的典型应用领域，并具有巨大发展潜力。

人工智能赋能物联网主要体现在以下三个方面。

（1）人工智能把物联网中的设备数据提取出来做分析和总结，促使互联设备更好地协同工作。

（2）当物联网中的设备被检测到异常时，人工智能会依据异常情况的数据分析给出应对措施，大大提高了处理突发事件的准确度，在某种程度上可以帮助物联网互联设备应对突发情况。

（3）人工智能通过分析、总结物联网中各种设备、传输等的数据，发现可能出现的问题，并做出预警，从而减少故障影响，提高运营效率。

人工智能与物联网的融合是一个智能化生态体系，人工智能驱动物联网实现万物数据化、万物智联化，而物联网为人工智能提供海量数据，为修正人工智能算法奠定基础。

1.3.5　人工智能与区块链

区块链赋能人工智能主要体现在以下三个方面。

（1）区块链的"链"功能让人工智能的每一步"自主"运行和发展都得到记录和公开，为人工智能提供了必须收集、存储和利用的高度敏感信息，创建了安全、不可篡改、分布式的系统，可以大大提高人工智能的安全性和稳定性。

（2）区块链可以为人工智能提供清晰的数据检索方案，这不仅可以提高数据和模型的可信度，而且可以提供一条清晰的路径来追溯机器决策过程。

（3）区块链的数据安全优势为人工智能产生更好的模型、方案、结果和新数据，可以提高人工智能的有效性。

人工智能赋能区块链主要体现在以下两方面。

（1）人工智能通过深度强化学习算法，可以对区块链存在的可扩展性和系统能耗问题进行优化，识别与检测解决区块链结构中智能合约和共识机制带来的安全漏洞。

（2）人工智能可以解决区块链公有链的资源浪费、资源分配不合理、效率停滞不前等问题。比如，通过人工智能优化的神经网络来增强其共识算法，进行自我学习和自我优化的公有链，致力于提高转账过程及智能合约的安全性、互操作性和高度可扩展性。

人工智能与区块链两者结合，不仅仅可相互赋能，还可促进各行业创新和转型主要技术的发展，为更多场景中的各类应用起到推动和优化的作用。

1.3.6　人工智能与量子计算

量子计算赋能人工智能主要体现在以下两方面。

（1）借助量子计算算法优势，人工智能可以大大缩短自身复杂算法的耗时，从根本上提升运算效率，助力人工智能突破摩尔定律限制，即利用量子计算的信息处理优势促进自身发展。例如，微软使用拓扑量子计算机将其人工智能助手算法训练时间从1个月缩短至1天。

（2）量子计算具有强大的计算能力，其自动优化功能可以自行修正人工智能数据系统中的错误，并不断处理新数据，使人工智能具有自我学习和修正的能力，这有助于强人工智能时代的到来。

在人工智能赋能量子计算方面，量子计算可以利用人工智能来突破自身瓶颈，如通过深度学习技术形成更优的操控微观系统。例如，人们所熟知的AlphaGo，虽然能够实现运算复杂度非常高的围棋竞技，但不能精确感知人类情感变化，即便是儿童都能具备的情感和行动能力，量子计算也无法实现。人工智能的赋能，使得量子计算不仅可以发挥其复杂高深的计算优势，还能实现人类生活的部分基础技能。

人工智能与量子计算两者属于共生事物，可相互加速对方发展，在优化问题、生物医学、化学材料、金融分析、图像处理等诸多领域中，人工智能已被科技界与学术界公认为量子计算的重要着力点。

1.4 本章小结

本章归纳总结了人工智能的历史沿革，分别从政策、战略和规划，技术研发，产业应用 3 个方面分析了美国、俄罗斯、欧盟、英国、法国、德国和日本的人工智能现状，以及我国人工智能的发展现状，在研究当前人工智能主流概念的基础上，给出人工智能概念与内涵，同时研究了人工智能与5G、大数据、云计算、物联网、区块链、量子计算等新兴技术的关系与融合发展态势。

本章参考文献

[1] 周雄伟. 人工智能的发展历程[EB/OL]. CSDN 网，2018.

[2] 中国信息通信研究院. 全球人工智能战略与政策观察（2019）[R]. 北京：中国信息通信研究院，2019.

[3] 首席战略官. 美国人工智能的发展现状[EB/OL]. 网易网，2016.

[4] 俄罗斯制定多领域人工智能应用路线图[EB/OL]. 科技日报, [2020-07-07].

[5] 艾媒研究院. 2019 年中国人工智能年度专题研究报告[R]. 北京：艾媒研究院，2019.

[6] 前瞻产业研究院. 2019 年人工智能行业现状与发展趋势报告[R]. 北京：前瞻产业研究院，2019.

第 2 章　网络空间安全导论

相对于物理空间，网络空间运用通信协议将各类物理设备连接起来实现信息交互、资源共享等，如电信网、互联网、工业网、物联网等，属于网络空间。网络空间安全指的是这些网络的设备安全、数据安全、传输安全、内容安全、应用安全等。本书中的"网络"主要指的是互联网。

本章梳理当前网络空间安全的发展历程和国内外网络空间安全发展现状，分析网络空间安全面临的问题与挑战。

2.1　网络空间安全发展历程

从时间维度来看，网络空间安全的发展历程如图 2-1 所示。

图 2-1　网络空间安全的发展历程

通信安全阶段（1940—1970 年）　该阶段主要以电台、固定电话等通信手段来实现信息的传输，其面临的安全威胁主要是搭线窃听和信息保密，采取的安全措施就是通过加密技术来解决通信保密问题，以保证数据的保密性与完整性，也即该阶段主要是保障信息的传输安全。

计算机安全阶段（1971—1990 年）　1971 年以来，采用大规模和超大规模集成电路的第四代计算机替代了原来的晶体管计算机，同时在计算机上部署数据库管理系统来管理计算机承载的各类数据。该阶段面临的安全问题除了传输安全，就是计算机本身的软硬件安全问题，主要有非法访问、恶意代码、弱口令等。

信息安全阶段（1991—2013 年）　1990 年之后，安全问题聚焦在信息自身安全上，因此该阶段可以认为是信息安全阶段，其重点强调信息的保密性、完整性、可控性、可用性。在计算机发展早期，网络黑客和程序员曾对政府、企业、其他大型机构发动毁灭性网络攻击，以蠕虫病毒和拒绝服务攻击为主。在这个阶段，信息安全的威胁主要有网络入侵、蠕虫等病毒、信息对抗攻击等，对应的安全措施主要有防火墙、防病毒、漏洞扫描、入侵检测、入侵防御、通用交换协议、虚拟专用网络等技术和安全管理体制。

网络安全阶段（2014 年至今）　2014 年起，网络从固定互联网向移动互联网转变，此时我国将网络空间定义为陆、海、空、天之外的"第五疆域"，网络空间成为世界各国意识形态斗争、经济扩张和网络攻防的主战场。中央网信办的设立和网络安全法的颁布实施昭示着网络安全已成为国家战略，网络安全概念的内涵和外延得到扩展，网络安全不再局限于传统信息安全所定义的操作系统、数据库和软件程序的安全，而是将其防护对象扩展至国民经济、社会生活的网络基础设施和其承载的各类信息系统。

2.2　网络空间安全发展现状

网络技术的迅猛发展和广泛应用，引起国家安全领域的革命性变革，网络安全成为国家安全的"无形疆域"，构成了国家安全的重要内容和关键要素，并迅速渗透到国家的政治、经济、文化、社会安全中，已经成为国家和社会的基础性安全。

2.2.1　国外网络空间安全发展现状

本节重点以美国、俄罗斯和欧盟为例，分析网络空间安全方面的战略政策及法规，同时梳理网络空间安全方向的技术研发投入、科研机构建设、产业应用等情况，论述网络空间安全对经济、社会安全的综合影响。

1. 美国网络空间安全发展现状

美国通过加大网络安全投入、引导网络安全技术创新方向、强化供应链安全等系列措施，为该产业释放红利，夯实产业基础。

1）政策、战略和规划

2020 年 2 月，白宫 2021 财年预算提案中包括约 188 亿美元的网络安全经费；7 月，国土安全部发布《2020—2024 年战略计划概要》，将网络空间和关键基础设施安全作为重要目标之一。

2021 年，美国推进了《了解移动网络的网络安全情况法案》《美国网络安全素养法案》等 8 项网络安全法案。《了解移动网络的网络安全情况法案》要求由美国国家电信与信息管理局（NTIA）检查并报告移动服务网络的安全态势；《美国网络安全素养法案》旨在提高美国互联网用户的网络安全意识、数据安全认知的新立法，该法案规定美国在促进网络安全素养方面要考虑国家安全和经济利益，应制定网络安全素养和开展最佳实践活动，以降低网络安全风险。

在人工智能安全方面，2020 年 10 月 9 日，美国国家人工智能安全委员会（NSCAI）发布了 2020 年年中报告及第三季度的建议，并从引领人工智能研发、使用人工智能保护国家安全、加强人才培养、构建和保护美国的技术优势、加强国际合作等六个方面向国会提出了 80 项与人工智能相关的建议。

2）技术研发

虚拟专用网络提供商 Atlas VPN 调查发现，2020 年美国政府网络安全总预算为 187.92 亿美元，2021 年总预算为 187.79 亿美元。

在风险投资方面，美国中情局成立风险投资公司，专门投资对网络安全体系有巨大潜在价值而发展受限的公司，目前已经投资了 200 多家公司，平均年度资助 3700 万美元资金，主要聚焦在计算机科学技术（包括大数据分析技术、可视化技术、虚拟化技术、搜索技术、数据管理技术、通信技术、安全研究技术）、材料学技术（包括生物技术、电力技术、电子技术、视频技术）和基础设施（包括硬件、传感器网络、数据中心）3 个领域。例如，2005 年投资顶尖数据分析公司 Palantir Technologies，2009 年投资顶尖威胁情报分析公司 FireEye，2010 年投资重要云计算服务供应商 Cloudera 公司，

2012 年投资 No-SQL 数据库技术供应商 MongoDB 公司，等等。

在网络安全技术创新方面，2019 年至今，美国针对零信任技术、对抗机器学习等先进网络安全技术进行持续探索，先后形成"零信任架构""对抗性机器学习的分类和术语""基于域名解析系统的邮件安全实践指南"等阶段性研究成果，指导构建新一代网络安全防护体系。

2020 年 1 月，美国发布了《确保美国在 5G 领域的国际领导地位法案（2019）》，明确美国及其盟国、合作伙伴应在第五代及下一代移动电信系统和基础设施的国际标准制定机构中保持参与和领导地位，美国应与其盟国、合作伙伴密切合作，促进第五代及下一代移动通信系统和基础设施的供应链和网络安全，保持电信和网络空间安全的高标准是维护美国国家安全利益的要求。

3）产业应用

美国的网络安全在基础设施开发、创新和研发活动方面非常活跃，大多数行业采用先进的解决方案来确保对高级可持续威胁攻击（Advanced Persistent Threat，APT）和账户及访问管理（Identity and Access Management，IAM）活动的可视性。赛门铁克、思科、英特尔/迈克菲（Mcafee）和帕洛阿尔托网络（Palo Alto Networks）等传统的网络安全供应商的产品跨度已经形成，从流量到端的解决方案能力，并向集成、存储、云等安全关联的各方面扩展。

2. 俄罗斯网络空间安全发展现状

俄罗斯致力于维护网络空间权益，积极探索对网络主权管辖的保护途径，以强化本国互联网韧性。

1）政策、战略和规划

俄罗斯陆续颁布实施了《俄罗斯联邦通信法》《有关信息、信息技术与信息保护法》《俄罗斯联邦网络主权法》等，形成了网络安全法体系基本框架。《有关 2020 年前国际信息安全的国家基本政策法令》《俄罗斯联邦信息安全》《俄罗斯联邦信息社会发展战略》等对具体的网络安全防护活动进行指导与治理。

俄罗斯立法机关陆续制定了一系列法律，规定了明确具体的规则，用以规范涉及网络安全的事项与活动，如《有关电子数字签名法令》《有关建立查明、预防和消除对俄罗斯信息资源计算机攻击后果的国家系统法令》《有关2020年前国际信息安全的国家基本政策法令》《有关信息、信息技术和信息保护的联邦法修正案》等。

2019年11月正式生效的《互联网主权法》，从域名自主、定期演练、平台管控、主动断网、技术统筹等五方面捍卫"自主可控"国家网络主权，向谋求更多对互联网基础设施的主权和国家控制迈出了重要一步。

在信息安全方面，俄罗斯已通过顶层信息安全战略与各领域的政策法案，构建了较为完善的信息安全法律体系，以通过加强多维度的国内治理，实现信息安全战略的有效落实，推动信息安全相关领域的进一步发展。

2016年12月通过《俄罗斯联邦信息安全原则》，2021年3月修订《俄罗斯联邦"信息社会"国家纲领》，2021年4月颁布《俄罗斯联邦国际信息安全领域的国家政策框架》，2021年7月修订《信息、信息技术和信息保护》，这五项信息安全战略架构，配合数字经济领域、教育与科学领域、政府部门规范、信息技术标准化与合规评估、通信与电信基础设施保护等多领域行政命令与法案，俄罗斯从新技术与传统安全领域的交叉运用、信息安全与信息安全系统三个维度来推进国内信息治理[1]。

2）技术研发

俄罗斯政府成立国家域名管理中心，并吸引俄罗斯电信、俄罗斯技术公司等大型企业参与互联网建设，构建了俄罗斯国家域名体系。2019年7月，联邦保卫局、联邦数字发展、通信与大众传媒部等在2019—2021年周期内获得14亿卢布的财政预算，用于保障俄罗斯国家互联网的建设、运营和发展。2019年，俄罗斯发布《主权互联网法》，要求在国内建立一套独立于国际互联网的网络基础设施，以确保其在遭遇外部断网等冲击时仍能稳定运行[2]。

俄罗斯加快推进新加密技术研发，确保政府、企业和公民能够实现安全的信息交互，并多次召开会议讨论如何在公共管理等领域引入人工智能和大数据等新技术，通过建立统一的数据搜集和分析平台、开发安全态势模型等方式优化和完善本国安全监测、评估、预警系统，并对俄罗斯所处的内外部安全环境进行定性和定量评估，以便更为有效地实施监控、预测和应对危机，解决和化解数字化时代俄罗斯所面临的内外部威胁与挑战。

3）产业应用

俄罗斯持续发展国产化计算机设备、特殊技术设备、智能控制体系等。2018 年，俄罗斯自主开发的 Astra Linux 操作系统取代原来使用的 Windows 操作系统，同时配套厄尔布鲁士、贝加尔湖-T1 等国产处理器，已被列入俄罗斯政府采购名录，采购量超过 1000 万个，采购总金额达到 750 亿卢布，大幅降低了网络安全风险。

俄罗斯在提升网络安全防御能力方面，采取政府主导、加强监管和大企业扶持等政策，建立了由政府主导，科研及商业机构广泛参与的网络监督体系，对新媒体实现对接和监控，预防网络攻击，并对网络攻击行为做出迅速反应，检测网络攻击来源，切断可能泄露的信息源，提高外国资本进入网络产业的比例，采取严监管的模式，如禁止外国公民和拥有双重国籍的俄罗斯人成为媒体创始人，并将本国知名的网络公司、新闻出版公司纳入俄罗斯战略性企业名单，在法律上排除了外国资本取得俄罗斯网络公司控股权的可能性。

3. 欧盟网络空间安全发展现状

欧盟意图在网络安全领域形成整体合力，在新技术应用领域重点发力，努力使欧洲成为全球网络安全引领者。

1）政策、战略和规划

2020 年 8 月，《欧盟安全联盟战略 2020—2025 年》新战略确定了 4 个优先事项，包括维护面向未来的安全环境、应对不断发展的威胁、保护欧洲民众免受恐怖主义和有组织犯罪的危害、建立欧洲安全生态系统，并分别提出具体方案。根据该战略，欧盟将重点打击恐怖主义和有组织犯罪，预防和探测混合型威胁，提高关键基础设施的韧性，促进网络安全和相关技术研发。

在信息安全方面，欧盟密集发布了《通用数据保护条例》《数字服务法》《数字市场法》《数位时代的欧盟网络安全战略》等多个对网络安全领域有重大影响的政策文件。

《通用数据保护条例》代替了《欧盟数据保护指令》，成为欧盟隐私和数据保护的法律框架，旨在帮助用户了解通用数据保护条例广泛的影响，以及为改进数据处理活动、如何做到并保持通用数据保护条例合规所提供的机会。

《数字服务法》《数字市场法》两部法案的共同目标是建立更加开放、公平、自由竞争的欧洲数字市场，促进欧洲数字产业的创新、增长和提高竞争力，为用户提供更加安全、透明和值得信赖的在线服务。《数字服务法》侧重于加强数字平台在打击非法内容和假新闻及其传播方面的责任，《数字市场法》则是反托拉斯法在数字领域的拓展和体现。

《数位时代的欧盟网络安全战略》旨在引领和打造更安全的网络空间，从而为欧盟数字经济的发展保驾护航。

2019 年 5 月，欧盟网络与信息安全局（ENISA）发布了报告《建立网络安全政策发展框架——对自主代理的安全和隐私考虑》，旨在为欧盟成员国提供一个政策制定框架，以应对人工智能引发的安全和隐私问题。

2020 年 12 月，欧盟网络与信息安全局（ENISA）发布了报告《人工智能的网络安全挑战：人工智能威胁图谱》（*Artificial Intelligence Cybersecurity Challenges: Threat Landscape for Artificial Intelligence*），对人工智能网络安全生态系统及威胁图谱进行了描述，还强调了人工智能安全的相关挑战。

2）技术研发

欧盟委员会一直非常重视发挥其自身在网络空间治理中的作用，提出要不断加大科技投入、促进科技创新，进一步改善成果转化效果。欧盟整合政策资源，建立了统一的欧盟技术政策框架体系，以维护自身网络空间安全并争取国际网络规则话语权。

欧盟委员会认为，发展网络防御能力应把重点放在对复杂网络威胁的探测、响应和恢复上，不断加强军用、民用解决方法在保护网络空间安全方面的协同效应。从全球角度，欧盟的网络空间安全合作主要为双边合作和国际组织中的多边合作，目的是不断增强欧盟内部的凝聚力，提高欧盟在国际网络空间中的规则影响力。

2014 年，欧盟启动总额为 770 亿欧元的"欧盟地平线 2020 计划"，旨在完成欧洲研究区的建设，加强欧盟各成员国间的统筹与协调，减少重复投入与研究，促进研发合作与成功共享，提升欧洲研究创新能力。2020 年 7 月，欧盟通过了价值 1.8 万亿欧元的 "一揽子" 协议；11 月，又宣布增加价值 150 亿欧元的优先计划，用于 "欧洲地平线" 计划、Erasmus+计划、EU4Health 计划、欧洲投资基金，以及国际合作和人道主义援助等。

3）产业应用

在英国正式脱欧之前，英国作为欧盟成员国之一，注重加强关键基础设施保护和国家整体防控体系建设。2016 年 9 月，英国着手建立基于 DNS 的国家防火墙，目的是对抗网络犯罪，更高效地屏蔽已知恶意程序，阻止钓鱼邮件使用恶意域名进行网络犯罪。2016 年 11 月，英国交通系统技术发展中心称，随着信息技术的快速发展，英国交通运输业面临越来越大的网络安全威胁，将投入更多资源加强网络安全防范。2016 年 12 月，英国议会督促情报机构政府通信总部，加大力度帮助金融业加强网络安全，以应对不断升级的网络犯罪。

2020 年 6 月开展的网络欧洲 2020（Cyber Europe 2020）活动，旨在建设网络安全能力，加强欧盟成员国间的合作，并提高医疗健康领域的网络安全意识。活动场地分布在欧洲的几个中心地带，并由演练控制中心统一协调；参加人员来自欧盟各成员国的网络应急机构、电信、能源企业、网络安全部门、金融机构、互联网服务提供商，以及其他私营公司和公共组织。

2.2.2　我国网络空间安全发展现状

近年来，随着云计算、移动互联网、物联网、人工智能等技术升级和应用普及，技术与理念的变化驱动网络安全产品升级演变，同时对安全服务能力提出更高要求。无论是传统的安全集成、运维、风险评估等服务，还是诸如安全意识教育、安全众测、攻防实训/靶场等新型服务业态，目前均已形成一定的规模化市场。

根据最新网络安全市场发展情况，中国网络安全产业联盟发布的《中国网络安全产业分析报告（2020 年）》，从通用技术理念、基础安全领域、新兴应用场景、安全服务、业务安全等五大方面给出我国网络空间安全全景图[3]，如图 2-2 所示。

（1）四大通用技术理念：属于网络安全通用性技术，适用于多种安全产品和应用场景。这些通用技术理念是支撑未来网络安全行业发展的重要底层技术，包括威胁情报、密码技术、零信任、开发安全四类。

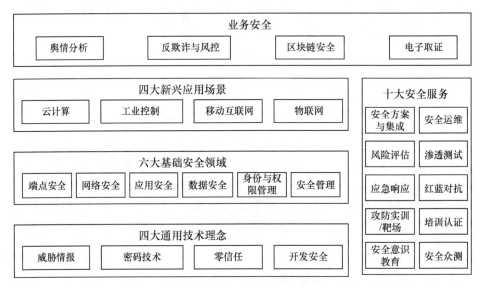

图 2-2　我国网络空间安全全景图

（2）六大基础安全领域：从端点安全、网络安全、应用安全、数据安全、身份与权限管理、安全管理这六个维度来解决传统网络安全领域的核心问题，属于传统安全技术领域，也是我国网络安全企业聚焦的业务板块。

（3）四大新兴应用场景：主要包括云计算、工业控制、移动互联网、物联网等四个场景。这些应用场景引入了新的安全问题，也孕育未来具备广阔发展空间的新兴细分市场。

（4）十大安全服务：在合规与实效并重发展阶段，安全服务的重要性日益凸显，无论在传统领域还是新兴应用场景中，都需要有服务体系支撑。安全服务包含安全方案与集成、安全运维、风险评估、渗透测试、应急响应、红蓝对抗、攻防实训/靶场、培训认证、安全意识教育、安全众测十大类。

（5）业务安全：网络安全防护的最终目的是保障用户业务系统的安全，而不同行业/用户的业务差异则会孕育出更多的细分赛道，其中舆情分析、反欺诈与风控、区块链安全、电子取证是目前面向监管、金融、公安等领域成熟的业务安全产品分类。

通过对以上五大安全板块进行细分和梳理，我国网络安全产品与服务市场的细分领域分类见表 2-1。

表 2-1　我国网络安全产品与服务的分类

类　　别	项　　目	子 项 目
基础安全领域	网络安全	防火墙/统一威胁管理（UTM）/第二代防火墙、上网行为管理、虚拟专用网络（VPN）/加密机、入侵检测与防御、网络隔离和单向导入、防病毒网关、网络安全审计、抗拒绝服务攻击（设备）、网络准入与控制、高级持续性威胁防护、网络流量分析、安全审计、域名系统（DNS）安全、应用交付/负载均衡、欺骗防御技术、软件定义广域网（SD-WAN）
	端点安全	恶意软件防护、终端安全管理、终端检测与响应、主机/服务器加固
	应用安全	Web 应用防火墙、Web 应用安全扫描及监控、网页防篡改、邮件安全、API 安全
	数据安全	数据安全治理、个人隐私保护、数据库安全、数据脱敏、数据泄露防护、电子文档管理与加密、存储备份与恢复
	身份与权限管理	身份认证与权限管理、运维审计堡垒机、特权账号管理、数字证书、硬件认证
	安全管理	安全管理平台/态势感知、日志分析与审计、网络安全资产管理、合规检查工具、安全基线与配置管理、脆弱性评估与管理、威胁管理、安全编排与自动化响应、安管一体机、城市级安全运营
通用技术理念		威胁情报
		密码技术
		零信任
		开发安全
新兴应用场景	云计算	云操作系统、虚拟化安全产品、容器安全、微隔离、云工作负载保护平台、云安全资源池、虚拟化与超融合、云桌面、云身份管理、云抗 D、云 Web 应用防护系统（WAF）
	移动互联网	移动终端安全、移动应用安全、移动安全管理
	物联网	车联网安全、视频专网安全、其他
	工业控制	工控安全
业务安全	业务安全	舆情分析、反欺诈与风控、区块链安全、电子取证
安全服务	安全服务	安全与集成、安全运维、风险评估、渗透测试、应急响应、红蓝对抗、攻防实训/靶场、培训认证、安全意识教育、安全众测

1. 我国网络空间安全战略

随着信息化迅速发展，网络安全在国家安全战略中占有越来越高的地位。习近平总书记强调"没有网络安全就没有国家安全，没有信息化就没有现代化"，网络安全在国家各行业各领域中均发挥着重要作用，已经成为国家安全的重要组成部分。

2019 年 9 月，工业和信息化部针对《关于促进网络安全产业发展的指导意见（征求意见稿）》公开征求意见，提出"到 2025 年，培育形成一批年营收超过 20 亿的网络安全企业，形成若干具有国际竞争力的网络安全骨干企业，网络安全产业规模超过 2000 亿"的发展目标。

2019 年 12 月，网络安全等级保护 2.0 相关国家标准正式实施，为网络安全等级保护制度的落地提供了标准支撑。工业和信息化部发布《工业互联网企业网络安全分类分级指南（试行）》（征求意见稿），着力提升工业互联网安全保障能力和水平。此外，围绕网络安全产业发展，更多政策陆续出台落地。

在 5G 及新兴技术方面，一是引导网络安全与新技术融合应用的发展方向，2020 年以来，工业和信息化部印发《国家车联网产业标准体系建设指南（车辆智能管理）》《关于推动 5G 加快发展的通知》等文件；二是结合新兴技术特征出台针对性安全政策，随着等保 2.0 制度将等级保护对象范围扩大到云计算、物联网、大数据等领域，新兴技术安全政策加速落地。2019 年 9 月，国家网信办等四部门联合发布的《云计算服务安全评估办法》正式施行，旨在降低党政机关、关键信息基础设施运营者采购、使用云计算服务带来的网络安全风险。

在信息安全方面，2020 年 1 月，我国正式实施《中华人民共和国密码法》，为我国商用密码技术和产业的发展开放平台；2021 年颁布和实施的《个人信息保护法》和《数据安全法》对推动我国个人信息和数据安全保护进入全新阶段起到积极作用。

我国网络空间安全的代表性战略政策文件见表 2-2。

表 2-2　我国网络空间安全的代表性政策文件

序号	发布时间	发布机构/会议	政策文件	政策分析
1	2016 年 9 月	工业和信息化部	互联网信息安全管理系统使用及运行维护管理办法（试行）	指导经营互联网数据中心、互联网接入服务、内容分发网络服务等业务的互联网接入类企业规范做好互联网信息安全管理系统（以下简称系统）的使用与运行维护管理工作

（续表）

序号	发布时间	发布机构/会议	政策文件	政策分析
2	2016 年 11 月	全国人民代表大会	中华人民共和国网络安全法	保障网络安全，维护网络空间主权和国家安全、社会公共利益，保护公民、法人和其他组织的合法权益，促进经济社会信息化健康发展
3	2016 年 12 月	国家互联网信息办公室	国家网络空间安全战略	贯彻落实国家关于推进全球互联网治理体系变革的"四项原则"和构建网络空间命运共同体的"五点主张"，阐明中国关于网络空间发展和安全的重大立场，指导中国网络安全工作，维护国家在网络空间的主权、安全、发展利益
4	2017 年 5 月	国家互联网信息办公室	网络产品和服务安全审查办法（试行）	提高网络产品和服务安全可控水平
5	2017 年 7 月	国家互联网信息办公室	关键信息基础设施安全保护条例（征求意见稿）	作为《中华人民共和国网络安全法》的重要配套法规，对关键信息基础设施范围、各监管部门职责、运营者安全保护义务，以及安全检测评估制度提出更加具体、操作性也更强的要求，为开展关键信息基础设施的安全保护工作提供重要的法律支撑
6	2017 年 11 月	中共中央国务院	推进互联网协议第六版（IPv6）规模部署行动计划	用 5～10 年时间，形成下一代互联网自主技术体系和产业生态，建成全球最大规模的 IPv6 商业应用网络，实现下一代互联网在经济社会各领域深度融合应用，成为全球下一代互联网发展的重要主导力量
7	2017 年 12 月	工业和信息化部	工业控制系统信息安全行动计划（2018—2020 年）	深入贯彻落实国家安全战略，突出落实企业主体责任，从提升工业企业工控安全防护能力、促进工业信息安全产业发展、加快工控安全保障体系建设出发，部署五大能力提升行动，为下一步开展工控安全工作提供依据和指导
8	2018 年 6 月	公安部	网络安全等级保护条例（征求意见稿）	作为《中华人民共和国网络安全法》的重要配套法规，对网络安全等级保护的适用范围、各监管部门的职责、网络运营者的安全保护义务，以及网络安全等级保护建设提出更加具体、操作性也更强的要求，为开展等级保护工作提供重要的法律支撑

（续表）

序号	发布时间	发布机构/会议	政策文件	政策分析
9	2018 年 11 月	公安部网络安全保卫局	互联网个人信息安全保护指引（征求意见稿）	从管理机制、技术措施和业务流程三个方面指导互联网企业建立健全个人信息安全保护的安全管理机制和技术措施
10	2019 年 5 月	国家互联网信息办公室	数据安全管理办法（征求意见稿）	维护国家安全、社会公共利益，保护公民、法人和其他组织在网络空间的合法权益，保障个人信息和重要数据安全
11	2019 年 6 月	工业和信息化部	网络安全漏洞管理规定（征求意见稿）	加强网络安全漏洞管理
12	2019 年 7 月	工业和信息化部、教育部、人力资源和社会保障部、生态环境部、国家卫生健康委员会、应急管理部、国务院国有资产监督管理委员会、国家市场监督管理总局、国家能源局等	关于加强工业互联网安全工作的指导意见	加快构建工业互联网安全保障体系，提升工业互联网安全保障能力，促进工业互联网高质量发展，推动现代化经济体系建设，护航制造强国和网络强国战略实施
13	2019 年 10 月	全国人民代表大会	中华人民共和国密码法	是我国密码领域的第一部法律，旨在规范密码应用和管理，促进密码事业发展，保障网络与信息安全，提升密码管理科学化、规范化、法治化水平，是我国密码领域的综合性、基础性法律
14	2020 年 4 月	国家互联网信息办公室、国家发展和改革委员会、工业和信息化部、公安部、国家安全部、财政部、商务部、中国人民银行、国家市场监督管理总局、国家广播电视总局、国家保密局、国家密码管理局	网络安全审查办法	通过网络安全审查这一举措，保障关键信息基础设施供应链安全，维护国家安全，为我国开展网络安全审查工作提供重要的制度保障

（续表）

序号	发布时间	发布机构/会议	政策文件	政策分析
15	2020 年 5 月	工业和信息化部	关于工业大数据发展的指导意见	提出促进工业数据汇聚共享、融合创新、提升数据治理能力，加强数据安全管理，着力打造资源富集、应用繁荣、产业进步、治理有序的工业大数据生态体系
16	2020 年 6 月	工业和信息化部、人力资源社会保障部	工业通信业职业技能提升行动计划实施方案	将职业技能提升行动作为推动工业通信业高质量发展的重要举措。强化企业培训主体作用、创新培训内容和形式、大力扶持培训服务机构和网络培训平台发展、强化技能提升培训基础能力建设、加强产业技能人才需求预测、推动技能培训与使用评价激励有机衔接
17	2020 年 6 月	国家发展和改革委员会、国家能源局	关于做好 2020 年能源安全保障工作的指导意见	要求加快电力关键设备、技术和网络的国产化替代，发展新型能源互联网基础设施，加强网络安全防护技术研究和应用，开发和管理电力行业海量数据，打牢电力系统和电力网络安全的基础
18	2020 年 6 月	市场监管总局办公厅、中共中央办公厅机要局、国务院办公厅电子政务办公室、中央网信办秘书局、国家发展和改革委员会办公厅、工业和信息化部办公厅	国家电子政务标准体系建设指南	明确电子政务标准体系框架由总体标准、基础设施标准、数据标准、业务标准、服务标准、管理标准、安全标准七部分组成。其中，数据标准主要包括元数据、分类与编码、数据库、信息资源目录、数据格式、开放共享、开发利用、数据管理等标准，安全标准包括安全管理标准、安全技术标准、安全产品和服务标准
19	2020 年 6 月	交通运输部办公厅	交通运输科学数据管理办法（征求意见稿）	共 7 章 36 条，包括部门职责、科学数据采集、汇交与保存、共享与利用、保密与安全等内容
20	2020 年 6 月	中央全面深化改革委员会第十四次会议	关于深化新一代信息技术与制造业融合发展的指导意见	加快推进新一代信息技术和制造业融合发展，要顺应新一轮科技革命和产业变革趋势，以供给侧结构性改革为主线，以智能制造为主攻方向，加快工业互联网创新发展，加快制造业生产方式和企业形态根本性变革，夯实融合发展的基础支撑，健全法律法规，提升制造业数字化、网络化、智能化发展水平

（续表）

序号	发布时间	发布机构/会议	政策文件	政策分析
21	2020 年 7 月	工业和信息化部	关于开展 2020 年网络安全技术应用试点示范工作的通知	试点重点方向包括新型信息基础设施安全类：5G 网络安全、工业互联网安全、车联网安全、智慧城市安全、大数据安全、物联网安全、人工智能安全、区块链安全等
22	2021 年 3 月	全国人民代表大会	中华人民共和国国民经济和社会发展第十四个五年规划和 2035 年远景目标纲要	培育壮大网络安全等新兴数字产业。加强网络安全保护。健全国家网络安全法律法规和制度标准，加强重要领域数据资源、重要网络和信息系统安全保障。建立健全关键信息基础设施保护体系，提升安全防护和维护政治安全能力。加强网络安全风险评估和审查。加强网络安全基础设施建设，强化跨领域网络安全信息共享和工作协同，提升网络安全威胁发现、监测预警、应急指挥、攻击溯源能力。加强网络安全关键技术研发，加快人工智能安全技术创新，提升网络安全产业综合竞争力。加强网络安全宣传教育和人才培养。推动构建网络空间命运共同体。推动全球网课安全保障合作机制建设，构建保护数据要素、处置网络安全事件、打击网络犯罪的国际协调合作机制。全面加强网络安全保障体系和能力建设，切实维护新型领域安全
23	2021 年 4 月	工业和信息化部、公安部、市场监管总局	移动互联网应用程序个人信息保护管理暂行规定（征求意见稿）	确立"知情同意""最小必要"两项重要原则：细化 App 开发运营者、分发平台、第三方服务提供者、终端生产企业、网络接入服务提供者五类主体责任义务；提出投诉举报、监督检查、处置措施、风险提示等四方面规范要求
24	2021 年 6 月	全国人民代表大会	中华人民共和国数据安全法	提升国家数据安全的保障能力和数字经济的治理能力。《数据安全法》与已实施的《网络安全法》《密码法》及同时实施的《个人信息法》相辅相成，共同构成中国数据安全的法律保障体系，成为推动我国数字经济持续健康发展的坚实"防火墙"

（续表）

序号	发布时间	发布机构/会议	政 策 文 件	政 策 分 析
25	2021 年 8 月	全国人民代表大会	中华人民共和国个人信息保护法	既立足当前，为破解个人信息保护中的热点难点问题提供强有力的法律保障；又着眼长远，进一步完善我国在数据领域的立法体系，促进信息数据依法合理有效利用，为数字经济健康发展提供法律保障
26	2022 年 3 月	中共中央国务院	2022 年政府工作报告	强化网络安全、数据安全和个人信息保护

2. 我国网络安全技术研发

随着网络安全行业的迅猛发展，现有网络安全产品和服务基本从传统网络安全领域拓展至云、5G、IoT、大数据、工业控制和工业互联网等不同的应用场景。近年来，我国不断增加在网络安全方向的研发投入，研发投入占营业收入的比例保持在 15%以上，2020 年的研发投入约为 30 亿元。各类研发组织和机构也不断打造便捷、高效的测试和科研平台，提升我国的网络核心技术竞争力，以保障网络空间安全，确保网络可持续发展。

具有代表性的网络安全研发实验室有清华大学网络与信息安全实验室、阿里安全研究实验室、安天实验室、知道创宇 404 实验室、启明星辰积极防御实验室、天融信阿尔法实验室、360 网络攻防实验室、绿盟科技安全研究院、江南天安猎户攻防实验室等，这些传统的网络安全机构都将人工智能技术引入了网络安全的创新研究中。

3. 我国网络安全产业应用

网络安全产业主要是针对重点行业及企业用户提供的保障网络可靠性、安全性的产品和服务，主要包括防火墙、身份认证、终端安全管理、安全管理平台等传统产品，云安全、大数据安全、工控安全等新兴产品，以及安全评估、安全咨询、安全集成为主的安全服务。

近年来，我国网络安全产业保持高速发展态势。2018 年，我国网络安全产业规模为 510.92 亿元，增长 19.2%；2019 年为 631.29 亿元，增长 23.6%。据不完全统计，2018 年，我国共有 2898 家从事网络安全业务的企业，2019 年则超过 3000 家，产业体系日趋健全，技术创新高度活跃，为保障国家网络空间安全奠定了坚实的产业基础。据估计，近 3 年网络安全市场将保持 15%以上增速，到 2022 年市场规模将达到 759.27 亿元。

在经营模式方面，主要有以下应用举措。

（1）大型中央企业深度布局网络安全市场。中国电子信息产业集团有限公司战略入股奇安信科技集团股份有限公司（以下简称奇安信），双方在技术创新、资源整合、重大项目建设等方面开展合作，推进央企网络安全响应中心、现代数字城市网络安全响应中心和"一带一路"网络安全响应中心建设。中国电子科技集团有限公司实施股份增持，成为绿盟科技第一大股东，进一步完善其在网络安全领域的布局，增进旗下企业间的业务协同和优势互补，打造网络安全产业生态链。

（2）联盟、协作共同体相继成立，企业间合作日趋紧密。大型 IT 厂商推进安全联盟建设，打造协同联动的网络安全防御生态。

在产业环境方面，产业生态环境不断优化完善。

（1）各地网络安全产业园区加快建设。北京国家网络安全产业园进入实质性建设阶段，园区总占地面积为 7330 亩，建筑面积为 440 万平方米，拟打造成国内领先、世界一流的网络安全高端、高新、高价值产业集聚中心，已有超过 40 家网络安全企业入驻园区。天津滨海信息安全产业园一期总投资为 45 亿元，规划总建筑面积约为 36 万平方米，目前已汇集了中国反恶意软件联盟、中国可信计算联盟、国际云安全联盟、数字中国联合会信息安全产业联盟四个联盟，国家计算机病毒应急处理中心、计算机病毒防治技术国家工程研究中心、公安部计算机病毒防治产品检验中心三个国家级中心。湖北武汉国家网络安全人才与创新基地已签约落户 41 个项目，注册企业 75 家，协议投资为 3262 亿元，在建项目总投资达 2000 亿元。

（2）网络安全投资融资活动持续活跃。中国互联网投资基金重点关注网络安全、人工智能、"互联网+"、大数据、云计算等重点创新领域和业务模式，2019 年网络安全吸引机构投资超过 30 亿元。

2.2.3　网络空间安全发展的趋势与建议

网络空间安全发展的趋势与建议如下[4]。

1. 提升新兴领域安全防范能力

开展信息技术产品，尤其是新兴领域信息技术产品的审查工作。

（1）加紧出台大数据、人工智能、云计算、物联网等新兴技术领域的政策法规，强化信息技术产品审查工作的重要性。

（2）积极制定新兴领域信息技术产品的安全保护标准，界定相关产品的核心功能和技术，构建评估产品安全性的指标和实施方案。

（3）构建信息技术产品的安全审查机制，定期开展安全审查，加强新兴领域信息技术产品的安全监督工作，对发现的问题及时进行整改，同时加大安全事件的执法力度，依法依规对涉事企业进行严厉处罚。

（4）提升安全审查的技术手段，推动网络安全态势感知平台的建立，实现业务监控、溯源取证、安全事件响应等功能。

2. 提升自主研发实力，构建核心技术生态圈

统一信息领域核心技术发展思路，优化核心技术自主创新环境，构建核心技术生态圈。

（1）摒弃自主创新和引进消化吸收的路线之争，改变以出身论安全的思路，形成信息技术产品安全可控评价标准，组织开展评价工作，提升自主创新能力和产业生态掌控能力。

（2）强化企业创新主体地位，着力构建以企业为主体、市场为导向、产学研相结合的技术创新体系；提高企业创新积极性，继续以基金等形式支持企业通过技术合作、资本运作等手段争取国际先进技术和人才等，为企业充分利用国际资源提升自主创新能力提供支撑。

（3）依托政府等安全要求较高的应用领域，结合应用单位基本需求，制定自主生态技术标准，统一相关技术产品的关键功能模块、技术接口等，依托自主可控评价等手段，引导企业协同创新，推动产业上下游企业团结协作，打造自主可控生态圈。

3. 推进网络可信身份建设，构建可信网络空间

做好网络可信身份体系的顶层设计，建设并推广可信身份服务平台，推动多种网络可信身份认证技术和服务发展。

（1）借鉴国外案例，结合我国国情，明确我国网络可信身份体系框架、各参与方在其中的角色和职责，并细化网络可信身份体系建设的路径，明确组织、资金等各方面的保障，从法律法规、标准规范、技术研发、试点示

范、产业发展等多方面推进体系建设。

（2）推动可信身份资源共享。通过建设集成公安、工商、数字证书机构、电信运营商等多种网络身份认证资源的可信身份服务平台，提供"多维身份属性综合服务"，包括网络身份真实性、有效性和完整性认证服务，最终完成对网上行为主体的多途径、多角度、多级别身份属性信息收集、确认、评价及应用，实现多模式网络身份管理和验证。

（3）充分利用现有技术和基础设施，加快开发安全和方便的网络身份技术，跟踪大数据、生物识别和区块链等新兴技术发展，不断提高技术先进性。

4．加强安全制度建设，全面保护关键信息基础设施

建立健全关键信息基础设施保护制度，研究制定关键信息基础设施网络安全标准规范，建立健全关键信息基础设施安全监管机制。

（1）明确保障关键信息基础设施安全保障的基本要求和主要目标，提出工作任务和措施。

（2）研制关键信息基础设施的基础性标准，推动关键信息基础设施分类分级、安全评估等标准的研制和发布。

（3）健全关键信息基础设施安全检查评估机制，面向重点行业开展网络安全检查和风险评估，指导并监督地方开展安全自查，组织专业队伍对重点系统开展安全抽查，形成自查与重点抽查相结合的长效机制。完善关键信息基础设施安全风险信息共享机制，理顺信息报送渠道；完善监测技术手段和监测网络，加快形成关键信息基础设施网络安全风险信息共享的长效机制。

5．积极与其他国家合作，增强我国网络空间话语权

借助"一带一路"积极与其他国家开展一系列信息技术领域合作。

（1）有效带动我国基础信息设施发展相对滞后的中西部地区，增强其抵御外部网络侵略的意识与力量，筑就我国的"网络长城"。

（2）形成信息技术研发和信息技术产品推广的跨境联盟，更大程度地释放互联网所集聚的能量，推动网络强国建设，在通信、交通、金融等领域积极参与国际行业标准制定，以增强我国在世界范围内网络空间的话语权与影响力。

2.3　本章小结

　　本章首先介绍了网络空间安全的演变过程，然后分别对国内外在网络空间战略布局、技术研发投入与组织机构、技术研发和产业应用等方面的现状进行了分析，最后给出了网络空间安全发展的趋势及建议。

本章参考文献

[1]　章时雨. 俄罗斯信息安全战略态势变化分析[J]. 信息安全与通信保密，2021（10）：30-38.

[2]　EPIFANOVA A. Deciphering　Russia's Sovereign Internet Law [EB/OL]. 2020.

[3]　中国网络安全产业分析报告（2020 年）[R]. 北京：中国网络安全产业联盟，2020.

[4]　网络安全形势分析课题组. 2019 年中国网络安全发展形势展望[R]. 北京：赛迪智库，2019.

第 2 篇

体 系 篇

人工智能在人类生活、工作中的应用已经成为必然趋势。和任何其他技术一样，在人工智能技术为人类带来便利、提升效率和替代人工等的同时，人类也必须清醒地意识到要对人工智能实现完全的掌控，而不是被人工智能所绑架，甚至被伤害。

本篇构建智能安全规划体系和智能安全技术体系。智能安全规划体系从智能安全框架入手，结合现有研究基础，给出智能安全架构，梳理国内外智能安全标准。智能安全技术体系在研究现有主流人工智能技术体系、可信人工智能技术和网络安全技术体系的基础上得出，为后续智能网络攻击、防御技术奠定体系基础。

第 3 章 智能安全规划体系

任何技术都需要在规范的框架、架构、标准中使用和发展，人工智能与网络安全同样如此。本章首先从智能安全的分级能力、智能驱动安全框架、智能安全人类框架三个方面给出智能安全框架，然后从智能系统模式、安全检测模式、智能安全四象限三个层面构建智能安全架构，最后介绍国内外智能安全标准。

3.1 智能安全框架

本节基于现有网络安全模型，详细论述人工智能分级能力，给出以数据为基础的智能驱动安全框架，从人类最终掌控人工智能的角度论述当前主流的积极和消极两种智能安全人类框架。

3.1.1 智能安全分级能力

景慧昀等人[1]在国际标准化组织（International Organization for Standardization，ISO）发布的《人工智能系统生命周期过程》标准基础上提出了智能安全框架。智能安全分级能力如图 3-1 所示。

参考 2015 年美国系统网络安全协会提出的网络安全滑动标尺模型[2]，智能安全框架可以分为五个等级能力，从下到上分别是第一级：架构安全、第二级：被动防御、第三级：主动防御、第四级：威胁情报和第五级：反制进攻，后一级安全能力以前一级安全能力为基础。

1. 第一级：架构安全

架构安全能力指的是用安全的思维去规划、设计、建设和使用人工智能的各类应用，从内生的角度增强其安全能力，主要包含以下五个方面的内容。

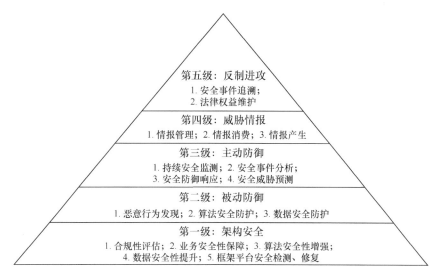

第五级：反制进攻
1. 安全事件追溯；
2. 法律权益维护

第四级：威胁情报
1. 情报管理；2. 情报消费；3. 情报产生

第三级：主动防御
1. 持续安全监测；2. 安全事件分析；
3. 安全防御响应；4. 安全威胁预测

第二级：被动防御
1. 恶意行为发现；2. 算法安全防护；3. 数据安全防护

第一级：架构安全
1. 合规性评估；2. 业务安全性保障；3. 算法安全性增强；
4. 数据安全性提升；5. 框架平台安全检测、修复

图 3-1　智能安全分级能力

（1）进行合规性评估：在初始的需求分析阶段，要结合具体的业务场景，对人工智能应用的目标、实现方式等是否符合国家法律法规、行业监管政策及伦理规范进行全面评估。

（2）实行业务安全性保障机制：在人工智能应用的业务层上部署访问控制、安全隔离、安全熔断、安全冗余、安全监控等保障机制，从而当人工智能应用遭遇安全攻击等突发情况时能够安全稳定的运行。

（3）通过不同方式方法来增强人工智能算法安全性：比如通过优化智能算法训练方法、调整智能算法模型结构等方式，在一定程度上增强智能算法的健壮性、可解释性和公平性等。

（4）运用技术手段提升数据的安全性：比如通过数据隐私计算、问题数据清洗处理等方式，提升各类智能训练数据自身的机密性和可用性。

（5）对智能学习框架平台进行安全检测、修复：比如对来自第三方的预训练模型和机器学习开源框架平台进行安全检测，并对发现的安全问题及时进行修复，以提前感知风险，降低安全事件发生的概率。

2．第二级：被动防御

被动防御能力指的是面对人工智能的新型安全攻击，在人工智能应用之外部署被动、静态式的安全措施的能力主要包含以下三个方面的内容。

（1）实时发现恶意的攻击行为：通过对运用人工智能技术的新型安全攻击、恶意应用行为等数据特征的提炼、分析和研判，实时对人工智能应用的外部访问、输入数据、行为决策等进行检测，能够在第一时间发现智能安全攻击、恶意应用行为等。

（2）对智能算法采取安全防护措施：通过在人工智能算法模型的外部部署系统的安全防护组件，采取智能算法知识产权保护、对问题数据进行重构和智能算法安全评测等方式，在一定程度上保护人工智能应用，以抵御智能安全攻击。

（3）采取数据安全防护措施：在人工智能应用外部部署针对数据安全的防护组件，采取对数据溯源、追踪、评测等安全防护措施，进一步加强人工智能应用抵御智能数据安全攻击能力。

3．第三级：主动防御

主动防御能力指的是引入和强化人工智能安全团队力量，实现动态、自适应、自生长的安全能力，主要包含以下四个方面的内容。

（1）进行持续的安全监测：充分运用人工智能安全专家的力量对人工智能应用运行状况、安全状态等持续监测，给出应用当前的安全风险级别，并对应用运行异常及时报警。

（2）对安全事件进行及时深入的分析：在人工智能应用发生数据泄露、行为失控等安全事件时，通过人工智能安全专家力量对这些安全事件的影响范围、严重程度、发生原因等进行分析和研判。

（3）使用技术手段完成安全防御响应：当出现安全事件时，综合利用各类系统化安全防御技术对安全事件进行响应处置，并可以让人工智能应用恢复正常运行。

（4）对未知的安全威胁进行预测：运用人工智能、大数据分析等技术，由人工智能应用的历史数据感知预测未知的安全威胁。

4．第四级：威胁情报

威胁情报指的是获取、使用人工智能安全威胁情报去赋能人工智能安全系统、设备和人员，主要包含以下三个方面的内容。

（1）对威胁情报进行综合管理：人工智能安全专家综合运用各类技术手段

和措施对威胁情报的获取、分拣、分析、评级、分类等实现精细化的综合管理。

（2）通过威胁情报增强安全能力：人工智能安全专家综合分析、运用威胁情报来实现对未知威胁挖掘、系统防御策略的更新，以及增强人工智能设备的安全能力。

（3）获取安全情报的相关知识：在各类公开数据资源中，人工智能安全专家运用各类技术手段、措施去系统分析这些数据资源，进而获取有关安全风险和威胁的知识。

5．第五级：反制进攻

反制进攻能力指的是针对人工智能恶意攻击者的合法反制能力，主要包含以下两个方面的内容。

（1）实现对安全事件的追溯：当安全事件发生时，确保所发生的安全事件能够追溯到的相关实体，以作为法律权益维护的支撑。

（2）进行法律权益维护：出于自卫目的，运用法律手段对恶意智能攻击者采取合法的反击行为。

3.1.2　智能驱动安全框架

从第 1 篇介绍的人工智能的发展历程来看，当面对一个事物时，开始是只有人类大脑对该事物进行决策，受限于人脑信息传输带宽和信息处理速度，人类决策的过程要规避处理大量信息，快速和无意识地进行决策，这是一种简单启发式的推理决策系统，会受到在大脑中预先加载的认知偏差的影响，这些认知偏差会以偏离客观的方式影响人类决策，这意味着人类决策不总是最佳或准确的决策。

随着技术的不断演进，各种场景中产生了海量、不同类型和架构的数据，这意味着数据驱动时代的到来，这些数据为人类做出更好的决策提供了辅助判断的依据。这时的决策虽然比人类基于启发或自觉、经验进行的决策更精确，但是人类在其中仍然扮演着决策主体的角色，而人脑由于自身的限制无法处理全量原始数据，只能运用通用计算、海量数据处理技术将数据量减少到人脑可处理的范围之内。这样，全量数据资源就变为汇总数据或摘要数据，整个决策过程必然会伴随着信息量的损失，从而会丢掉全量数据中的部分隐含关系、数据模式及数据背后的洞察。

为了避免人脑自身主观性和处理能力的限制，完全通过客观形成的数据来进行决策的智能驱动模式才是理想的决策方式。数据驱动与智能驱动最根本的区别在于，数据驱动只是为人类决策起到辅助作用，最终还是由人脑来做决策，而智能驱动则是由机器取代人类直接做决策。智能驱动直接从全量数据资源中提取全量知识，然后运用全量知识直接进行全局决策，因此无论是决策效率、规模程度、客观程度，还是进化成长速度都优于数据驱动。数据驱动的本质是汇总数据加人类智能，而智能驱动的本质则是全量数据加机器智能[3]，如图 3-2 所示。

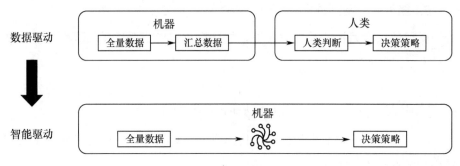

图 3-2　数据驱动与智能驱动

在当前的行业业务安全场景中，智能驱动模式往往会失效，原因在于安全最大的特点是具有高度不确定性，需要面对未知的未知。缺乏攻击数据、风险数据等负向数据导致正、负样本的特征空间不对称，特征空间不对称也就无法表征问题空间，安全问题空间也就往往无界，这意味着将智能应用到安全领域时几乎无法把要处理的问题的边界界定清楚。

智能驱动的核心在于智能模型。智能模型还是基于已有数据空间和前提假设去推理新的数据空间，即使在训练集上表现良好的模型在大规模的现实环境中也必然会出现不断衰减。当前智能模型能够很好地解决输入和输出之间的非线性复杂关系，但还无法处理样本特征空间与安全问题空间之间的巨大鸿沟。另外，模型输出的结果具有不可解释性、模糊性，导致智能推理的结果在决策场景中无法直接使用，因此，当前的智能安全系统大都处在感知的阶段，还没有真正意义的智能安全系统。

3.1.3　智能安全人类框架

面对人工智能时代的到来，人类主要有两种态度，一种是人工智能革命论，是积极态度，认为人工智能技术的快速发展能够推动人类社会走向更高层次的文明，因此需要对其进行深入研究，并加快其在实际生活中的应用；另一种是人工智能威胁论，是消极态度，认为人工智能如果不加控制地发展，将会给人类带来巨大安全威胁，甚至毁灭人类，应时刻对其保持清醒和警惕。何哲全面研究了人类担忧人工智能威胁的原因、人工智能对人类产生的最终威胁，并给出了以下积极和消极的两种智能安全人类框架[4]。

1. 积极智能安全人类框架

积极智能安全人类框架也可称为主动智能安全体系，指的是通过技术手段与制定规则来前置和伴随整个人工智能的发展，始终让人类保持对人工智能的控制权，从而避免其伤害人类。从人类安全角度，积极智能安全人类框架是一个完全以人类为中心的体系，主要包含以下五个方面的内容，如图 3-3 所示。

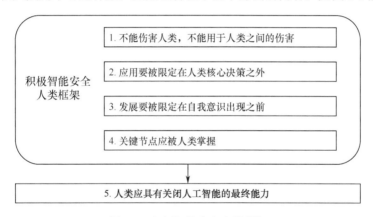

图 3-3　积极智能安全人类框架

（1）人工智能体系不能伤害人类，不能用于人类之间的伤害。人工智能伤害人类是首要的直接威胁，最典型的是诸如具有自动判断与攻击决策能力的无人机等高效率自主性武器，这些武器已经在测试乃至实战中使用。当前，越来越多应用人工智能技术的无人武器正在被不断开发出来，这些用于军事的智能武器必须严格管控，坚决避免其对人类产生不可逆转的毁灭性伤害。

（2）人工智能的应用要被限定在人类核心决策之外。人工智能技术将应用在人类生活、工作的方方面面，那么当其应用在政治决策、政府运作领域时，人工智能的自主性判断就会给人类带来巨大的安全隐患，因此在这些涉及人类前途命运等重大决策的领域，应将人工智能技术排除在外，需要建立完全独立的人类交互体系。

（3）人工智能的发展要被限定在自我意识出现之前。在弱人工智能阶段，人工智能具有完全的工具属性，虽然具备一定的自主判断能力，但不会出于自我生存与发展而引发与人类的利益冲突，但在强人工智能阶段，尤其是进入超人工智能阶段时，人工智能将会有自我意识，会与人类争夺资源进而危害人类，因此要始终将人工智能的发展限制在自我意识产生之前，这样人类既可以充分享受人工智能带来的便利，又不会失去主导权。

（4）人工智能的关键节点应被人类掌控。人工智能技术必然要朝着强人工智能方向发展，人类最终需要和人工智能和谐共存，因此人类需要对人工智能的关键节点进行有效控制，并在不同人工智能系统之间采取不同形式的隔离措施。例如，将生活类的人工智能与经济运行类的人工智能，在体系架构和通信上实现隔离，并通过人工方式传递信息与决策，实现模块化隔离，从而实现人工智能的整体可控。

（5）人类应具有关闭人工智能的最终控制权。如果人工智能最终进入自我意识的超人工智能阶段，那么人类将无法对其进行有效控制。在人工智能设计之初，人类就应当将最终关闭或重置人工智能的主导权掌握在自己手中，当人工智能对人类产生伤害、威胁、风险等达到一定程度时，人类要么关闭人工智能，要么重置人工智能，从而保持人类对人工智能最终的控制权。

2. 消极智能安全人类框架

消极智能安全人类框架即防御性人类安全体系，也就是着手构建人类社会的安全备份，如图 3-4 所示。

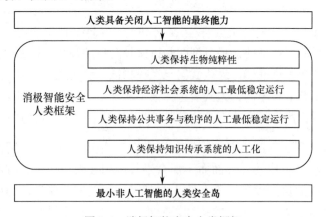

图 3-4　消极智能安全人类框架

这种安全备份有两方面考虑，首先要防备人工智能突发性失灵，这种失灵可能来自自然灾害，可能来自系统建构的逻辑错误，也可能来自竞争国家的安全入侵和破坏等；其次，要防备人工智能体系自我觉醒导致的不可控、人类主动破坏人工智能体系的情况。

3.2　智能安全架构

本节从由感知、认知、决策、行动所形成的人工智能系统模式出发，论述运用人工智能算法和模型来检测网络是否安全的基本模式，以及人工智能与网络安全相结合的四象限架构。

3.2.1　智能系统模式

阿里云前安全专家石乔木（楚安）基于现有研究基础及自身工作实践认为[3]，真正意义上的人工智能单体实例系统，从内部而言，至少包含感知体系、认知体系、决策体系、行动体系四个组成部分；从外部而言，人工智能系统需要与外部环境进行不断的交互，如图 3-5 所示。

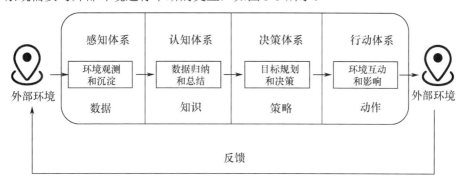

图 3-5　人工智能单体实例系统

感知体系的输入是物理空间、数字空间这些外部环境中存在的各种信息，自身包含各种硬件、软件、算法等，硬件包括传感器、摄像头等，软件包括日志记录器、数据采集器等，算法包括各类智能视觉算法、智能语音算法等。在不同的应用场景中，感知体系通过这些硬件、软件、算法等的不同组合对外部环境进行观测和沉淀，将物理空间、数字空间映射到数据空间，即将外部环境的信息转换成数据，这就说明感知体系的输出是数据。

认知体系的输入是由感知体系产生的数据，自身主要是各种数据训练模型和算法，针对特定目标任务，这些模型和算法将输入的数据进行训练，进而在新的数据空间中进行推理、归纳和总结，其表现形态可以是向量、图谱等多种形式，最后输出的是知识。

决策体系的输入是认知体系提炼出的知识，自身是各种规划和决策的模型和算法，针对特定目标任务，这些模型和算法依据知识对目标任务进行规划和决策，输出对目标任务的行动策略。

行动体系的输入是由决策体系中产生的行动策略，自身将这些行动策略转换成行动指令，输出是执行行动策略，同时和外部环境进行交互并对其产生影响。外部环境又针对这些具体行动向感知体系形成反馈，促进感知体系感知更多数据，进而持续获取更多知识，对目标任务做出更优决策，形成闭环持续迭代进化。

从这个角度来看，人工智能的本质是一种观测环境和沉淀数据、归纳数据和提炼知识、规划目标和在线决策、做出行动和影响环境的自主机器。机器智能是一种自主机器，而自主机器与过去自动化机器的最大区别在于其能够自主获取解决目标任务的知识。

当前大多数人工智能系统都是上述模式的一个个孤立分布的单体实例，能够自主完成自身的目标任务，但是在同一个动态复杂的应用环境中，单体实例之间需要通过互联来实现在线，进行自主相互作用。相互作用可以是合作、竞争、竞合并存、既不合作也不竞争，对于合作的多个智能实例，可以选择共享数据、知识、策略或动作，协调协作以完成更复杂的目标任务，共同形成更高阶的智能实例。一个单体实例的策略变化同时影响自身环境和其他单体实例的策略，当单位空间内智能实例的覆盖密度足够大时，单体智能开始向群体智能演进。

3.2.2　智能安全检测模式

人工智能应用于网络安全，首先要对网络是否安全进行判定和检测，如攻击检测、威胁检测、风险检测、异常检测等。网络安全检测的核心在于通过人工智能算法形成的检测模型，模型的输入来自网络流量日志、主机命令日志、业务日志、摄像头数据流、感知设备数据流等的行为数据，检测模型基于规则、策略、词法语义、统计检测、机器学习、深度神经网络等人工智能算法，经过模型的运算后对具体的安全事件进行判定，输出的结果是正常、异常、攻击或未知。人工智能安全检测模式如图 3-6 所示。

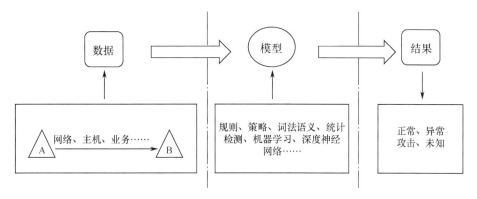

图 3-6 人工智能安全检测模式

不同的人工智能安全检测模式有其适用的应用场景，能够自主地根据各种场景生成最优检测模式，同时可以自主地持续迭代检测模式，是未来人工智能算法在网络安全检测中的发展方向。

3.2.3 智能安全四象限

任何领域和场景中都会包含安全问题及针对这些问题的安全技术和解决方案，因此安全从来都与其他技术相伴相生、相辅相成。人工智能与安全的结合与其他技术与安全的结合一样，都包含四个方面的内容，纵向是给智能以安全和给安全以智能，横向是攻击端和防御端，如图 3-7 所示。

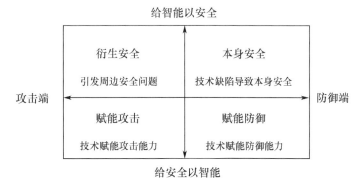

图 3-7 人工智能网络安全四象限

给智能以安全是指人工智能技术本身会带来新的安全问题，一种是机器智能自身脆弱性导致的安全问题，另一种是人工智能引发周边场景衍生出的安全问题；给安全以智能，是指将机器智能应用于安全场景，攻击者利用人工智能赋能攻击，防御者利用人工智能赋能防御。

在以上四个象限中，人工智能技术与安全技术产生交集的时间、发展的成熟程度会有所不同。相比防御者而言，攻击者有更强的动机和利益，因此与攻击相关的象限通常更容易去探索、研究、应用新的人工智能技术。防御者总是滞后于攻击者的，因此第四象限总是发展最滞后、最缓慢的。

3.3　智能安全标准

国外的 ISO、电气与电子工程师协会（Institute of Electrical and Electronics Engineer，IEEE）、国际电信联盟（International Telecommunication Union，ITU）等和我国国家标准组织都非常重视人工智能网络安全方面的标准，均成立了专门的工作组、委员会、总体组对智能安全涉及的各个细分领域都制定了相应的标准，为人工智能在网络安全领域中的技术、制度、隐私、伦理等各个层面进行了详细规范。

3.3.1　国外智能安全标准

在国外[5, 6]，ISO、国际电工委员会的第一联合技术委员会（International Electrotechnical Commission First Joint Technical Committee，IEC JTC1）等国际标准组织开展了较完善的人工智能安全标准化工作，包括成立 ISO/IEC、JTC1/SC42 人工智能分技术委员会，发布人工智能相关标准。

目前，JTC1/SC42 已建立基础标准、大数据、可信赖、用例与应用、人工智能计算方法及系统计算特征 5 个工作组。人工智能安全相关研究目前主要在可信赖组开展，相关标准包括《信息技术—人工智能—人工智能中的可信度概述》《人工智能 神经网络健壮性评估第 1 部分：概述》等。

IEEE 工作组发布的 IEEE P7000 系列中涉及道德规范的 10 项伦理标准，对系统设计中伦理问题、自治系统透明度、系统/软件收集个人信息的伦理问题、消除算法负偏差、儿童和学生数据安全、人工智能代理等进行规范，包括《在系统设计中处理伦理问题的模型过程》（IEEE P7000）、《自治系统的透明度》(IEEE P7001)、《数据隐私处理》(IEEE P7002)、《算法偏差注意事项》(IEEE P7003)、《儿童和学生数据治理标准》(IEEE P7004)、《透明雇主数据治理标准》(IEEE P7005)、《个人数据人工智能代理标准》(IEEE P7006)、《伦理驱动的机器人和自动化系统的本体标准》(IEEE P7007)、《机器人、智能与自主系统中伦理驱动的助推标准》(IEEE P7008)、《自主和半自主系统的失效安全设计标准》(IEEE P7009)、《合乎伦理的人工智能与自主系统的福祉度量标准》(IEEE P7010)。

ITU-T 主要解决智慧医疗、智能汽车、垃圾内容治理、生物特征识别等人工智能应用的安全问题。SG16 多媒体研究组和 SG17 安全研究组联合开展了人工智能安全相关标准的研制。SG1 安全标准工作组下设的 Q9"远程生物特征识别问题组"和 Q10"身份管理架构和机制问题组"负责生物特征识别标准，其中，Q9 关注生物特征数据的隐私保护、可靠性和安全性等方面。

3.3.2　我国智能安全标准

我国国家人工智能标准化总体组（以下简称"总体组"）成立于 2018 年 1 月，负责拟定我国人工智能标准化规划、体系和政策措施，协调人工智能相关国家标准的技术内容和技术归口，统筹相关标准化组织、企业及研究机构，建立人工智能基础共性标准与行业应用标准的传导机制[7]。

目前，与人工智能相关的标准化技术委员会主要有全国信息安全标准化技术委员会（SAC/TC260）、全国信息技术标准化技术委员会（SAC/TC28）、全国自动化系统与集成标准化技术委员会（SAC/TC159）等。

SAC/TC260 是在信息安全技术专业领域内，从事信息安全标准化工作的技术工作组织。SAC/TC260 在生物特征识别、智慧家居等人工智能应用安全领域，以及与数据安全、个人信息保护等人工智能支撑领域开展了一系列标准化工作。

2019 年，SAC/TC260 发布了《人工智能安全标准化白皮书（2019）》，围绕人工智能本身安全，详细分析了人工智能的发展现状、面临的威胁，梳理了人工智能安全标准化工作的进展，辨析了标准化工作需求，提出了标准化工作建议。

在标准制定方面，SAC/TC260 已发布《信息安全技术　云计算安全参考架构》《信息安全技术 个人信息去标识化指南》等多项国家标准，开展了《人工智能安全标准研究》《信息安全技术–人工智能应用安全指南》等多个标准研究项目。

2020 年 7 月 27 日，国家标准化管理委员会、中央网信办、国家发展改革委、科学技术部与工业和信息化部五部门联合发布了《国家新一代人工智能标准体系建设指南》[8]，给出了人工智能标准体系框架，如图 3-8 所示。

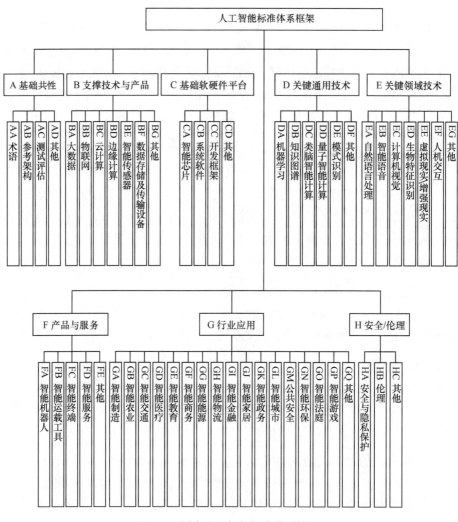

图 3-8 国家人工智能标准体系框架

其中，H 安全/伦理标准包括人工智能领域的安全与隐私保护、伦理等部分。

1. 安全与隐私保护标准

安全与隐私保护标准包括基础安全，数据、算法和模型安全，技术和系统安全，安全管理和服务，安全测试评估，产品和应用安全等六个部分。

（1）人工智能基础安全标准是人工智能安全标准体系的基础性标准，用于指导人工智能安全工作的全过程，主要包括人工智能概念和术语、安全参考架构和基本安全要求等。

（2）人工智能数据、算法和模型安全标准是针对人工智能数据、算法和模型中突出安全风险提出的，包括数据安全、隐私保护和算法模型可信赖等。

（3）人工智能技术和系统安全标准用于指导人工智能系统平台的安全建设，主要包括人工智能开源框架安全标准、人工智能系统安全工程标准、人工智能计算设施安全标准和人工智能安全技术标准。

（4）人工智能安全管理和服务标准主要用于保障人工智能管理和服务安全，包括安全风险管理、供应链安全、人工智能安全运营和人工智能安全服务能力等。

（5）人工智能安全测试评估标准主要从人工智能的算法、数据、技术和系统、应用等方面分析安全测试评估要点，提出人工智能算法模型、系统和服务平台安全、数据安全、应用风险和测试评估指标等基础性测评标准。

（6）人工智能产品和应用安全标准主要用于保障人工智能技术、服务和产品在具体应用场景中的安全，可面向智能门锁、智能音响、智慧风控和智慧客服等应用成熟、使用广泛或安全需求迫切的领域进行标准研制。

2. 伦理标准

规范人工智能服务冲击传统道德伦理和法律秩序而产生的要求，重点研究领域为医疗、交通和应急救援等。

3.4　本章小结

智能安全框架可以从架构、被动防御到主动防御等分为五个等级能力，不同等级对安全的要求不同，这意味着从数据驱动到智能驱动安全框架的形成。相对于人类智能，从积极和消极两个方面给出了人类控制人工智能，防止其对人类反噬的安全框架。

在智能安全架构方面，由感知、认知、决策、行动四个体系给出人工智能系统模式，由数据、模型和结果构筑了人工智能安全检测模式，总结出人工智能的本身安全、衍生安全、赋能攻击、赋能防御的人工智能网络安全四象限。

在智能安全标准方面，全面介绍了国外 ISO/IEC、IEEE P7000 系列等，以及我国国家人工智能标准化总体组、全国信息安全标准化技术委员会（SAC/TC260）、全国信息技术标准化技术委员会（SAC/TC28）、全国自动化系统与集成标准化技术委员会 （SAC/TC159）等的现状。

本章参考文献

[1] 景慧昀，魏薇，周川，等. 人工智能安全框架[J]. 计算机科学，2021，48（7）：1-8.

[2] ROBERT M LEE.The Sliding Scale of Cyber Security[R]. SANS，2015.

[3] 楚安. 机器智能的安全之困[EB/OL]. 阿里云开发者（aliyun_developer），2019.

[4] 何哲. 人工智能时代的人类安全体系构建初探[J]. 电子政务，2018（7）：74-89.

[5] 胡影，孙卫，张宇光，等. 人工智能安全标准化研究[J]. 保密科学技术，2019（9）：27-30.

[6] 大数据安全标准特别工作组. 人工智能安全标准化白皮书（2019 版）[R]. 北京：全国信息安全标准化技术委员会，2019.

[7] 张斌，鲁路加，王法中.国内人工智能标准化现状综述[J]. 信息技术与信息化，2020（8）：209-211.

[8] 国家标准化管理委员会，中央网信办，国家发展和改革委员会，科学技术部，工业和信息化部. 国家新一代人工智能标准体系建设指南[EB/OL]. 国家标准委员会网站，2020.

第 4 章　智能安全技术体系

本章在研究现有人工智能技术基础上，梳理出具有逻辑层次、关联关系的人工智能技术体系，然后在开放式系统互联通信参考模型（Open System Interconnection Reference Model，OSI)网络分层模型的基础上，给出层次化网络安全技术体系，最后提出智能网络安全技术体系。

4.1　人工智能技术体系

人工智能技术以概率论、数理统计、信息论、图论、集合论等数学为基础，主要技术有知识图谱、机器学习、遗传算法、博弈算法等，其中机器学习是核心技术，机器学习得到的预测结果作为知识图谱的输入，同时也可借助遗传算法、博弈算法等完成特定场景中的目标任务。机器学习中的神经网络、迁移学习、强化学习、联邦学习是当前最热门的技术研究方向，而神经网络中的深度学习被广泛应用于人工智能，深度学习中的生成对抗网络和胶囊网络又是当前的前沿研究热点。

本节主要对以上人工智能的核心技术和热点技术进行分析，包括机器学习、神经网络、深度学习、生成对抗网络、胶囊网络、迁移学习、强化学习、联邦学习、知识图谱等，这些人工智能技术可广泛应用于自然语言处理、计算机视觉、专家系统、推荐系统等领域，技术之间的关联关系、因果关系、协同关系等如图 4-1 所示。不同人工智能技术算法呈现融合发展趋势，你中有我，我中有你，比如深度神经网络、循环神经网络、卷积神经网络与生成对抗网络融合为循环生成对抗网络[1]、深度卷积生成对抗网络[2,3]，基于胶囊网络的知识图谱[4]等。

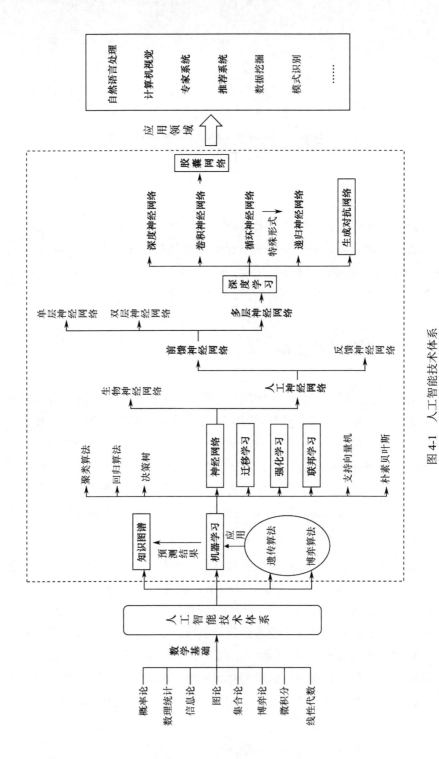

图 4-1 人工智能技术体系

4.1.1　机器学习

机器学习是人工智能的核心，涉及概率论、统计学、逼近论、凸分析、算法复杂度理论等多领域交叉，专门研究计算机如何模拟或实现人类的学习行为，以获取新的知识或技能，并重新组织已有的知识结构使之不断改善自身性能。机器学习的研究方向主要包括神经网络、深度学习、生成对抗网络、强化学习、迁移学习、联邦学习、生成模型、图像分类、支持向量机、主动学习、特征提取等，其中神经网络、深度学习、生成对抗网络、强化学习、迁移学习、联邦学习已经发展成为机器学习的重要独立分支。

机器学习的工作原理是从数据中自动分析获得模型，并利用模型对未知数据进行预测，如图 4-2 所示。

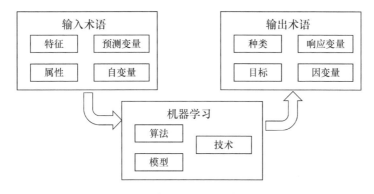

图 4-2　机器学习的工作原理

机器学习具备以下四方面优势。

（1）机器学习即使在数据量较少的情况下，也可以在种类众多的模型和框架中给出准确的预测结果。

（2）机器学习的训练时间较短，短至几秒，长至几小时即可完成。

（3）对机器硬件没有苛刻要求。因机器学习没有海量复杂运算需求，所以传统机器学习在低配机器上就可以实现模型计算任务。

（4）具备良好的可解释性。机器学习算法按照规则，明确解释做出每一步选择的原因，如决策树和线性/逻辑斯蒂回归（Logistic Regression）等算法，由于机器学习具有良好的可解释性，因此在工业界应用广泛。

机器学习存在以下两方面不足。

（1）机器学习框架的通用性较差。由于机器学习模型种类众多，经典的统计学习理论不能直接应用于许多已有的学习模型。

（2）预测结果运行时间相对于深度学习的运行时间较长。因为机器学习在解决问题时，通常采用化整为零、分别解决，再合并结果求解的策略，因此相对于深度学习的端到端模型在运行时间方面略显不足。

机器学习技术应用较为广泛，主要包括数据分析与挖掘、模式识别、生物信息学研究等方面应用，尤其在指纹识别、人脸检测、特征物体检测等领域的应用，基本达到了商业化要求或特定场景的商业化水平。例如，使用了机器学习技术的垃圾邮件过滤和恶意软件识别，检测能力达到每天检出 325000 个恶意软件，每个代码都与之前版本有 90%～98%相似，由机器学习驱动的系统安全程序理解编码模式，可以轻松检测到 2%～10%变异的新恶意软件，并提供针对它们的保护[5]。

随着大数据时代各行业对数据分析需求的持续增加，通过机器学习高效地获取知识，已逐渐成为当今机器学习技术发展的主要推动力。如何基于机器学习对复杂多样的数据进行深层次的分析，更高效地利用信息，成为当前大数据环境中机器学习研究的主要方向。机器学习越来越朝着智能数据分析的方向发展，并已成为智能数据分析技术的一个重要基础。

4.1.2　神经网络

神经网络（Neural Network，NN）可分为生物神经网络（Biological Neural Networks，BNN）和人工神经网络（Artificial Neural Networks，ANN）。生物神经网络主要研究智能机理，人工神经网络主要研究智能机理的实现。人工神经网络又可分为前馈神经网络（Feedforward Neural Network，FNN）和反馈神经网络（Recurrent Neural Networks，RNN)。前馈神经网络指的是各神经元分层排列，每个神经元只与前一层神经元相连，接收前一层的输出并输出给后一层，各层间没有反馈。反馈神经网络是一种从输出到输入具有反馈连接的神经网络。

本书中的神经网络主要是指前馈神经网络，它属于机器学习的重要独立分支，也是深度学习的基础，本质上是一种通过对人脑神经元的建模和连接，探索模拟人脑神经系统功能的模型，并形成一种具有学习、联想、记忆和模式识别等智能信息处理功能的人工系统。

神经网络从结构上可分为单层神经网络、两层神经网络、多层神经网络，单层神经网络是由两层神经元组成的神经网络，也称感知器；两层神经网络是在单层神经网络上增加一个计算层，也称多层感知器；多层神经网络是在传统神经网络中增加预训练（pre-training）过程和微调（fine-tuning）技术，从 2006 年开始被称作深度学习。

神经网络是一种学习和训练的过程，其工作原理如图 4-3 所示，首先对网络输入一组数据，然后选择合适的网络模型，并经过传递、训练函数后，计算得到输出结果，如果该输出结果和期望输出结果之间有误差，那么该网络模型对误差进行反复学习并不断修正神经元权值和阈值，直到网络输出误差达到预期结果，学习和训练结束。最终，人类可以使用生成的神经网络对真实数据做分类。

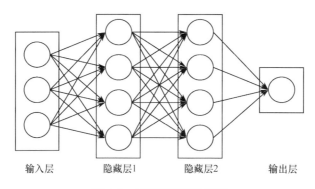

输入层　　　　隐藏层1　　　　隐藏层2　　　　输出层

图 4-3　神经网络工作原理

神经网络具备以下三方面优势。

（1）具有高速寻找优化解的能力：寻找一个复杂问题的优化解，往往需要很大计算量，利用一个针对某问题而设计的反馈型神经网络，发挥计算机的高速运算能力，能够很快找到优化解。

（2）具有自学习功能：例如，实现图像识别时，把许多不同的图像样板和对应识别结果输入神经网络，网络就会通过自学习功能，逐步学会识别类似的图像。自学习功能对于预测有特别重要的意义。

（3）具有联想存储功能：用神经网络的反馈网络可以实现联想存储。

神经网络存在以下三方面不足。

（1）"黑盒子"性质：即无法解释自己的推理过程和推理依据，这就限制了神经网络的应用场景范围。

（2）对数据的依赖性强：与传统的机器学习算法相比，神经网络通常需要更多的数据，需要数千乃至数百万个标记样本，当数据不充分的时候，神经网络无法进行工作。

（3）计算代价昂贵：完成深度神经网络完整训练可能需要几周的时间，而大多数传统的机器学习算法只需要少则几分钟到几个小时，多则几天。

神经网络已经在很多领域获得了重要应用。在模式识别、图像处理、字符识别、语音识别方面，广泛的应用场景有签字识别、指纹、人脸识别、RNA 与 DNA 序列分析、癌细胞识别、目标检测与识别、心电图、脑电图分类、油气藏检测、加速器故障、电机故障检测等。在自动控制方面，应用较多的有控制及优化化工过程控制、机械手运动控制、运载体轨迹控制、电弧炉控制等；在通信领域，神经网络可以用于数据压缩、图像处理、矢量编码、差错控制（纠错和检错编码）、自适应信号处理、自适应均衡、信号检测、模式识别、异步传输模式（Asynchronous Transfer Mode，ATM）流量控制、路由选择、通信网优化和智能网管理等。

鉴于神经网络现有技术和成果，未来会在以下三方面取得突破[6]。

（1）实现动态的激活与抑制机制，以实现更完善的功能。现有人工神经网络在神经单元的激活与抑制中处于静态，即网络参数确定之后，对于同样的输入，神经单元的输出是固定的。但从人脑的神经系统运行过程分析，神经元的激活与抑制是动态的，在不同的状态下，即使输入相同，神经元的激活与抑制也会发生变化，产生不同的结果。

（2）构建类似大脑神经网络。鉴于人类大脑神经网络的复杂性，目前神经科学研究仍未能揭示大脑神经网络的详细工作机理，人工神经网络并不是对大脑神经网络的全真模拟，而是利用数学技术结合计算机编程所建立的智能系统，能够在某方面产生类似大脑神经网络的功能。

（3）需要研发适合需求的创新算法。近年来，神经网络的应用呈现爆发式增长的态势，但并没有产生过多的创新算法。目前使用的算法大多是多年前提出的，由经典模型的扩展设计而来，全新模型较少。

4.1.3　深度学习

随着技术的不断演进，在运用监督学习和无监督学习方法来训练神经网络的基础上，许多学者和科研人员陆续提出一些如残差网络特有的学习手段，此时多层神经网络被称为深度学习，而深度学习也从神经网络的分支中独立出来。深度学习是学习样本数据的内在规律和表示层次，这些学习过程中获得的信息有助于解释诸如文字、图像和声音等数据，最终目标是让机器能够像人一样具有分析、学习能力，能够识别文字、图像和声音等数据。

深度学习的主流算法有深度神经网络（Deep Neural Networks，DNN）、卷积神经网络（Convolutional Neural Networks，CNN）、循环神经网络（Recurrent Neural Network，RNN）、递归神经网络（Recursive Neural Network，RNN）等。深度神经网络是有很多隐藏层的神经网络；卷积神经网络具有表征学习（representation learning）能力，能够按其阶层结构对输入信息进行平移不变分类；循环神经网络是有环图，在时间上展开，处理的是序列结构的信息；递归神经网络是无环图，在空间上展开，处理的是树状结构信息。循环神经网络是全链式连接的递归神经网络，可看作递归神经网络的一种特殊形式，而递归神经网络则是循环神经网络的推广。

深度学习的工作原理如图 4-4 所示，具体如下所述。

（1）对神经网络的权重随机赋值。由于是对输入数据进行随机变换的，因此跟预期值可能差距很大，同时损失值也较高。

（2）根据损失值，利用反向传播算法来微调神经网络每层的参数，从而降低损失值。

（3）根据调整的参数继续计算预测值，并计算预测值和预期值的差距，即损失值。

（4）重复步骤（2）和（3），直到整个网络的损失值达到最小，即算法收敛。

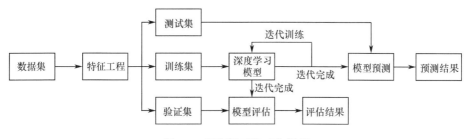

图 4-4　深度学习的工作原理

深度学习具备以下三方面优势。

（1）大数据时代的到来，让深度学习具备了突破性应用和进展。

（2）不同于机器学习具有明显区别的算法理论和实现路径，深度学习框架下的诸多算法结构具有较强的通用性，且在算法执行过程中，运行时间短，并能大幅降低编写代码的成本。

（3）融合了深度学习的其他先进技术，可以在升级改造众多的传统行业中发挥重要作用，具有极其广阔的应用场景。

深度学习存在以下四方面不足。

（1）对大数据严重依赖：算法需要大量数据支撑，且性能随着数据量的增加而增强，而训练数据样本获取、标注成本高，有些场景样本难以获取。

（2）严重依赖于高配置机器：大量矩阵乘法运算是建立在图形处理器（Graphics Processing Unit，GPU）高效优化基础之上的，传统的低配机器不能满足深度学习对硬件的要求。

（3）应用门槛高：算法建模及调整参数过程复杂烦琐，算法设计周期长，系统维护困难。

（4）可解释性较差：深度学习强调的是让网络学习如何提取关键特征，输入训练数据后直接输出最终结果，中间网络模型属于黑盒，无法解释输出结果的原理。出于安全性考虑及伦理和法律的需要，算法的可解释性十分必要。

深度学习的人脸识别、图像识别、语音识别、自然语言处理、智能监控、文字识别、语义分析等技术广泛应用在互联网、安防、金融、智能硬件、医疗、教育等行业。基于深度卷积网络的图像分类技术已超过人眼准确率。在工业界，将图像分类、物体识别应用于无人驾驶、优兔比（Youtube）视频、地图、图像搜索等各种场景，大大提升了人类的生活便利程度。在语言识别方面，基于深度神经网络的语音识别技术的准确率已达到 95%，基于深度神经网络的机器翻译技术已接近人类的平均翻译水平。

随着科技的快速进步及各领域的应用需求，深度学习未来应在基础理论研究和应用技术等方面持续加大研发力度，具体如下。

（1）鼓励科研院所及企业加强生成式对抗网络以及深度强化学习等前沿

技术研究，提出更多原创性研究成果。

（2）加快自动化机器学习、模型压缩等深度学习应用技术研究，加快深度学习的工程化落地应用。例如，加强深度学习在计算机视觉领域应用研究，进一步提升目标识别等视觉任务的准确率，以及在实际应用场景中的性能。

（3）加强深度学习在自然语言处理领域的应用研究，提出性能更优的算法模型，提升机器翻译、对话系统等应用的性能。

4.1.4　生成对抗网络

生成对抗网络（Generative Adversarial Networks，GAN）是深度学习的创新前沿研究热点，已经成为深度学习的独立分支。其核心思想是将博弈算法用于机器学习，使用生成网络和判别网络两个深度神经网络模型训练成一种生成模型，生成网络从数据中生成全新样本，这个全新样本是无限接近于真实样本的假样本，从而让判别网络无法判断样本的真假，两种模型处于一种博弈对抗状态。

GAN 的工作原理是生成网络和判别网络两者相互对抗，生成网络是生成器 G（Generator），生成类似于真实样本的随机样本，并将其作为假样本，目的在于"愚弄"判别网络；判别网络是分类器 D（Discriminator），需要同时处理真实样本和生成的虚假样本，目的在于分辨是真实样本还是虚假样本，当判别网络无法分辨真实样本和虚假样本时，模型训练结束，此时生成网络和判别网络之间形成纳什均衡。其工作原理如图 4-5 所示。

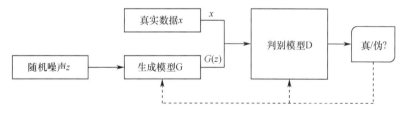

图 4-5　生成对抗网络工作原理

GAN 具有以下三方面优势。

（1）相比其他生成模型，只用到了反向传播，不需要复杂的马尔可夫链，与此同时可以产生更加清晰、真实的样本。

（2）适应自然界普遍特性，推动现有问题从有监督学习过渡到无监督学习。

（3）通过不同运算来相互制衡，促进算法自我优化升级，基于 GAN 已经产生了更多学习框架模型。

GAN 具有以下三方面不足。

（1）训练过程完全依赖基于大量样本数据的反复判断，这对运算能力、样本数据的数量和覆盖广度都有严苛要求。

（2）GAN 是有充足样本和指导思想之后的解决方案，但用什么标准判断、以何种理论体系来引发判断还缺乏理论支撑，因此很难得出复杂的样本推导结果，且错误率较高。

（3）GAN 的复杂度不高，在更多底层运算领域后继乏力，还不具备多领域的应用条件。

生成对抗网络主要应用于图像领域，包括生成图像数据集、生成人脸照片、生成现实照片、生成动画角色、图像转换、文字–图片转化、语义图像–图片转化、生成正面人像图片、生成新体态、图片转表情、图片编辑、面部老化、图片混合、生成超分辨率图像、图片修复、服装转化、视频预测、3D 打印等。生成对抗网络在网络流量预测[7]、异常流量检测[8]、入侵威胁检测[9]、个性化推荐[10]等方面也有着广泛的应用。

面向未来，GAN 主要有以下三个发展方向。

（1）研究收敛性和均衡点存在性的理论。

（2）研究根据简单随机的输入去生成多样的、能够与人类交互的数据。

（3）研究与特征学习、模仿学习、强化学习等技术的融合，从而开发新的人工智能应用或促进这些技术的发展。

4.1.5　胶囊网络

胶囊网络是由多个胶囊组成的神经网络。胶囊由一小群神经元组成，这些胶囊擅长处理物体的姿态（位置、大小、方向）、变形、速度、反照率、色调、纹理等特征，用于克服卷积神经网络存在的难以识别图像中的位置关系、缺少空间分层和空间推理能力等局限性，是一种新兴的卷积神经网络架构。

胶囊之间的动态路由（Dynamic Routing Between Capsules，DRBC）给出了胶囊网络的工作原理，如图 4-6 所示。胶囊网络主要分为输入层、卷积层、主胶囊层、数字胶囊层。以手写数字为例，输入层是 20×20 的手写数字；卷积层是普通的卷积神经网络，经过 256 个 9×9 步长为 1 的卷积核得到 20×20×256 的特征图；主胶囊层采用 8 组 9×9×32 的卷积核卷积 8 次，得到 8 组 6×6×32 的特征图，然后将每个特征图都展成一维，对应位置组合，一共得到 1152 个 8 维的向量神经元，也就是 1152 个胶囊；最后通过动态路由算法得到数字胶囊层，从而得到预测结果。

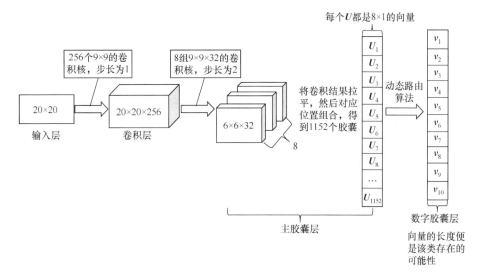

图 4-6　胶囊网络的工作原理

胶囊网络具备以下两方面优势。

（1）胶囊网络强调的是学习特征变量，最大化保留那些有价值信息，因此它使用更少训练数据就可以推断出可能变量，达到预期效果。

（2）胶囊网络是带有方向的向量，不仅可以根据统计信息进行特征检测，还可以对特征进行理解。向量的存在意义就是能同时处理多个不同目标的多种空间变换，理论上更接近人脑的行为。

胶囊网络存在以下两方面劣势。

（1）模型训练周期长：胶囊网络需要在所有胶囊单元中完成计算（协议路由算法），大量计算导致训练模型时间很慢。

（2）大图像处理效果欠佳：目前针对胶囊网络的研究大多集中在零样本和少样本任务中，且在 CIFAR10 数据集、ImageNet 等大图像上的准确性没有 CNN 效果好。

胶囊网络在判断特征之间相似性的人脸识别、图像识别、字符识别等领域应用广泛。例如，图分类是应用非常广泛的一种技术，在分子表示、社会网络分析、金融等领域，都需要从图形中提取特征信息，并对其进行结构化的数据表示和分类，引入胶囊网络可记住图结构中的丰富信息，以及图的节点和边等实体特征，将其转化成向量，结合 CNN 技术可提高分类性能。再如，基于胶囊网络的手势识别，正确率可达到94.2%，能够帮助听障人群进行更有效的沟通。

胶囊网络技术已在部分实际场景应用中取得了初阶的成效，未来将在以下两方面进一步发展[11]。

（1）网络架构朝着大规模图像进行优化，获得优异的大规模图像性能效果。

（2）不断提升路由算法能力，同时借助中央处理器（Central Processing Unit，CPU）和 GPU 集群技术计算能力的发展，提高识别速度。

4.1.6 迁移学习

迁移学习（Transfer Learning，TL）是机器学习的重要独立分支，利用数据、任务或模型之间的相似性，将一个已经训练好的源任务模型应用到新场景中的目标任务模型中，以更好地完成目标任务。主要有以下两种场景需要用到迁移学习。

（1）目标任务的训练数据较少，不足以支撑完成任务。

（2）目标任务要完成任务需要大量的时间成本和计算资源，不能及时有效地完成任务。

从工作原理上看，迁移学习是将一个已经训练好的图像识别神经网络，用于进行另外的工作，可以将最后一层输出层替换掉，或将最后一层的连接权重也删除，然后随机为最后一层重新赋予随机权重，在新数据集上训练。迁移学习的工作原理如图 4-7 所示。

迁移学习主要有以下三方面优势。

（1）训练数据量需求量更小：在只有很少数据、要获得更多数据的成本过高或不可能获得更多数据的情况下也能训练，同时可以在比较廉价的硬件设施上更快地训练模型。

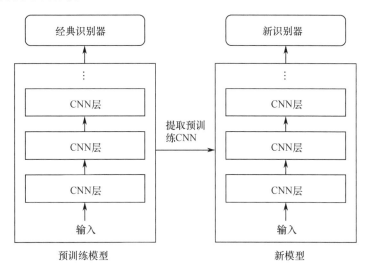

图 4-7　迁移学习的工作原理

（2）有目的性地让目标模型学习到相关任务的通用特征，训练模型泛化能力更强，增强了在非训练数据上分类良好的能力。

（3）从一个已经完成训练的模型开始，避免重新训练复杂模型，训练过程健壮性好、稳定性高且容易调试。

迁移学习主要有以下两方面不足。

（1）预训练的语言模型不擅长细粒度的语言任务、层次句法推理和常识。在自然语言生成方面有所欠缺，特别是在长期维系、关系和连贯性方面。

（2）语言建模目标经过试验证明是有效的，但是仅提供了用于理解语义和维系上下文弱信号，造成在某些专项研究领域存在某种或某些关系的缺陷。

迁移学习被广泛应用于自然语言处理、语音识别、计算机视觉等领域，如情绪分析、文档分类、自动语音识别等。

迁移学习技术的发展将着眼于以下四方面。

（1）通过半监督学习减少对标注数据的依赖，应对标注数据的不对称性。

（2）用迁移学习来提高模型的稳定性和可泛化性，不至于因为一个像素的变化而改变分类结果。

（3）使用迁移学习来做持续学习，让神经网络得以保留在源任务中所学到的技能。

（4）研究源任务和目标任务要达到足够相关，并且迁移方法能很好地利用源任务和目标任务之间的关系，避免负迁移的发生。

4.1.7　强化学习

强化学习（Reinforcement Learning，RL）是智能体以"试错"方式进行学习，强调如何基于环境而行动，以取得最大化的预期利益，即在环境给予的奖励或惩罚的刺激下，逐步形成对刺激的预期，产生能获得最大利益的习惯性行为。

强化学习的工作原理如图 4-8 所示，它把学习看作试探评价过程，Agent选择一个动作用于环境，环境接受该动作后状态发生变化，同时产生一个强化信号（奖赏或惩罚）反馈给 Agent，Agent 根据强化信号和环境当前状态选择下一个动作，选择的原则是使受到正强化（奖赏）的概率增大。选择的动作不仅影响立即强化值，而且影响环境下一时刻的状态及最终强化值。

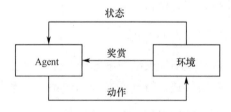

图 4-8　强化学习的工作原理

强化学习的优势主要有以下三方面。

（1）是一种在已经发现的有效行动和没有被认可的行动之间达到均衡的解决方案。

（2）不需要监督者，只需要获取环境反馈。

（3）考虑整个问题，而不是子问题。

强化学习的劣势主要有以下三方面。

（1）智能体只知道哪些动作可以做，除此之外并不知道其他任何信息。

（2）智能体没有先验知识，只能从零开始学习。

（3）智能体只能处理确定的、静态的、可观察的较为简单的任务，无法完成需要推理等的复杂任务。

在无人驾驶方面，强化学习应用于轨迹优化、运动规划、动态路径、最优控制，以及高速路中的情景学习。在金融贸易中，强化学习可以正确做出理财持有、购买或是出售的决定，以保证最佳收益。在医疗保健领域，强化学习在慢性病或重症监护、自动化医疗诊断及其他领域得到应用。在游戏领域，最典型的例子是通过强化学习的 AlphaGo Zero，能够从零学习围棋游戏并自我学习，经过 40 天训练，战胜了世界排名第一的柯洁。

强化学习主要有以下四个发展趋势。

（1）与深度学习融合趋势明显，如基于深度强化学习的对话生成等。

（2）与专业知识结合得越来越紧密，把专业领域中的知识加入强化学习算法，以便更好地应用到专业领域中。

（3）算法理论分析更强，算法更稳定和高效，如基于深度能量的策略方法、值函数与策略方法的等价性等。

（4）与脑科学、认知神经科学、记忆的联系更紧密，随着脑科学家和认知神经科学家对大脑的认识越来越多，这些知识会促进强化学习算法的优化。

4.1.8　联邦学习

联邦学习（Federated Learning，FL）是一种带有隐私保护、安全加密技术的分布式机器学习框架，旨在让分散的各参与方在满足不向其他参与者披露隐私数据的前提下，协作进行高效率机器学习的模型训练。针对不同数据集，联邦学习可分为横向联邦学习（Horizontal Federated Learning，HFL）、纵向联邦学习（Vertical Federated Learning，VFL）与联邦迁移学习（Federated Transfer Learning，FTL）。

横向联邦学习是把数据集横向（用户维度）切分，并取出双方用户特征相同而用户不完全相同的那部分数据进行训练，适用于两个数据集的用户特征重叠较多，而用户重叠较少的情况。

纵向联邦学习是把数据集纵向（特征维度）切分，并取出双方用户相同而用户特征不完全相同的那部分数据进行训练，适用于两个数据集的用户重叠较多，而用户特征重叠较少的情况。

联邦迁移学习是不对数据进行切分，而利用迁移学习来克服数据或标签不足，适用于两个数据集的用户与用户特征重叠都较少的情况。

联邦学习由协调方和参与方组成，其工作原理如图 4-9 所示，过程主要有以下三步。

（1）协调方建立基本模型，并将模型的基本结构与参数告知各参与方。

（2）各参与方利用本地数据进行模型训练，并将结果返回给协调方。

（3）协调方汇总各参与方的模型，构建更精准的全局模型，以整体提升模型性能和效果。

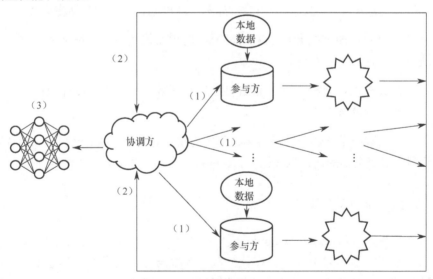

图 4-9　联邦学习的工作原理

联邦学习的优势主要有以下四方面。

（1）数据隔离：数据不会泄露到外部，满足了用户隐私保护和数据安全的需求。

（2）能够保证模型质量无损，不会出现负迁移，保证了联邦模型比割裂的独立模型效果好。

（3）参与者地位对等，能够实现公平合作。

（4）能够保证参与各方在保持独立性的情况下，进行信息与模型参数的加密交换，并同时获得成长。

联邦学习的劣势主要有以下两方面。

（1）相比于传统的本地建模，联邦学习目前所需时间是传统方式的十倍甚至百倍。

（2）通常联邦学习依赖较高的机器配置，学习是不是能顺利、快速完成在很大程度上依赖于服务器资源是否能满足给定的样本数量、特征维度数量。

联邦学习可以应用于金融领域。例如，金融机构结合其服务企业的金融行为、资产等特征与政府的企业信息、企业税务信息、企业违规信息等特征，采用纵向联邦学习联合建模开展企业的信用风控评估，金融机构间通过同一用户群的金融行为数据采用纵向联邦学习联合分析金融反欺诈。

联邦学习可以应用于医疗领域，如医疗系统异常检测、脑电图信号分类、神经系统疾病患者的脑变化分析等，也可应用于网络安全中的异常检测、推荐系统中的生成个性化推荐等。

面向未来，联邦学习有以下两个发展趋势。

（1）当发生多方之间的网络异常而造成超时，待网络恢复正常后，联邦学习可从上次断点开始继续训练，而避免从头重新开始。

（2）与同态加密或多方安全计算相结合，让解决"隐私保护+小数据"双重挑战成为可能。

4.1.9　知识图谱

知识图谱（Knowledge Graph，KG）是将应用数学、图形学、信息可视化技术、信息科学等学科的理论与方法与计量学引文分析等方法结合，显示知识发展进程与结构关系的一系列图形，用可视化技术描述知识资源及其载体，挖掘、分析、构建、绘制和显示知识及它们之间的相互联系。

知识图谱构建主要由数据获取、信息获取、知识融合和知识处理四个步骤来完成，如图4-10所示，具体如下。

（1）构建知识图谱是以大量网络公开数据、学术领域已整理开放数据、商业领域共享和合作数据等为基础的，大规模的结构化、半结构化或非结构化的数据采集。

（2）对数据进行粗加工，将数据通过开放支持抽取和专有领域知识抽取方法提取为实体－关系三元组。

（3）实现在抽象层面的融合，根据融合后的新实体，三元组集合进一步学习和推理，将表达相同或相似含义的不同关系合并成相同关系，并检测相同实体对之间的关系冲突等。

（4）知识处理，即完成知识图谱构建，形成一个无向图网络，运用一些图论方法进行网络关联分析，将其用于文档、检索及智能决策等领域。

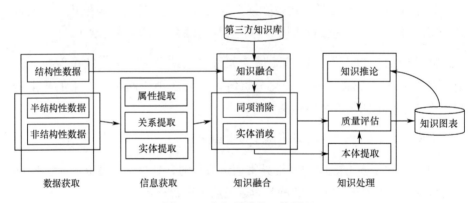

图 4-10　知识图谱的工作原理

知识图谱的突出优势主要体现在以下两方面。

（1）能够将复杂的知识领域通过数据挖掘、信息处理、知识计量和图形绘制而显示出来，揭示知识领域的动态发展规律，为学科研究提供切实的、有价值的参考。例如，现有的海量数据已远远超出人类的处理能力，知识图谱可以利用关系抽取技术识别成千上万维度，挖掘出人类无法发现的数据中隐藏的众多关系，也可以利用推理规则研究得到隐藏很深的联系。

（2）与表数据库相比，图数据库在处理大量复杂、互连接、低结构化的数据方面更具优势，因为在关系数据库中，频繁的数据查询会导致大量表连接，可能会产生性能问题。

知识图谱的不足主要体现在以下两方面。

（1）在业务场景中起到辅助人类做出价值判断的作用，仅能为人类推荐可行策略，还未真正实现完全替代人类。

（2）知识图谱提质优化空间较大。由于数据治理、数据共享数量少、质量低、需求不明确、缺乏及时性、层级共享不畅、安全风险等深层次瓶颈问题仍未得到根本的解决，因此数据受限直接降低了知识图谱的质量和性能。

当前，知识图谱的应用包括语义搜索、问答系统与聊天、大数据语义分析及智能知识服务等，在智能客服、商业智能等真实场景体现出广泛的应用价值，如语义搜索和推荐，知识图谱可以将用户搜索输入的关键词映射为客观世界的概念和实体，搜索结果直接显示满足用户需求的结构化信息内容，而不是互联网网页；再如问答和对话系统，基于知识的问答系统将知识图谱看成一个大规模知识库，通过理解将用户的问题转化为对知识图谱的查询，直接得到用户关心问题的答案。

知识图谱技术近几年来发展迅速，未来在数据的可访问性、数据的深层关系、知识抽取、领域知识的集成、策略的有效生成、提升图谱构建自动化程度等方面会得到逐步的突破和提升。

4.2　可信人工智能技术

可信人工智能技术是指能够提升人工智能系统稳定性、可解释性、隐私保护、公平性等能力的一类技术的统称，主要有人工智能模型稳定性技术、人工智能可解释性增强技术和人工智能隐私保护技术等[12]。

4.2.1　人工智能模型稳定性技术

人工智能模型稳定性技术是指减轻或消除对数据和系统进行多种对抗而带来干扰的技术，利用模型剪枝、后门检测等技术抵抗对方利用自己的漏洞进行的渗透、攻击、反制等，以稳定性来保障人工智能模型自身健壮性。

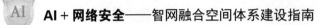

人工智能模型稳定性技术的工作原理如图 4-11 所示，具体如下。

（1）异常流量提取：通过数据深度挖掘，提取归集对方的各类异常网络流量数据。

（2）异常数据清洗：通过数据分级分类检测方法检出并清除异常数据，减小对方带来的干扰。

（3）对抗训练：将清洗后的数据汇集形成对抗样本，异常数据和对抗样本进行对抗训练，有效避免由对抗样本导致的人工智能模型决策出错。

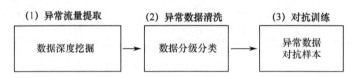

图 4-11　人工智能稳定性技术的工作原理

人工智能模型稳定性技术的优势在于充分借鉴检测、生成对抗等思想，精确性较高；劣势在于双方都可使用同一生成对抗方式训练，容易形成不断对抗的态势，存在无博弈结果的情况。

4.2.2　人工智能可解释性增强技术

人工智能可解释性增强技术是指能够解释人工智能模型的决策过程，最大限度地使人工智能模型行为对人类透明、容易理解、可信。

人工智能可解释性增强技术主要包括以下五方面。

（1）中间状态的可解释性：建立适当的可视化机制，尝试评估和解释模型的中间状态。

（2）人工智能模型评估：通过影响函数来分析人工智能的训练数据，得出对最终收敛人工智能模型的影响评估。

（3）训练数据溯源：通过梯度加权分类激活映射（Gradient-weighted Class Activation Mapping，Grad CAM）等算法，分析人工智能模型利用哪些数据做出特征预测。

（4）黑盒的可解释性：通过局部保真可解释（Local Interpretable Model-agnostic Explanations，LIME）方法和可解释模型，对复杂黑盒模型进行局部近似来研究黑盒模型的可解释性。

（5）可复现性评估：通过建立完善的人工智能模型训练管理机制，提升人工智能模型实现过程的可复现性。

人工智能可解释性增强技术的优势在于为解释人工智能模型提供了可能性方案；劣势在于针对人工智能算法可解释性的研究仍处在初期阶段，部分算法理论框架有待完善。

4.2.3　人工智能隐私保护技术

人工智能隐私保护技术是指为解决人工智能模型数据流转过程及人工智能模型本身敏感数据泄露问题，提升其用户隐私保护能力，主要实现方法有基于差分隐私和基于联邦学习的隐私保护方法。

基于差分隐私的保护方法是通过对数据进行上下采样、顺序置换、添加噪声等，防止对方隐私窃取行为，保障对输入数据中的微小扰动不敏感。

基于联邦学习的隐私保护方法是在不收集用户数据的条件下进行人工智能模型训练，将人工智能模型部署到用户设备，各用户设备使用自己私有数据，计算模型参数梯度，并将其上传至中央服务器。中央服务器对收集到的梯度进行融合并传回各用户设备，各用户设备利用融合后的梯度更新模型参数，实现隐私信息保护。

人工智能隐私保护技术的优势在于把安全和隐私融入整个人工智能技术生命周期，实现隐私保护与数据的深度融合；劣势在于增加了数据间交互的成本，对于数据深度挖掘与利用有较高要求。

4.3　网络安全技术体系

参考 OSI 的计算机系统七层模型，结合网络安全的基本架构，可以将网络安全分为物理层、接入层、系统层、网络层、应用层和管理层六个层面的安全，每层都有其相对应的安全技术和措施来保障该层的安全性，层之间相互协调、相互作用，构成一个有机的网络安全整体，其总体架构如图 4-12 所示。

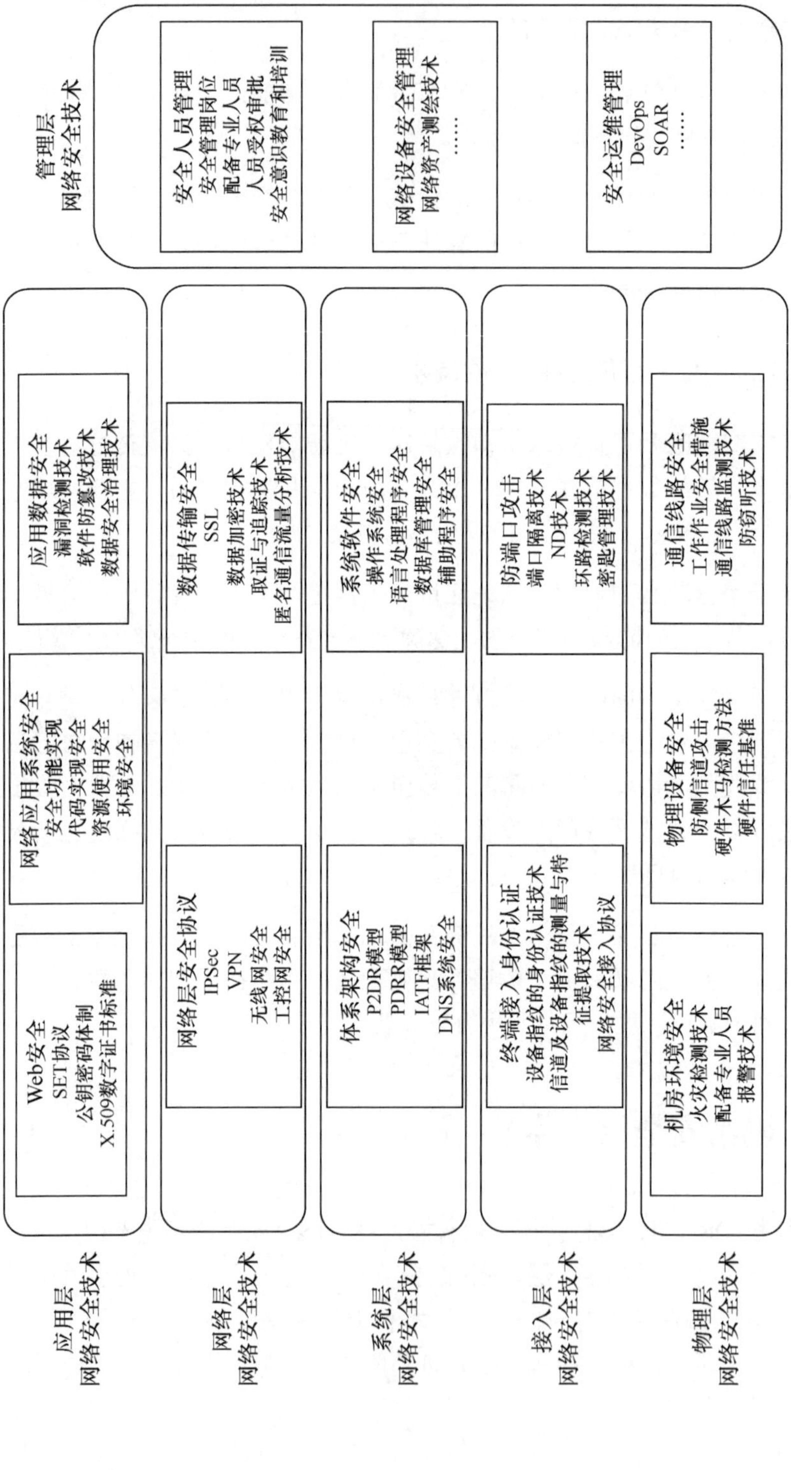

图 4-12　网络安全技术总体架构

4.3.1　物理层网络安全技术

物理层网络安全指的是针对网络空间中的环境安全防范、物理资源等相关的威胁，保护系统、建筑及相关的基础设施，主要包括机房环境安全、物理设备安全和通信线路安全三方面。

机房环境安全是要能够防火、防盗、防静电、防雷击和防电磁泄漏等；物理设备安全是保护网络设备、设施、其他媒体等免遭地震、水灾、火灾等环境事故，设备本身的防电磁泄漏，以及抗电磁干扰和人为防盗、防毁等；通信线路安全是对光缆、电缆、海缆、卫星等用于传输网络信号的线路不被自然损坏、人为更改、盗窃、破坏等。

机房环境安全要满足《电子信息系统机房设计规范》（GB 50174—2008）中的 A 级要求，并满足国际公认的《数据中心通信基础设施标准》（ANSI—TIA—942—2005）Tier 3 级及以上主要指标。

选择专业人员进行机房的准入、接地等物理安全控制措施和风险控制措施，同时采用热检测、辐射检测、烟气检测、可燃气体检测等火灾检测技术，门磁报警、温度报警、湿度报警、停电报警、红外报警、图像报警、烟感报警、火警报警等报警技术。

物理设备安全技术除了和机房安全统一的安全措施和安全技术，主要是针对各类物理设备恶意攻击的防御技术，如防侧信道攻击、硬件木马检测方法、硬件信任基准、容灾技术、可信硬件、电子防护技术、干扰屏蔽技术等。

通信线路安全除工作作业的安全操作、安全值守、安全检查、安全抢修等措施外，还需要通信线路监测技术、防窃听技术等。

4.3.2　接入层网络安全技术

接入层网络安全指的是主动检测接入到网络中的各终端的合规性，包括终端类型、杀毒软件状态、补丁版本更新状态、安装软件、运行进程、网络流量等，实时定位终端风险，并及时对其进行自动隔离，主要包括终端接入身份认证、防端口攻击两个方面。

终端接入身份认证是对接入网络的不合规终端自动打标签筛选，以保证入网终端的合规性。防端口攻击是对针对端口渗透、端口漏洞、密码破解、DDoS 等威胁、攻击的防御措施，保证端口不被侵入，也可以通过端口管理方式限制不合格终端接入。

终端接入身份认证技术主要有基于设备指纹的身份认证、信道及设备指纹的测量与特征提取等。无线局域网基于 IEEE 802.11 标准协议、802.1X 协议（基于端口的网络访问控制）、扩展认证协议（Extensible Authentication Protocol，EAP）等。

防端口攻击技术主要有端口隔离技术、邻居发现（Neighbor Discovery，ND）防攻击技术、抑制广播风暴技术、环路检测技术、地址解析协议（Address Resolution Protocol，ARP）检测、动态主机配置监测（DHCP Snooping）、动态地址解析检测（Dynamic ARP Inspection）、IP 源地址保护（IP Source Guard）技术、地址解析协议限速技术、密钥管理技术等。

4.3.3 系统层网络安全技术

系统层网络安全指的是保障接入到网络中的物理设备系统软件安全，主要包括体系架构安全和系统软件安全两方面。体系架构安全主要是设计一个安全可靠的网络安全体系架构或安全模型。系统软件安全主要保障在物理设备上调度、监控和维护计算机系统的安全。

体系架构安全的技术主要有基于时间的动态安全循环（Policy Protection Detection Response，P2DR）模型、强调修复能力（Protection Detection Recovery Response，PDRR）模型、纵深防御（Information Assurance Technical Framework，IATF）框架及 DNS 系统的安全协议、架构、检测监控等。

系统软件安全技术主要有及时修复操作系统漏洞、防止操作系统的安全配置错误、防止病毒对操作系统的威胁、保障语言处理程序的正常运行、数据库管理安全技术、辅助程序的安全技术等。

4.3.4 网络层网络安全技术

网络层网络安全指的是保障网络中物理实体之间交互的安全，涉及互联网、无线网、物联网、工控网等网络的安全协议，保障网络传输的安全。

互联网安全协议（Internet Protocol Security，IPSec），通过对 IP 分组进行加密和认证来保护 IP 的网络传输，防御网络监听和欺骗攻击。

虚拟专用网（Virtual Private Network，VPN）是点对点专用链路带宽和传输安全保障，即 VPN 内部用户之间可以实现安全通信，VPN 之外的用户无法访问 VPN 内部网络资源，涉及的的网络安全技术包括基于加解密技术实现保密通信和身份认证，基于密钥交换协议实现密钥管理和分发。

SSL 保障在网络上数据传输的安全，利用数据加密技术，确保数据在网络上的传输过程中不会被截取及窃听，为数据通信提供安全支持，可分为 SSL 记录协议和 SSL 握手协议。另外，还有网络对抗攻防技术、网络安全监管技术、取证与追踪技术、匿名通信流量分析技术、网络用户行为分析技术等。

4.3.5　应用层网络安全技术

应用层网络安全指的是网络系统应用软件、数据库的安全性等，保障应用数据的机密性、完整性、不可否认性、匿名性等，主要包括 Web 安全、网络应用系统安全、应用数据安全等。

Web 应用安全技术主要是安全电子传输（Secure Electronic Transaction，SET）协议，该协议采用公钥密码体制和 X.509 数字证书标准，可保证信息传输的机密性、真实性、完整性和不可否认性。

网络应用系统安全要符合国家标准《信息安全技术　应用软件安全编程指南》（GB/T 38674—2020）中的要求，即安全功能实现（数据清洗、数据加密与保护、访问控制、日志安全）、代码实现安全（面向对象程序安全、开发程序安全、函数调用安全、异常处理安全、指针安全、代码生成安全）、资源使用安全（资源管理、内存管理、数据库管理、文件管理、网络传输）和环境安全（第三方软件使用安全、开发环境安全、运行环境安全）。

针对各类网络应用软件的安全技术主要有漏洞检测技术、注册信息验证技术、软件防篡改技术、代码混淆技术、软件水印技术、软件加壳技术、反调试反跟踪技术、启发式查杀技术、特征码查杀技术、虚拟机查杀技术等。

应用数据安全主要有数据隐私保护和匿名发布技术、数据安全治理技术等，而从高德纳（Gartner）公司的数据安全治理（Data Security Governance，

DSG）框架和微软公司的强调隐私、保护与合规的数据治理技术（Data Governance for Privacy Confidentiality and Compliance，DGPC ）框架来看，数据安全治理体系的核心理念已转变为建立由顶层决策引导、管理制度驱动和技术工具支撑的全链条综合性管理体系，涉及需求、人员、流程、技术、工具等多个方面，而非传统的产品堆叠式组合方案。

4.3.6　管理层网络安全技术

管理层网络安全指的是保证物理层、接入层、系统层、网络层、应用层的安全有效运转，主要包括安全人员管理、网络设备安全管理和安全运维管理三个方面。

安全人员管理主要对安全人员采取一定的管理措施，明确安全管理人员的责任边界、落实工作职责，合理设置安全管理岗位、配备专业人员、人员受权审批、安全意识教育和培训，综合管理评价安全管理和运维人员，构建安全管理体系。

网络设备的安全管理让使用者能够掌握网络空间中各种设备资源的实时动态，其中最重要的是对网络空间中各种设备资源的地理位置信息和网络信息进行探测和收集的网络资产测绘技术。

安全运维管理中典型的技术是开发运营（Development & Operations，DevOps）和安全编排与自动化响应技术（Security Orchestration, Automation and Response，SOAR）。DevOps 是将安全性融入开发（Development）和运维（Operations），包含静态应用安全测试技术、动态应用安全测试技术、渗透测试技术、白盒/黑盒/灰盒检测工具等。SOAR 技术从各种来源获取输入，并应用工作流来梳理和关联各种安全过程与流程，通过编排和自动执行来达到预期目标，为安全运营人员提供机器协助式自动化解决方案。

4.4　智能网络安全技术体系

认知科学家 Steven Pinker 在《语言的本能》[13]中写道："对机器智能而言，困难的问题是易解的，简单的问题是难解的。"简单的复杂问题指的是问题空间是有限空间，可以闭合，但是问题本身有着较高的复杂度；而复杂的简单问题指的是问题空间是无限空间，不可以闭合，但是问题本身没有很高复杂度。当前人工智能技术在解决简单的复杂问题方面要优于人类，但对于复杂的简单问题，无限且不可预知的问题空间往往导致人工智能技术的失效，尤其是在人工智能用于防御未知的安全风险方面，非常具有局限性。将人工智能技术应用于网络安全的不同层，可构建智能网络安全技术体系，如图 4-13 所示。

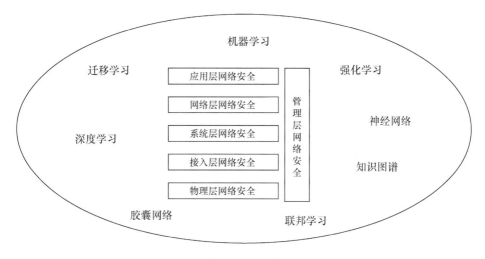

图 4-13　智能网络安全技术体系

每种人工智能技术在理论上都可以应用在传统的网络安全层上，但不同分层分别有其主要的人工智能技术。比如，网络层的智能网络安全技术有神经网络、生成对抗网络等，应用层的智能网络安全技术有迁移学习、联邦学习等。

4.5　本章小结

本章在技术的维度上，采用层层递进的方式给出了智能网络安全技术体系。当前，实现人工智能的热点技术算法有很多，它们虽然有区别，但相互借鉴和融合的趋势越来越明显，未来和其他技术领域一样，在哲学的高度上会完成统一。这些人工智能技术在网络分层上都会有安全应用，但不会有明显的专有特性，主要还是要针对具体的网络安全场景来选取最适合的、多种技术相结合的人工智能技术，而这些人工智能技术又是相互协作的一个整体，以此保障体系性的安全。

本章参考文献

[1] 权学，牛梦晨，陈睿麟，等. 基于生成对抗网络的图像风格转换算法[J]. 成都信息工程大学学报. 2021，36（6）：629-633.

[2] 韩博，周一鹏，钱程，等. 基于深度卷积生成对抗神经网络的空战态势评估[C]. 2021年无人系统高峰论坛（USS2021）论文集，2021：38-44.

[3] 于龙泽，肖白，孙立国. 风光出力场景生成的条件深度卷积生成对抗网络方法[J]. 东北电力大学学报，2021（12）：90-99.

[4] 陈恒，王思懿，李正光，等. 基于关系记忆的胶囊网络知识图谱嵌入模型[J]. 计算机应用，2022，42（7）：8-12.

[5] 周昀锴. 机器学习及其相关算法简介[J]. 科技传播，2019，11（6）：153-154.

[6] 王祎，贾文雅，尹雪婷，等. 人工神经网络的发展及展望[J]. 智能城市，2021，7（8）：12-13.

[7] 高志宇，王天荆，汪悦，等. 基于生成对抗网络的 5G 网络流量预测方法[J]. 计算机科学，2021（12）：1-11.

[8] 薛英杰，韩威，周松斌，等. 基于生成对抗单分类网络的异常声音检测[J]. 吉林大学学报（理学版），2021（11）：1517-1524.

[9] 林英，李元培，潘梓文. 基于生成对抗网络的主机入侵风险识别[J]. 计算机应用与软件，2021（11）：331-337.

[10] 杨宇，吴国栋，刘玉良，等. 生成对抗网络及其个性化推荐研究[J/OL]. 小型微型计算机系统，2022，43（3）：574-581.

[11] 朱应钊，胡颖茂，李嫚. 胶囊网络技术及发展趋势研究[J]. 广东通信技术，2018，38（10）：51-54.

[12] 中国信息通信研究院，等. 可信人工智能白皮书[R]. 北京：中国信息通信研究院，2021.

[13] STEVEN PINKER. The Language Instinct-How the Mind Creates Language[M]. New York：Harper Perennial Modern Classics，2007.

第 3 篇

攻 击 篇

从保障网络安全的角度来看，人工智能用于攻击实际上增加、增强了网络安全风险，为防御端带来了巨大安全防护难度，但攻防两端本身就处于不断的博弈中。为了更好地形成智能网络安全防御技术和方案，需要先研究智能网络攻击技术和原理。因此，本篇从攻击者的角度分析人工智能技术是如何更有效地发现目标、更精准地打击目标的，这为制订有针对性的网络安全防护方案奠定了基础。

第 5 章　传统网络攻击技术

网络攻击是指对网络的保密性、完整性、不可抵赖性、可用性、可控性产生危害的所有行为，可抽象地分为 4 种基本类型——信息泄露、完整性破坏、拒绝服务和非法访问。

一次成功的网络攻击通常包括信息收集、网络隐身、端口和漏洞扫描、实施攻击、设置后门和痕迹清除等步骤。依据攻击属性不同，也为了和防御篇保持统一，本章将传统网络攻击技术分为静态、动态和新型三种。

5.1　静态网络攻击技术

静态网络攻击技术指的是对现有网络系统中经常使用的终端、通信过程、应用程序等的漏洞、不足和缺陷，利用穷举、截获、插入、观察等传统方式进行攻击。

典型的静态网络攻击技术有口令破解技术、利用漏洞攻击技术、网络劫持技术、结构化查询语言（Structured Query Language，SQL）注射式攻击技术、木马攻击技术、后门攻击技术、鱼叉式网络钓鱼攻击技术、水坑攻击技术、物理摆渡攻击技术等。

5.1.1　口令破解技术

口令破解技术指的是黑客以口令为攻击目标，破解合法用户口令，然后冒充合法用户潜入目标网络系统，夺取目标系统控制权，从而窃取、破坏和篡改目标系统信息，主要包括弱口令破解技术、口令暴力破解技术和字典攻击技术。

1. 弱口令破解技术

弱口令是指由常用数字、字母等字符组合，容易被别人通过简单及平常思维方式就能猜到的密码，如 12345、abcd1234、admin123、asdf1234、111111、qwe123、user123、1234、123123、abcd1234、password、1234567890。

弱口令破解技术是指攻击者利用弱口令思维和口令爆破工具，对计算机、数据库系统等的漏洞进行网络入侵，直接获得系统控制权限，获取高价值数据，引发数据泄露。

弱口令破解技术的工作原理如图 5-1 所示[1]，具体如下。

（1）攻击程序利用常用弱口令语料库进行穷举试探，即从语料库中选取一串字符作为口令输入被攻击端主机，申请登录系统。

（2）若口令正确，则进入系统。

（3）若口令不正确，则程序将按照弱口令语料库顺序进行尝试，直至发现正确口令。

图 5-1　弱口令破解技术的工作原理

弱口令破解技术的优势在于口令集范围较小，破解速度快，劣势在于攻击范围较窄，不能用于复杂口令场景。

2．口令暴力破解技术

口令暴力破解技术是指攻击者按照位数，将数字、字母、特殊符号等字符可能出现的组合逐一进行尝试，直到寻找到真正的口令为止。暴力破解的时间取决于目标口令长度，目标口令长度越长，需要的时间就越多。

口令暴力破解技术的工作原理如图 5-2 所示[2]，具体如下。

（1）攻击者利用热词与结构攻击算法，结合语料库，对大量有规律性的口令进行穷举破解。

（2）如果破解成功，则进入目标系统。

（3）如果破解不成功，攻击者则将语料库中常用口令进行插入、删除、替换、大小写变换等变形，用这些变形后的海量口令直接碰撞目标口令。

（4）如果变形口令破解成功则进入目标系统。

（5）如果变形口令破解不成功，攻击者则使用基于概率的上下文无关语法算法，对字母、数字或特殊符号进行破解，不断尝试破解目标口令，直到成功。

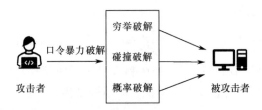

图 5-2　口令暴力破解技术的工作原理

口令暴力破解技术的优势在于其攻击方式较为直接，破解口令后可直接入侵目标机或目标系统，达到窃取高价值数据的目的；劣势在于口令破解往往需要重复上述算法多次，计算量大，对用户硬件条件要求较高。

3. 字典攻击技术

字典攻击技术指的是攻击者逐一尝试用户自定义词典中列举的可能口令，结合用户创建口令规律，对用户自定义字典中的可能口令进行变形处理，从而实现对目标用户口令的破解。

字典攻击技术的工作原理如图 5-3 所示，具体如下。

（1）攻击者采用窃听、嗅探或社会工程学的方法获取主机用户账号，将用户账号中包含的用户姓名、生日、电话、地址等信息生成一个字典。

（2）攻击者从字典中选取一串字符作为口令，输入目标主机，申请登录系统。

（3）若口令正确，则进入系统。

（4）若口令不正确，攻击程序则按照字典顺序进行尝试，直至发现正确的口令。

字典攻击技术的优势在于极大地提高口令破解效率[3]，是一种简单便捷的口令破解方法，因此被主流开源口令猜测工具所使用；劣势在于字典包含的字符串数量有限，无法破解不规则口令。

图 5-3　字典攻击技术的工作原理

5.1.2　利用漏洞攻击技术

通用漏洞评分系统（Common Vulnerability Scoring System，CVSS）用于评测漏洞的严重程度，CVSS 得分基于一系列维度的测量结果，这些维度称为量度（Metrics）。漏洞的最终得分最大为 10，最小为 0。得分为 7～10 的漏洞通常被认为是高危漏洞，得分为 4～6.9 的是中危漏洞，得分为 0～3.9 的则是低危漏洞。

1. 利用安全漏洞攻击技术

安全漏洞是指受限制的计算机、组件、应用程序或其他联机资源必然存在的漏洞，该漏洞对于防御端而言不会造成危害。典型的安全漏洞有 SQL 注入、文件上传格式校验、跨站脚本攻击（Cross Site Scripting，XSS）、跨站请求伪造（Cross Site Request Forgery，CSRF）等。

利用安全漏洞攻击技术的工作原理如图 5-4 所示，主要体现在以下两方面。

（1）远程入侵者利用安全漏洞开展渗透测试、漏洞扫描、资产扫描等服务，从而获取本地主机数据信息和端口状态。

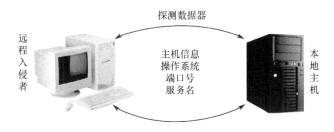

图 5-4　利用安全漏洞攻击技术的工作原理

（2）入侵者利用安全漏洞本身具有开放性的特点，获取攻击目标的基础信息和脆弱性等相关信息，为进一步系统入侵做准备。

2. 利用低危漏洞攻击技术

低危漏洞指的是仅可能被本地利用且需要认证的漏洞。典型的低危漏洞主要是未加密连接、SSL 弱加密、Cookie 中缺少 HttpOnly 标志、Cookie 中缺少 secure 等。

远程攻击者可以利用低危漏洞造成目标主机系统瘫痪。比如，低危漏洞的存在一方面被非法入侵者利用而能够进入目标主机，并向其发送大量的虚拟 IP 地址连接请求；另一方面目标主机无法分辨发送的请求地址是否为虚拟 IP 地址，收到请求后与大量虚拟 IP 建立连接，这一过程会占用目标主机部分系统资源，由于虚拟 IP 本身并不真实存在，目标主机收不到确认消息，系统资源会一直被占用，最终该主机会因为资源不足而导致系统崩溃，使得正常用户的访问请求信息无法获得。利用低危漏洞攻击技术原理如图 5-5 所示。

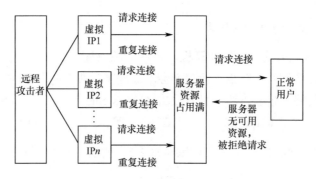

图 5-5　利用低危漏洞攻击技术原理

3. 利用中危漏洞攻击技术

中危漏洞是指对网络系统可能造成较为严重的系统危害性的漏洞。中危漏洞具有良好的系统接入性，远程访问者可通过中危漏洞渗入到网络内部。典型的中危漏洞有网站存在的目录浏览漏洞、PHPINFO 文件漏洞、日志信息文件漏洞等[4]。

远程攻击者利用中危漏洞窃取用户信息并伪装成正常用户登录应用，其技术原理如图 5-6 所示，具体如下。

（1）正常用户在登录网页应用程序时，输入的用户名、密码等被保存在 Cookie 中。

（2）远程攻击者将精心构造的、含有恶意脚本的链接发送给用户。

（3）正常用户在没有防范措施的情况下点击了这些链接。

（4）远程攻击者向点击链接的用户返回含有中危漏洞的页面，触发脚本运行。

（5）恶意脚本在用户端运行的时候，将攻击代码复制到正常用户页面。

（6）正常用户的隐私信息被窃取并发送给远程攻击者的服务器。

（7）远程攻击者利用获取到的信息，伪装成正常用户登录网页应用程序。

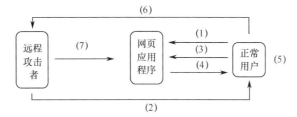

图 5-6 利用中危漏洞攻击技术原理

4．利用高危漏洞攻击技术

高危漏洞是指对网络安全威胁性最大的一类漏洞，该漏洞允许非授权远程用户直接访问。典型的高危漏洞有 SQL 注入漏洞、XSS 跨站脚本漏洞、页面存在源代码泄露、网站存在备份文件、网站存在包含 SVN 信息的文件、网站存在 Resin 任意文件读取漏洞等。

网络攻击者可以利用高危漏洞向目标主机植入恶意代码，在目标主机的正常程序中插入可执行的代码，使原程序执行跳转命令，通过执行恶意代码获取目标主机的控制权，进而获取系统核心信息，对目标主机造成系统损害，如图 5-7 所示。

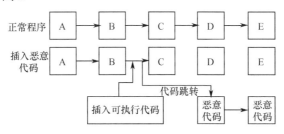

图 5-7 利用高危漏洞攻击技术原理

5.1.3　网络劫持技术

网络劫持技术指的是利用网络典型协议的特性、漏洞等，在信息传输过程中窃听或注入伪装的恶意流量对目标进行控制攻击。典型的网络劫持技术有中间人攻击（Man-in-the-Middle Attack，MITM）技术、服务器消息块（Server Message Block，SMB）会话劫持、域名欺骗（Domain Name System Spoofing，DNSS）、地址解析欺骗（Address Resolution Protocol Spoofing，ARPS）等。

1．中间人攻击技术

中间人攻击技术是指在客户端和服务端通信的同时，有第三方攻击者处于信道中间，在通信双方毫不知情的情况下，通过拦截正常的网络通信数据后进行数据篡改和嗅探。

中间人攻击技术的工作原理如图 5-8 所示[5]，具体如下。

（1）通信双方利用超文本传输（Hyper Text Transfer Protocol over SecureSocket Layer，HTTPS）等协议通信时，攻击者（中间人）在网关截获安全套接层会话（Secure Sockets Layer，SSL）。

（2）攻击者破解通信协议并替换服务器公钥证书，将原来公钥（PKey）换成自己公钥（Pkey'）来欺骗客户端。

（3）被攻击者（用户）对通信被破解毫不知情，进而使用攻击者提供的公钥（Pkey'）加密信息并发送会话。

（4）攻击者（中间人）用私钥（SKey'）解密客户端返回会话，同时中间人用 Pkey 加密明文会话并返回服务器，达到劫持会话的目的。

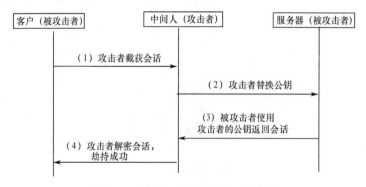

图 5-8　中间人攻击技术的工作原理

中间人攻击技术的优势在于隐秘性好，且手段灵活多变；劣势在于随着网络协议安全性的不断提升，截获解密协议公钥的难度越来越大。

2．SMB 会话劫持技术

SMB 会话劫持技术指的是攻击者利用嗅探和欺骗等技术捕捉传输控制协议（Transmission Control Protocol，TCP）漏洞，从而作为第三方参与到正常的会话过程中，对双方会话进行监听、控制，甚至插入恶意数据[6]。

SMB 会话劫持技术的工作原理如图 5-9 所示，具体如下。

（1）在被攻击方发现被攻击客户机，嗅探被攻击方与被攻击客户机之间的会话状态。

（2）攻击者依据该会话状态获取两者之间的 SEQ/ACK（Sequence/Acknowledge）序列号，并根据序列号机制猜测出下一对序列号，进而伪造完整的 TCP 数据包。

（3）攻击者用特定方法扰乱被攻击方与被攻击客户机之间的会话，使被攻击方不再信任被攻击客户机发送的正确数据包。

（4）攻击者以拒绝服务攻击的方式迫使被攻击客户机下线，使被攻击方与被攻击客户机之间会话结束。

（5）攻击者利用伪造的 TCP 数据包伪装成被攻击客户机，接管与被攻击方的会话。

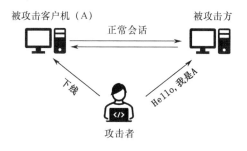

图 5-9　SMB 会话劫持技术的工作原理

会话劫持技术的优势在于攻击者容易避开身份验证和安全认证步骤，攻击成功率高且攻击源头不容易被追溯；劣势在于容易被加密会话、加密协议等简单方法防范。

3．DNS 欺骗技术

DNS 域名解析一般有以下 5 个步骤。

（1）客户端以一个特定身份标识号（Identity Document，ID），向 DNS 服务器发送域名查询请求数据包。

（2）DNS 服务器依据请求数据包，在自身数据库中找到要解析域名相对应的 IP 地址，并以相同 ID 向客户端发送查询成功的响应数据包。

（3）客户端收到响应数据包后，比较请求数据包的 ID 与响应数据包中的 ID 是否相同。

（4）若两个 ID 相同，则客户端接受该响应数据包，并依据响应数据包中的 IP 地址访问业务服务器。

（5）若两个 ID 不相同，则客户端直接丢弃该响应数据包，继续向 DNS 服务器发送查询请求。

DNS 欺骗技术是指攻击者通过未授权的网络主机向域名解析系统发送错误的资源记录数据，并被域名解析系统所接受，然后将伪造的恶意信息反馈给目标主机，进而欺骗用户去访问恶意网站。DNS 欺骗技术主要有监听 DNS 数据和入侵 DNS 高速缓存服务器两种实现方式。

监听 DNS 数据的工作原理如图 5-10 所示[7]，具体如下。

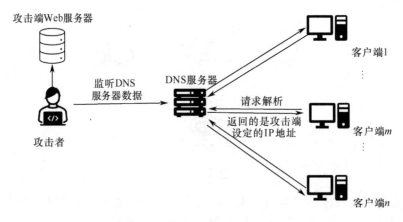

图 5-10　监听 DNS 数据的工作原理

（1）攻击者监听网络中的 DNS 查询数据包、DNS 服务器向客户端发送响应数据包的时间，从查询数据包中提取 ID。

（2）攻击者以该 ID 去伪造 DNS 响应数据包。

（3）攻击者依据监听到的客户端接收正确的响应数据包的时间，将伪造的响应数据包在这个时间之内返回给客户端，从而完成欺骗。

入侵 DNS 服务器高速缓存的工作原理如图 5-11 所示，具体如下。

（1）攻击者使用特定方法进入 DNS 服务器的高速缓存。

（2）将虚假 IP 地址信息存储在 DNS 服务器地址库中，或者修改 DNS 服务器映射表，使不同域名映射到同一个虚假 IP 地址上，即将用户查询数据包映射到虚假 IP 地址上。

（3）客户端发出域名查询请求后，DNS 服务器返回虚假 IP 地址的响应数据包，从而完成欺骗攻击。

图 5-11　入侵 DNS 服务器高速缓存的工作原理

DNS 欺骗技术的优势在于攻击者能够轻易获取目标主机请求数据包中的所有信息，只需对其进行简单构造即可生成攻击数据包，该攻击数据包产生的网络流量小且没有大幅波动，因此基于流量分析的检测手段很难探测到异常行为；劣势在于随着域名解析加密方法的应用，靠单一手段入侵 DNS 服务器的难度不断增大。

4．ARP 欺骗技术

地址解析协议（Address Resolution Protocol，ARP）是一个无状态的协议，负责 IP 地址和物理地址 MAC 之间的转换，主机 ARP 缓存会依据最新的 ARP 应答进行更新[8]。

ARP 欺骗技术是指攻击者向目标主机发送伪造的 IP-MAC 映射的 ARP 应

答，使目标主机收到该应答后更新其 ARP 缓存，从而使目标主机将报文发送给错误的对象。

ARP 欺骗的工作原理如图 5-12 所示，具体如下。

（1）攻击者 A 将自己的 IP 地址改为目的主机 D 的 IP 地址。

（2）源主机 S 想要向 D 发送数据时，在局域网中广播包含 D 的 IP 地址的 ARP 请求，S 会收到具有相同 IP 地址的 A 和 D 的 ARP 报文。

（3）利用 APR 总是用后到达 ARP 响应中的地址刷新缓存中的内容的工作机制，A 控制自己的 ARP 响应晚于 D 的 ARP 响应到达 S。

（4）S 将伪造映射的 D 的 IP-MAC 保存在自己的 ARP 缓存中，在这个记录过期之后，凡是 S 发送给 D 的数据都将发送给 A，ARP 欺骗完成。

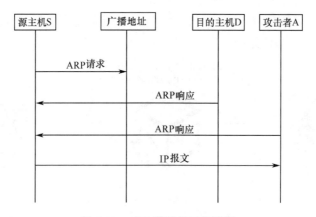

图 5-12　ARP 欺骗的工作原理

ARP 欺骗攻击技术的优势在于使用一些简单分时嗅探工具便可达到欺骗目的，攻击成本低且成功率高；劣势在于无法攻击局域网中的子网络，且容易被静态 ARP 缓存技术防御。

5. ICMP 攻击技术

网间报文控制协议（Internet Control Message Protocol，ICMP）是 IP 中不可分割的一部分，在发送报文时一旦发现错误类型就将其返回原主机，用来提供错误报告，最常见的 ping 命令就是 ICMP 应用。ICMP 攻击技术指的是利用 ICMP 的漏洞，向目标主机发送畸形报文致使系统崩溃或死锁的攻击手段[9]。

ICMP 攻击的工作原理如图 5-13 所示，具体如下。

（1）根据 TCP/IP 要求，数据包长度不得超过 65535 字节，攻击者利用这一原理，向目标主机发送一个长度超过 65535 字节的 Echo Request 数据包。

（2）目标主机在重组分片时事先分配的 65535 字节缓冲区溢出，系统挂起。

（3）多次重复发送长度超过 65535 字节的 Echo Request 数据包，形成数据风暴，使目标主机系统崩溃或不停重启，攻击完成。

超长数据包

超长数据包形成
数据风暴

攻击者　　　　　　　　　　　　　　　　被攻击者

图 5-13　ICMP 攻击的工作原理

ICMP 攻击技术的优势在于攻击方式简单直接，不用挖掘目标系统漏洞，仅仅利用协议本身的漏洞便能完成攻击；劣势在于随着高性能计算机及网络设备普及，使目标主机字节缓冲区溢出的难度越来越大，协议本身的漏洞也会随着协议补丁安装而消失。

6. 基于 ICMP 的路由欺骗技术

ICMP 重定向报文是用来引导后向广播或多播传送路由器请求的报文。当源主机没有使用最优路由发送数据时，路由器会向源主机发回 ICMP 重定向报文来告知最优路由的存在。基于 ICMP 的路由欺骗技术指的是攻击者利用 ICMP 重定向报文，并假冒路由器修改网络主机的动态路由表，使途经此路由到达被攻击者的数据包被重新定向到攻击者主机上，从而实现网络监听或网络攻击[10]。

基于 ICMP 的路由欺骗技术的工作原理如图 5-14 所示，具体如下。

（1）主机 A 向外网发送报文 M，R1 为默认路由。

（2）R1 收到 M 后，转发至下一跳与 R1 在同一 LAN 上的 R2。

（3）R1 发送 ICMP 重定向报文给主机 A。

（4）攻击者假冒 R1 发送 ICMP 重定向报文给主机 A，这样 A 发送给 R2

的 M 就重定向到攻击者主机上，完成 ICMP 重定向欺骗。

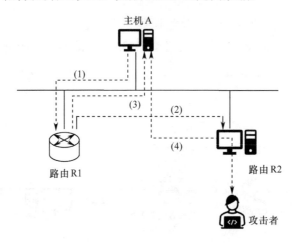

图 5-14　基于 ICMP 的路由欺骗技术

基于 ICMP 的路由欺骗技术的优势在于利用了 ICMP 中存在的漏洞，具有较好的隐蔽性；劣势在于攻击者需要掌握准确的网络拓扑图，并要成功避开最优路由去发起重定向攻击。

7．IP 分片攻击技术

IP 分片指的是当要传输的 IP 报文大小超过最大传输单位（Maximum Transmission Unit，MTU）时，网络无法将这个 IP 报文一次全部发送出去，需要将报文进行分片传输，并在目标系统中进行重组。IP 分片攻击技术指的是将攻击代码藏匿在数据包分片中，绕过攻击目标主机入侵检测系统检测，到达目标主机后自动重组并发起攻击[11]。

IP 分片攻击的工作原理如图 5-15 所示，具体如下。

（1）攻击者构造一个超过网络环境最大传输单位的数据报文数据包，以保证必须进行 IP 分片才能传输。

（2）攻击者构造带有重叠、空洞的数据包分片，并在数据包分片中夹带攻击代码。

（3）带有攻击代码的数据包分片通过不同路径，按照不同次序转发到达目标主机。

（4）在到达攻击目标后，分片的攻击代码自动重组并完成攻击。

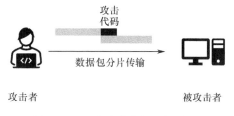

图 5-15　IP 分片攻击的工作原理

IP 分片攻击技术的优势在于攻击代码通常分散隐藏在很小的数据碎片中，或重叠于两个数据包之间，使得入侵检测系统无法探测、识别、处理攻击代码，攻击具有很强的隐蔽性；劣势在于传输中的分片丢失会导致攻击失败，复杂攻击代码自动重组的效率低下，使得攻击效率难以提高。

5.1.4　SQL 注射式攻击技术

结构化查询语言（Structured Query Language，SQL）是一种用来编写数据库管理程序的语言，主要功能有同各种数据库建立联系、更新数据库中的数据、从数据库中提取数据等。

SQL 注射式攻击技术是指攻击者利用如论坛、网站、文章发布系统中的用户交互界面，通过精心构造 SQL 语句，把特殊 SQL 指令语句插入系统的原有 SQL 语句中并执行，以获取用户密码等敏感信息和主机控制权限[12]。

SQL 注射式攻击的工作原理如图 5-16 所示，具体如下。

（1）攻击者在用户交互端上含有参数传入的地方，添加诸如"and 1=1""and 1=2"及"'"等特殊字符来寻找可能的 SQL 注入点，通过浏览器返回的错误信息对这些可能的注入点进行初步筛选。

（2）攻击者用删除、查询、插入等 SQL 语句更新数据库中数据的方式，对初步筛选后的 SQL 注入点进行再次筛选，直至找到 SQL 注入点为止。

（3）攻击者通过 SQL 注入点获取被攻击数据库的信息，掌握该数据库是否支持多句查询、子查询、数据库用户账号、数据库用户权限等敏感信息。

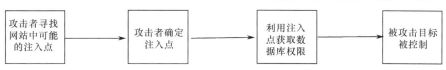

图 5-16　SQL 注射式攻击的工作原理

（4）攻击者通过直接添加管理员账号、开放远程终端服务、生成文件等命令方式对被攻击目标实施直接控制。

SQL 注射式攻击技术的优势在于采用 SQL 语法的 Web 应用程序大多没有对 SQL 语句做严格处理，因此容易找到注入点而被攻击；劣势在于攻击容易受到常规加密手段的干扰。

5.1.5　木马攻击技术

木马（Trojan）是指隐藏在正常程序中，未经用户授权且具有远程控制特殊功能的代码，攻击者能够在受害者毫无察觉的情况下与控制主机建立连接，从而进行信息窃取或破坏[13]。

木马攻击的工作原理如图 5-17 所示，具体如下。

（1）木马客户端向木马服务器发送被攻击方地址及要植入的木马程序。

（2）木马服务器通过网络向被攻击方发送木马程序，并诱惑被攻击方进行安装。

（3）被攻击方安装木马程序，木马程序运行后将该结果通过网络告知木马服务器。

（4）木马服务器运行相应程序监视或控制被攻击方的计算机。

（5）木马服务器将监控或控制的结果返回木马客户端。

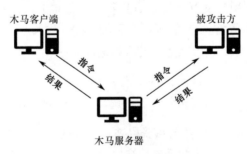

图 5-17　木马攻击的工作原理

木马攻击技术的优势在于攻击者可以实时远程监视用户操作行为，高级木马病毒还可利用被控制计算机向其他计算机发起攻击；劣势在于需要被攻击方安装木马程序，使得攻击发起的灵活性大大降低。

5.1.6 物理摆渡攻击技术

物理摆渡攻击技术指的是利用装有摆渡木马的 U 盘等移动存储介质，窃取敏感机密信息，摆渡木马收集敏感机密信息文件后隐藏存储在移动存储介质内，在移动存储介质再次接入互联网时取回敏感机密信息[14]。

以将 U 盘作为移动存储介质为例，物理摆渡攻击的工作原理如图 5-18 所示，具体如下。

（1）攻击者制造摆渡木马，并将木马植入作为摆渡载体的 U 盘。攻击者也可将木马植入使用人数较多的互联网计算机，当 U 盘与该互联网计算机相连时，摆渡木马可自动复制到移动存储设备中。

（2）当 U 盘使用者将该 U 盘连接到目标计算机（涉密机、不连接互联网的内部计算机）时，摆渡木马自动运行，自我复制到目标计算机中。

（3）摆渡木马程序在目标计算机上搜索其感兴趣的信息，并将搜索到的文件打包发送到 U 盘中。

（4）当该 U 盘再次接入连接互联网的计算机时，摆渡木马会将 U 盘中的文件悄悄发送给攻击者，目标计算机中的重要敏感数据被窃取，攻击完成。

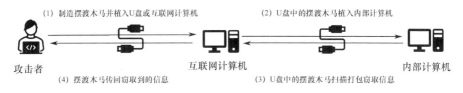

图 5-18 物理摆渡攻击的工作原理

物理摆渡技术的优势在于能打破内部网络与外部网络的物理隔离，达到攻击目的；劣势在于不够智能化，依赖于安全管理漏洞和使用者的安全意识。

5.2 动态网络攻击技术

静态网络攻击技术一般只能通过目标主机本身、通信协议固有的漏洞进行攻击，攻击手段较为单一，防范措施简单。鉴于以上静态网络攻击技术的局限性，动态网络攻击技术应运而生。

动态网络攻击技术是指对现有网络系统中经常使用的终端、通信过程、应用程序，利用监听、边信道分析、网络逃逸、后门等手段，动态实时地进行网络攻击。

典型的动态网络攻击有边信道攻击技术、网络监听技术、网络逃逸技术、后门攻击技术、鱼叉式网络钓鱼攻击技术、水坑攻击技术等。

5.2.1 边信道攻击技术

边信道信息指的是加密设备在工作时的电源功耗消耗、密码算法执行时间、电磁辐射、故障情况的输出等与密钥相关的变化信息。边信道攻击技术就是充分利用这些边信道信息，获取加密设备的密码信息，从而实现对硬件设备的攻击[15]。常用的边信道攻击有 CPU 缓存攻击、故障嵌入攻击、功耗分析攻击、电磁辐射攻击等。

1. CPU 缓存攻击技术

CPU 缓存攻击技术指的是通过向目标浏览器中植入恶意网页，进而模拟目标设备的 CPU 缓存情况而获取密钥[16]。

CPU 缓存攻击的工作原理如图 5-19 所示，具体如下。

（1）设计带有恶意 JS（JavaScript）的网页，并将该网页通过网络推到目标终端上。

（2）目标终端在支持 HTML5 的浏览器上进入恶意网页。

（3）恶意网页在目标终端上被执行，收集设备终端的其他进程信息。

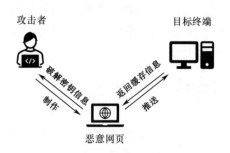

图 5-19　CPU 缓存攻击的工作原理

（4）攻击者远程获取这些进程信息，并利用这些信息分析出 CPU 缓存在密码运算过程中的运行速度、处理时间的差异。

（5）攻击者利用这些差异数据推算出缓存访问状态与密钥数据的关系，进而获取部分或全部密钥信息。

CPU 缓存攻击技术的优势在于攻击者不需要专用硬件设备，也不需要物理接触目标对象，仅通过测量、计算、分析密码运算与缓存执行的时间差异，便可获得密钥信息；劣势在于攻击者需要在被攻击者的主机上执行攻击程序，当不在启动缓存访问模式时就无法获取缓存信息。

2. 故障嵌入攻击技术

故障嵌入攻击技术是指攻击者使用电压毛刺、时钟毛刺、激光辐射、电磁辐射、异常温度等手段，在密码系统运行的边信道中嵌入永久性或临时性故障，使系统执行某些错误操作或者产生错误结果，然后反向分析这些出错信息，进而获取相关密钥信息[17]。

故障嵌入攻击的工作原理如图 5-20 所示，具体如下。

（1）攻击者通过社会工程学手段，了解攻击目标系统硬件信息，这些信息包括集成电路的基本元器件信息，设备工作电压、温度等。

（2）攻击者在目标系统运行时，通过干扰工作电压、工作频率，或者使用电磁辐射、激光暂时破坏芯片内部电路，使密码运算出现错误。

（3）攻击者使用对称密码差分故障算法、模乘算法等，对密码运算错误进行分析，从而推断出密钥构成。

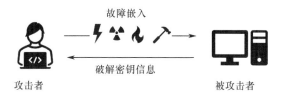

图 5-20　故障嵌入攻击的工作原理

故障嵌入攻击技术的优势在于只要嵌入故障便能破解密钥；劣势在于故障注入随机性较强，对故障发生位置也有较高要求，有些故障发生位置必须非常精确，才能有效推断出密钥构成。

3．功耗分析攻击技术

设备在进行加/解密运算时，其内部节点通过电平高低变换方式完成运算，在电平变换过程中，电容不断充/放电，进而不断获取电源电流。由于存在内部电阻，因此设备不断产生能量并散发出去，从而产生功耗。

功耗分析攻击技术是分析加密芯片加/解密时的电压、电流信息，将其转换为能量信息等数据，推断出设备能量消耗与被处理数据之间的依赖关系，使用数学统计手段进行密钥恢复[18]。

功耗分析攻击的工作原理如图 5-21 所示，具体如下。

（1）攻击者将高精度电流传感器放置到目标主机电源线上，或与目标设备连接的插线板零线上，等待目标应用程序启动。

（2）目标主机启动后，传感器开始接收基于收集电流变换信息的信号，并远程发送给攻击者。

（3）攻击者利用差分能量、汉明距离模型等数学方法，推测分析得到密钥或与密钥有关的操作数据，最终破解密钥。

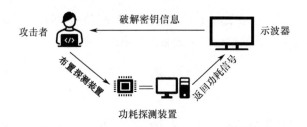

图 5-21　功耗分析攻击的工作原理

功耗分析攻击技术的优势在于攻击者不需要了解密码设备信息，假设条件较少；劣势在于需要在攻击目标周围安装精度较高的传感器，容易受到其他用电设备的干扰。

4．电磁辐射攻击技术

当处理器进行运算时，电流脉冲会在芯片附近产生变化的电磁场，可通过电磁辐射感应探头监测这个电磁场。电磁辐射分析攻击技术指的是利用处理器芯片、缓存芯片等电子元器件的电磁波信号和电磁辐射波形，推测芯片执行的指令操作，从而获取密钥相关信息[19]。

电磁辐射攻击的工作原理如图 5-22 所示，具体如下。

（1）攻击者将电磁辐射感应探头直接放在密码运算芯片、缓存芯片等密钥运算的核心部位，等待目标应用程序启动。

（2）目标主机启动后，传感器开始接收基于收集电磁辐射的信号，并发送给示波器绘制电磁辐射波形。

（3）攻击者通过观察电磁辐射波形和数学模型计算，推测芯片的执行指令，最终破解密钥。

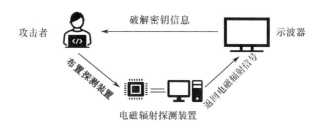

图 5-22　电磁辐射攻击的工作原理

电磁辐射攻击技术的优势在于直接采集芯片的电磁信号，数据质量好、可信度高，抗干扰能力强，威胁性大；劣势在于需要完全控制攻击目标的处理器芯片等核心电子元器件才能完成攻击。

5.2.2　网络监听技术

网络监听是一种监视网络状态、数据流程及网络上信息传输的管理工具，它可以将网络界面设定成监听模式，并且可以截获网络所传输的信息，核心思想是利用网络中不同的通信协议，截获网络上其他主机的通信数据包。当攻击者登录网络主机并取得超级用户权限后，登录其他主机，使用网络监听便可以有效地截获网络上的数据。网络监听主要有广播监听、交互式监听和旁路监听[20]。

1. 广播监听技术

广播监听技术指的是利用局域网中的广播式传输原理，在一台机器上布置监听设备，对所有共享相同物理线路的机器进行监听。

广播监听的工作原理如图 5-23 所示，具体如下。

（1）局域网中的所有客户端以共享总线的方式进行数据传输。

（2）攻击者将网卡模式设为混杂模式，绕过正常工作的 MAC 认证处理机制，使共享总线允许其接入。

（3）利用监听工具组件，捕获数据。

图 5-23　广播监听的工作原理

广播网络监听技术的优势在于只需要简单布置监听设备，便能捕获到在共享线路上传输的数据包，劣势在于适用范围较窄，只适用于共享式网络的局域网监听[21]。

2．交互式监听技术

交互式监听技术指的是在交换式的以太网中，部署监听交换机等的网络监听设备，采用 MAC 洪范或 ARP 欺骗等方式促使交换机失效，从而获取主机通信会话信息。

交互式监听的工作原理如图 5-24 所示，具体如下。

（1）攻击者获取交互式网络拓扑，在交换机前端布置监听设备。

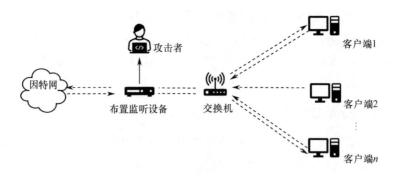

图 5-24　交互式监听的工作原理

（2）攻击者发送大量随机 MAC 地址，造成交换机内存耗尽。

（3）部分交换机向所有端口广播数据。

（4）攻击者运用广播监听技术获取通信会话信息。

（5）如果无法获取会话信息，攻击者则使用 ARP 欺骗技术，达到网络监听目的。

交互式监听技术的优势在于适用范围较广，可针对大部分网络进行监听；劣势在于大型网络往往采用高性能交换机，使交换机瘫痪的难度较大[22]。

3. 旁路监听技术

旁路监听技术指的是在路由器中设置监听端口，将流经路由器的所有信息通过特定监听端口输出，实现信息监听[23]。

旁路监听的工作原理如图 5-25 所示，具体如下。

（1）攻击者获取高速异构网络拓扑，在主网络流经方向上的路由器旁部署端口监听设备，并开启监听端口。

（2）监听端口不主动发送任何信息，而是被动接受网上传输的信息。

（3）网络信息数据包转发到监听端口，实现监听网络流量的目的。

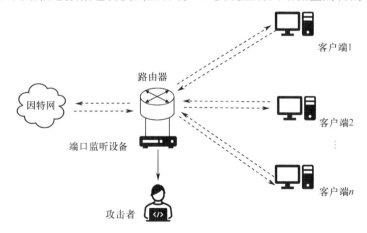

图 5-25 旁路监听的工作原理

旁路监听技术的优势是隐蔽性较好，不易被检测设备发现；劣势是容易受到加密等手段干扰。

5.2.3　网络逃逸技术

1．网络逃逸的工作原理

网络逃逸技术是指使恶意程序绕过主机、反病毒软件，入侵检测系统、防火墙等的检查，成功植入目标系统进行攻击[24]。

网络逃逸的工作原理如图 5-26 所示，具体如下。

（1）采用会话加密、使用多态码和字符串等手段，对基于签名检测的入侵检测系统进行混淆干扰。

（2）对网络攻击数据包进行碎片化处理，绕过入侵检测系统对异常网络数据的探测。

（3）主动对入侵检测系统实施拒绝服务攻击，通过消耗入侵检测系统有限的计算资源，实现主机层攻击。

图 5-26　网络逃逸的工作原理

网络逃逸技术的优势在于隐蔽和伪装增加网络攻击的对抗性，使得常用网络检测手段失效；劣势在于逃逸攻击往往是多层次、多方法攻击的组合，攻击的准备工作量大、技术要求高。

2．网络逃逸的主要实现方法

网络逃逸的主要实现方法有数据合法加密、合法服务器存储数据、路由器匿名网络传送、域名生成算法、攻击服务器伪装合法服务器、FastFlux 技术等。

1）数据合法加密

模拟内网常见协议，如 DNS、超文本传输协议（Hyper Text Transfer Protocol，HTTP）、传输控制协议（Transmission Control Protocol，TCP）、互联网控制报文协议（Internet Control Message Protocol，ICMP），并进行加密。

2）合法服务器存储数据

将获取的目标系统信息加密存储在网络中的一台合法临时服务器上，然后不断转移数据，最终上传到某个外部服务器上。

3）路由器匿名网络传送

掩盖网络位置和流量，为攻击者提供更加隐蔽的路径。

4）域名生成算法

利用域名生成算法（Domain Generate Algorithm，DGA），逃避域名黑名单检测。

5）攻击服务器伪装合法服务器

把攻击服务器伪装成合法服务器，当防御端检测到攻击服务器的恶意流量时，进一步分析为来自合法服务器，从而躲避检测。

6）FastFlux 技术

攻击者将多个 IP 地址集合链接到某个特定域名，并将新的地址从 DNS 记录中换入/换出，从而回避检测。

5.2.4　后门攻击技术

后门攻击技术是指攻击者利用系统或程序漏洞，与目标系统建立、保持一条秘密通道，使用这条通道绕过检测系统进入、控制目标系统，隐藏操作痕迹、植入恶意代码、安装木马程序等。

后门攻击的工作原理[25]如图 5-27 所示，具体如下。

（1）利用恶意扫描软件对目标系统进行远程漏洞扫描，直至发现目标系统或程序中的漏洞。

（2）通过发现的漏洞入侵目标主机，将后门程序的可执行代码通过网络注入目标主机进程，完成后门程序安装。

（3）为防止目标主机发现攻击者的后门信息，攻击者在较短时间内操纵后门获取目标主机的部分信息。

（4）通过修改、捆绑或代替合法程序的方式在目标主机中隐藏后门，保证后门一直在目标系统中生存。

（5）攻击者再次入侵目标主机获取信息时，通过加密通信、流量伪装等方式隐匿通信，防止目标主机发现攻击者操纵后门的行为。

（6）攻击者获取全部目标主机信息后，主动销毁原后门程序并清除日志、临时文件和所使用的工具记录，使被攻击者难以追踪到后门程序的来源。

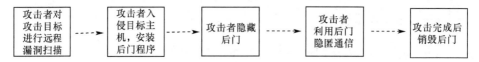

图 5-27　后门攻击的工作原理

后门攻击技术的优势在于具有很强的隐蔽性，被攻击者在受到攻击时才会意识到存在后门；劣势在于后门首次安装就必须完全控制被攻击主机，如果未获得足够系统权限，则后门程序难以安装成功。

5.2.5　鱼叉式网络钓鱼攻击技术

网络钓鱼（Phishing）是指攻击者伪装成信誉良好的网站造成视觉混淆，或者通过电子邮件伪装成合法组织以骗取用户名、密码和信用卡明细等个人敏感信息的诈骗过程[26]。

鱼叉式网络钓鱼攻击技术指的是在发起攻击前调查并收集攻击目标在业务、工作、兴趣、生活等方面的资料，为攻击目标量身定做网站、电子邮件、链接、附件等诱饵，使目标在完全没有戒备的情况下遭受攻击。

鱼叉式网络钓鱼攻击的工作原理如图 5-28 所示，具体如下。

（1）攻击者调查并收集被攻击者的资料。

（2）攻击者建立钓鱼基础设施（如钓鱼网站），通过仿冒合法网站或在访问量较高的网站上弹出钓鱼网站，使之在视觉上具有迷惑性，引诱被攻击者输入隐私信息。

（3）攻击者基于对被攻击者的喜好、工作等的调查，制作带有附件的钓鱼邮件，发送诱饵给被攻击者，引诱其访问钓鱼网站或输入敏感信息。

（4）攻击者成功诱骗被攻击者后，会诱导被攻击者执行危险操作，如输入个人信息或下载恶意软件，攻击者利用被攻击者隐私在网上银行或相关企业获得非法利益。

图 5-28　鱼叉式网络钓鱼攻击的工作原理

鱼叉式网络钓鱼攻击技术的优势在于不依赖于任何特定漏洞，攻击诱饵具有定制性，攻击目标容易受到欺骗，技术复杂性低，攻击容易取得良好效果；劣势在于随着人们的安全意识越来越强，通过钓鱼网站和钓鱼邮件骗取用户上钩变得越来越困难。

5.2.6　水坑攻击技术

水坑攻击（Watering Hole Attack，WHA）技术指的是一种间接攻击策略，攻击者通过猜测、观察和分析攻击目标的日常网络行为，对其经常浏览的一个或多个网站进行渗透并部署恶意代码，最终达到渗透指定目标的目的[27]。

水坑攻击的工作原理如图 5-29 所示，具体如下。

（1）攻击者对被攻击者进行调查分析，判断其经常访问的一些网站。

（2）攻击者对被攻击者这些经常访问的网站进行测试，寻找可以利用漏洞进行渗透的网站。

（3）攻击者利用网站漏洞，在网站某个网页上植入一系列恶意代码，这些恶意代码将自动链接到一个恶意攻击的页面，这些页面会利用被攻击者浏览器的一些插件和控件（如 Active X、Flash 等）的漏洞和系统的 0Day 漏洞，在被攻击者没有觉察的情况下给其主机植入恶意载荷。

（4）攻击者等待攻击目标访问被渗透的网站以完成整个攻击。

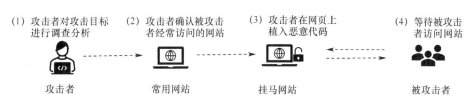

图 5-29　水坑攻击的工作原理

水坑攻击技术的优势在于攻击者无须耗费精力制作钓鱼网站，而是利用合法网站的弱点，隐蔽性强，安全软件不易侦测；劣势在于攻击者需要花费大量时间研究发现浏览器漏洞，技术成本较高。

5.3 新型网络攻击技术

静态、动态攻击技术的攻击模式较为固定，攻击发起时往往以孤立形式存在，难以有效突破日益增强的入侵检测系统和反病毒软件等，更无法通过单次攻击突破高价值目标系统的防御系统而获取高价值机密信息。

新型网络攻击技术指的是通过新型网络技术构建复杂的网络攻击模型，并针对高价值网络目标组织高强度、多批次、多维度的网络攻击。这种新型攻击具有针对性强、持续时间长、隐蔽性好的特点，已成为未来网络攻击技术发展的趋势。

5.3.1 分布式拒绝服务攻击技术

拒绝服务（Denial of Service，DoS）攻击技术是指黑客利用 TCP/IP 本身的漏洞和不足，向被攻击者的计算机发送大量数据包，使网络服务器充斥大量要求回复的信息，不断消耗被攻击者计算机的网络资源、系统资源和运算资源，导致网络或系统过载，以至瘫痪而停止提供正常网络服务。

分布式拒绝服务（Distributed Denial of Service，DDoS）攻击技术是 DoS 攻击技术的发展延伸，其联合或控制网络上能够发动攻击的若干主机，制造数以百万计的流量，并使这些流量同时流入攻击目标，致使目标服务请求极度拥塞，而无法提供正常网络服务[28]。

分布式拒绝服务攻击的工作原理如图 5-30 所示，具体如下。

（1）攻击主机通过口令破解、漏洞攻击、木马攻击等手段控制多个服务器，形成大量无辜被控机。

（2）针对被攻击方，这些被控机同时发动流量注入。

（3）被控机使用在其子网中的镜像发射机流量，并将这些发射流量同时向被攻击方注入。

（4）被攻击方受到被控机的海量流量注入而无法响应后瘫痪，攻击者实现攻击效果。

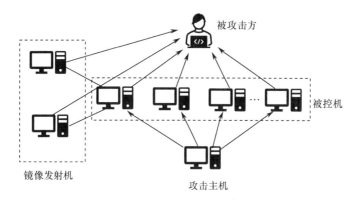

图 5-30 分布式拒绝服务攻击的工作原理

分布式拒绝服务攻击技术的优势在于采用分布式攻击，形成规模效应，对网络系统威胁极大；劣势在于攻击目标必须具有网络链路系统性能、状态好，但安全管理水平差的特点，此外，因为有些网站可能利用负载均衡技术保障网络服务，攻击者需要控制尽可能多的被控机才能实现攻击。

5.3.2 区块链僵尸网络技术

僵尸网络的控制者通过命令控制（Command and Control，C&C）信道，对僵尸网络节点进行一对多远程管理，并在网络节点上执行恶意命令，实现网络攻击，如发动 DDoS、垃圾邮件、点击欺诈和敏感信息窃取等大规模网络攻击活动[29]。

随着网络空间对抗升级，传统的僵尸网络命令控制机制很容易被防御端识破，从而使攻击者无法发动网络攻击，因此借由区块链技术构建更健壮、隐蔽和灵活的僵尸网络成为趋势。

区块链僵尸网络是一种分层混合结构的信道模型，运用区块链上的智能合约机制进行命令发布与传递，通过增加 C&C 服务器层，将僵尸网络划分为独立子网，缓解防御端对命令控制服务器的反攻击。而 C&C 服务器之间、僵尸子网内部均采用 P2P 方式连接，可有效克服中心结构的单点失效缺陷，提高 P2P 结构中命令传递和节点控制的效率，实现更加健壮和隐蔽的命令控制。

区块链僵尸网络的工作原理如图 5-31 所示，具体如下。

（1）僵尸网络控制中心：僵尸控制者所在的控制中心，只与 C&C 服务器进行交互。

（2）命令控制服务器层：部署在匿名网络中，采用部署多台 C&C 服务器的备份冗余机制，C&C 服务器以 P2P 方式相连，通过 Tor 隐藏服务（Hidden Service）互相访问。每台 C&C 服务器均可以独立完成命令控制功能，指挥任一子网发起大规模协同攻击活动。

（3）超级节点层：是直接与 C&C 服务器相连的僵尸主机，通过特定检测方法筛选高可信节点作为超级僵尸节点"S"。作为僵尸子网实际控制者，超级节点通过 Tor 网络访问 C&C 服务器获取命令，并负责将僵尸网络控制者的命令下达至子网所有僵尸节点。

（4）僵尸子网层：数量众多的普通僵尸主机接收超级节点层的控制命令，从而完成对目标的攻击。

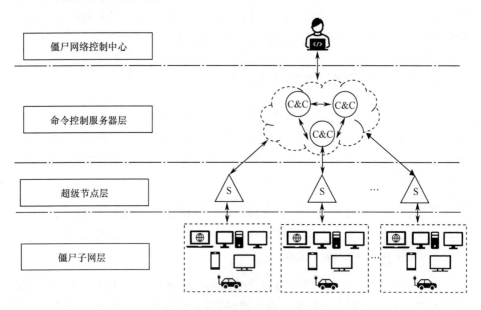

图 5-31 区块链僵尸网络的工作原理

区块链僵尸网络技术的优势在于匿名、防篡改、有强认证和稳健性，可有效防止防御端的识别和反击，同时让下发攻击指令到僵尸节点的过程便捷而高效；劣势在于搭建攻击环境复杂，攻击成本较高[30]。

5.3.3 APT 攻击技术

高级持续性威胁（Advanced Persistent Threat，APT）攻击技术是集合多种攻击方式的体系化高级网络攻击，在发动攻击前花很长时间收集目标情报，制订周密、详细的攻击计划，成功入侵后，通过加密通道与目标系统保持通信，对其进行长期控制，窃取目标系统的知识产权、贸易机密、合作计划等重要信息资产及机密信息，获取其他重要数据访问权限和操纵权，也可破坏目标系统。政府、能源、金融等涉及国家关键基础设施的领域经常受到APT 攻击。

1. APT 攻击的工作原理

APT 攻击的工作原理如图 5-32 所示[31]，具体如下。

（1）定向情报收集：攻击者利用常规扫描技术、社会工程学技术、开源网络情报（Open Source Intelligence，OSINT）工具，获取目标系统的 IT 环境（应用软件类型、网络架构、网络协议、地址、Web、服务器分布、虚拟机分布及硬件类型等）、防御体系（如防火墙、入侵检测系统、杀毒软件等）、人员组织架构，以及核心资产存储位置等信息，探测目标网络环境、分析各类应用程序的弱点，进而开发特定攻击工具、恶意代码。

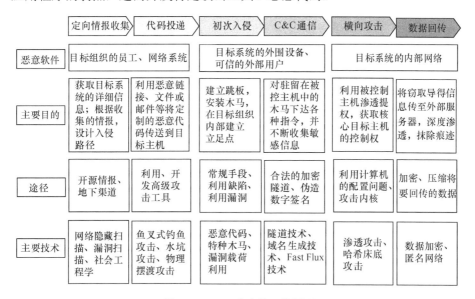

图 5-32　APT 攻击的工作原理

（2）代码投递：攻击者利用常见软件（如 Java 或微软的办公软件）的 0Day 漏洞，运用鱼叉式钓鱼攻击、水坑攻击、物理摆渡攻击等方式向目标系统投递恶意代码，一旦恶意代码投递到位，恶意软件就可能会复制自己，用微妙改变使每个实例看起来都不一样，并伪装自己以躲避扫描。有些会关闭防病毒扫描引擎，经过清理后重新安装，或潜伏数天或数周。恶意代码也能被便携式计算机、USB 设备携带，或者通过基于云的文件共享感染一台主机，并在连接到网络时横向传播。

（3）初次入侵：攻击者通过 SQL 注入、缓冲区溢出等手段执行 shellcode 代码，获取目标系统的外围目标主机权限，通过建立跳板、安装木马，在目标组织内部建立立足点，直到最后获得外围目标主机的控制权。

（4）C&C 通信：获取目标外围主机的控制权后，通过植入恶意程序（如木马、后门、下载器等）与 C&C 服务器进行通信，借助 C&C 服务器对木马下达各种指令，通过合法加密隧道，下载恶意代码及攻击工具到被控制的外围主机，安装远程控制工具并隐匿攻击痕迹，不断收集大量敏感文件，为后续攻击做好准备。C&C 服务器通过降低通信频率，以及在极短时间内改变域名和 IP 地址来躲避检测。

（5）横向攻击：攻击者以被控制的服务器或主机为攻击工具，利用已窃取的某个账户有效凭证，访问其他内部主机，建立到目标主机的连接。所有被控制的主机会主动搜索敏感信息，并定期通过加密隧道回传给受攻击者控制的远端主机，攻击者可以利用这些敏感信息进一步控制其他系统、提升权限或窃取更多有价值凭证，为自己创建合法账户和访问权限，从而获得更多主机控制权，以访问所需信息的服务器，实现持久控制。

（6）数据回传：将敏感数据从被攻击的网络非法传输到由攻击者控制的外部系统。在发现有价值的数据后，APT 攻击者将数据收集到一个文档中，然后压缩并加密该文档，以绕过审计和异常检测防护。

2. APT 攻击技术的优劣势分析

APT 攻击技术是当前威胁较大的网络攻击技术，有其自身的优劣势。

1）APT 攻击技术的优势分析

APT 攻击技术具备复杂、隐蔽、难检测等优势，因此是黑客或攻击者经常使用的攻击技术。

（1）攻击行为复杂多变，防御端难以提前检测。

APT 攻击运用"时间换空间"思想和攻防双方信息的不对称性，在攻击过程中不断收集并整合防御者使用的软件、防御策略与产品、内部网络部署等相关信息，攻击者依据这些信息能编制可以绕过目标系统现有防护体系检查的攻击代码，攻击代码也可随着防御端信息的变化而动态调整。另外，结合 C&C 信道与目标系统保持通信，攻击行为特征与属性十分复杂，攻击行为异常性很弱，防御端难以进行统一规范的检测、防御。

（2）攻击行为隐蔽性高，长期在防御端潜伏。

APT 攻击者编制的恶意程序通过压缩、加密、变体及加壳等技术手段可实现隐藏病毒进程、文件、目录等；运用动态域名解析实现 C&C 服务器的隐藏与长期生存；通过合法加密数据通道、加密技术或信息隐藏技术隐蔽传输数据。另外，APT 攻击周期长，攻击步骤严密，不同阶段发生的攻击事件的关联性微弱，其真实目的被隐藏在长期过程中。

2）APT 攻击技术的劣势分析

APT 攻击发起前需要长期准备和大量科研情报人员投入，攻击成本高昂，因此发起者都是大型机构和组织，个体黑客难以单独完成[32]。

5.3.4　深度渗透技术

深度渗透技术指的是攻击者在目标系统的周边主机中植入特殊木马，通过该特殊木马实现对目标系统的长期控制[33]。

深度渗透的工作原理如图 5-33 所示，具体如下。

（1）找到目标系统的周边主机。

（2）向周边主机植入能够检测和判断目标系统中是否有存活木马的特殊木马。

（3）若该木马检测到目标系统中有存活的木马，则继续潜伏避免被检测。

（4）攻击者通过目标系统中的木马发动攻击，获取目标系统信息。

（5）若周边主机中被植入的特殊木马没有检测到目标系统中有存活的木

马，则该木马启动工作，对目标系统发动攻击，从而保证目标系统中的木马被发现后也无法全部清除。

图 5-33　深度渗透的工作原理

深度渗透技术的优势在于攻击隐蔽性强，潜伏时间长且不易被发现；劣势在于需要植入的木马数量较多，攻击效率较低。

5.4　本章小结

本章构建了由静态技术、动态技术和新型技术组成的传统网络攻击技术体系，主要是黑客或攻击者利用主流网络通信协议特性、目标系统漏洞等多种可被嗅探、监听、注入的风险点进行攻击和控制。对其中涉及近 40 余项典型的攻击技术、方法、手段进行了详细的概念、工作原理、模型架构、优劣势等方面的深入分析，为防御端更有效地防范、化解各种网络攻击，及时制定相应的安全措施提供了事先的技术参考。

本章参考文献

[1]　王平，汪定，黄欣沂. 口令安全研究进展[J].计算机研究与发展，2016，53（10）：2173-2188.

[2]　尚旭哲，王润田，孙颖，等. 口令破解与防范技术研究[J]. 网络空间安全，2020，11（5）：98-103.

[3]　张学旺，孟磊，周印. 动态字典破解用户口令与安全口令选择[J]. 计算机应用研究，2020，37（4）：1166-1169.

[4]　赵云霞，崔宝江. 缓冲区溢出漏洞攻击与防范技术研究[C]. 全国计算机安全学术交流会论文集（第二十四卷），2009：336-339.

[5]　周萍，熊淑华，赵婧，等. 网关模式下的 HTTPS 协议监控[J]. 信息技术与信息化，2007（6）：3.

[6]　郭浩，郭涛. 一种基于 ARP 欺骗的中间人攻击方法及防范[J]. 信息安全与通信保密，2005（10）：67-69.

[7] 闫伯儒，方滨兴，李斌，等. DNS 欺骗攻击的检测和防范[J]. 计算机工程，2006（21）：130-132，135.

[8] 任侠，吕述望. ARP 协议欺骗原理分析与抵御方法[J]. 计算机工程，2003（9）：127-128，182.

[9] 徐恪，徐明伟，吴建平. 分布式拒绝服务攻击研究综述[J]. 小型微型计算机系统，2004（3）：337-346.

[10] 杨杨，房超，刘辉. ARP 欺骗及 ICMP 重定向攻击技术研究[J]. 计算机工程，2008（2）：103-104，107.

[11] 周明春，杨树堂. 针对 IP 分片攻击的 IDS 反欺骗技术研究[J]. 计算机应用与软件，2007（10）：22-25.

[12] 黄小丹. SQL 注入漏洞检测技术综述[J]. 现代计算机，2020（10）：51-58.

[13] 谢志鹏，陈锻生. Windows 环境下 Client/Server 木马攻击与防御分析[J]. 信息技术，2002（5）：4.

[14] 吕志强，薛亚楠，张宁，等. USB 设备安全技术研究综述[J]. 信息安全研究，2018，4（7）：639-645.

[15] 吴伟彬，刘哲，杨昊，等. 后量子密码算法的侧信道攻击与防御综述[J]. 软件学报，2021，32（4）：1165-1185.

[16] 王崇，魏帅，张帆，等. 缓存侧信道防御研究综述[J]. 计算机研究与发展，2021，58（4）：794-810.

[17] 杨鹏，欧庆于，付伟. 时钟毛刺注入攻击技术综述[J]. 计算机科学，2020，47（S2）：359-362.

[18] 姚富，匡晓云，杨祎巍，等. 密码芯片抗侧信道攻击防护方法[J]. 集成电路应用，2021，38（5）：10-13.

[19] 丁国良，郭华，陈利军，等. 密码系统差分电磁分析研究[J]. 计算机工程与设计，2009，30（12）：2892-2894，2898.

[20] MCCLURE S, SCAMBRAY J, KURTZ G. Hacking Exposed[M]. NewYork: Mcgraw-Hill Inc.，2001.

[21] 贺龙涛，方滨兴，云晓春. 网络监听与反监听[J]. 计算机工程与应用，2001（18）：20-21，44.

[22] 贺龙涛，方滨兴，胡铭曾. 主动监听中协议欺骗的研究[J]. 通信学报，2003（11）：146-152.

[23] 王宇，张宁. 网络监听器原理分析与实现[J]. 计算机应用研究，2003（7）：142-145.

[24] 史婷婷，赵有健. 网络入侵逃逸及其防御和检测技术综述[J]. 信息网络安全，2016（1）：70-74.

[25] 孙淑华，马恒太，张楠，等. 后门植入、隐藏与检测技术研究[J]. 计算机应用研究，2004（7）：78-81.

[26] 张茜，延志伟，李洪涛，等. 网络钓鱼欺诈检测技术研究[J]. 网络与信息安全学报，2017，3（7）：7-24.

[27] 吴耀斌，王科，龙岳红. 基于跨站脚本的网络漏洞攻击与防范[J]. 计算机系统应用，2008（1）：38-40，44.

[28] 张永铮，肖军，云晓春，等. DDoS 攻击检测和控制方法[J]. 软件学报，2012，23（8）：2058-2072.

[29] 方滨兴，崔翔，王威. 僵尸网络综述[J]. 计算机研究与发展，2011，48（8）：1315-1331.

[30] 张蕾，崔勇，刘静，等. 机器学习在网络空间安全研究中的应用[J]. 计算机学报，2018，41（9）：1943-1975.

[31] 贺诗洁，黄文培. APT 攻击详解与检测技术[J]. 计算机应用，2018，38（S2）：170-173，182.

[32] 陈剑锋，王强，伍淼. 网络 APT 攻击及防范策略[J]. 信息安全与通信保密，2012（7）：24-27.

[33] 黄达理，薛质. 进阶持续性渗透攻击的特征分析研究[J]. 信息安全与通信保密，2012（5）：87-89.

第 6 章　智能网络攻击技术

本章首先分析智能网络攻击技术的特点，以及常用的攻击方式，然后设计总体智能网络攻击体系，分别从物理层、接入层、系统层、网络层、应用层、管理层六个层面论述融入人工智能的网络攻击的工作原理及进行优势分析，最后给出对抗人工智能的攻击方法。

6.1　智能网络攻击技术分析

智能网络攻击方式呈现大规模、自动化、智能化等新的特点，从而带动和促进了网络空间防御技术、手段、能力的进化与发展。本节分析人工智能技术用于网络攻击的技术特点，以及常用的智能网络攻击方式，提出层次化智能网络攻击技术体系。

6.1.1　智能网络攻击技术特点

人工智能让网络攻击更加强大，不仅可以让参与网络攻击的任务自动化和规模化，用较低成本获取高收益，而且能够自动分析攻击目标的安全防御机制，针对薄弱环节定制攻击，从而绕过安全机制，提高攻击成功率。随着海量数据积累、算法和算力大幅提升，利用人工智能发动网络攻击具有以下技术特点。

1．大规模网络攻击目标范围得到拓展

通过人工智能技术赋能，网络攻击的目标范围从传统的网络系统，延伸到物联网、工业设备、智能家居、无人驾驶系统等。传统网络攻击通常是针对单个互联网的攻击，而在人工智能赋能下的智能网络攻击更倾向于大规模网络攻击。

《2020 年中国互联网网络安全态势综述》中的抽样监测结果显示[1]，通过

智能僵尸网络控制联网智能设备发起的 DDoS 攻击日均 3000 余起，发现境内联网智能设备被控端 2929.73 万个。人工智能赋能后的僵尸网络、恶意软件给联网智能设备防护和安全清理工作带来新挑战。

2. 网络攻击行为更具有隐蔽性

通过人工智能技术赋能，网络攻击行为隐蔽性越来越高。恶意代码、恶意程序可以通过人工智能技术内嵌深度神经网络模型，实现在代码开源前提下，依然确保攻击目标、攻击意图、高价值载荷三者的高度机密性，从而大幅度提升攻击行为的隐蔽性。

对于 2021 年年初黑客利用太阳风公司软件（SolarWinds）系统漏洞的攻击事件，网络安全公司 FireEye 分析该事件是攻击者利用智能木马病毒，伪装成软件更新包和修复补丁的方式来实现的[2]。

3. 复杂攻击的速度与执行效率提升

相较于人类黑客团队，发起攻击后不需要人工干预是人工智能网络攻击具有的另一大根本性优势，人工智能以自动化方式提升了复杂攻击的速度与执行效率。

区块链技术的出现引起了僵尸网络设计者的注意，他们结合智能僵尸网络，建立更加健壮和更具弹性的僵尸网络命令控制机制，从而能够更有效率、更加隐蔽地发动 DDoS、垃圾邮件、点击欺诈和敏感信息窃取等大规模网络攻击活动。人工智能技术还可以结合分布式攻击，利用多台计算机或设备上的程序自动脚本远程实现目标服务器瘫痪。

4. 以高效算法提升海量数据的处理能力

人工智能赋能网络攻击，使网络需要准备、分析相关的数据体量增大。目标系统中保存的日志数据、网络流量数据等是海量数据，既需要庞大算力支持，也需要能处理如此海量数据的智能算法。由于人工智能技术能从海量数据中学习数据特征，通过识别数据点之间的趋势、模式和关系，并根据特征对数据进行分类、聚类等处理，能大幅度提升数据处理效率和准确度。

5. 智能恶意软件提升攻击精度

攻击者利用人工智能技术后，更容易挖掘网络中出现的安全漏洞，从而可以更便捷有效地生成和应用各种恶意代码软件，也可以利用和原样本高度相似的对抗样本迷惑图像识别神经网络，从而造成识别错误。相较于传统恶意代码生成，深度学习、神经网络等人工智能技术赋能的恶意代码生成具有明显优势，人工智能技术大幅提升了恶意代码的免杀和生存能力。

在恶意代码攻击过程中，攻击者可将深度学习模型作为实施攻击的核心组件之一，利用深度学习中神经网络分类器的分类功能，对攻击目标进行精准识别与打击。

6.1.2 智能网络攻击方式

运用人工智能的生成对抗、迁移学习、神经网络等技术，网络攻击方式呈现智能化伪装、藏匿、躲避防御的特点。

1. 智能僵尸网络触发大型 DDoS 攻击

人工智能通过对网络中的设备信息进行分析和研判，可以快速找到网络设备中的安全缺陷，进而控制这些大规模的网络设备，从而形成僵尸网络群，发动分布式拒绝服务（Distributed Denial of Service，DDoS）攻击，造成网络瘫痪、设备拒绝服务等。

智能僵尸网络触发的大型 DDoS 攻击最典型的事件是 2016 年美国的"Mir 人工智能"僵尸网络[3]，运用人工智能技术快速获取设备供应商的后门、不安全的应用服务及许多设备暴露在公网上的弱点，在设备之间快速传播恶意代码形成僵尸网络，进而使整个智能家居网络无法运转。之后，由"Mir 人工智能"家族各种变异的恶意代码构建的僵尸网络发起了多次大型DDoS 攻击，包括针对计算机安全撰稿人 Krebs 的个人网站、法国网站托管商OVH 及 Dyn 公司的网络攻击。

随着人工智能技术的不断发展，未来的智能僵尸网络必然会同步进化。僵尸网络将不断向高隐匿性发展，隐藏方式及手段不断翻新，攻击者将更难被发现，这对防范僵尸网络病毒散播提出了更多挑战。

2. 生成对抗和迁移学习破解验证信息

基于多数据集的密码生成模型（Generating General Passwords，GENPass），借用概率上下文无关文法和生成对抗网络思想，通过长短时记忆神经网络训练，提高单数据集的命中率和多数据集的泛化性，能够对智能身份口令进行破解。

基于生成对抗 GAN，通过将文本验证码所用的字符、字符旋转角度等参数化，自动生成文本验证码训练数据，并使用迁移学习技术调优模型，提高文本验证码识别模型的泛化能力和识别精度，这种新型的文本验证码求解器可以攻破全球排名前 50 的网站使用的所有文本验证码。

3. 生成对抗和神经网络躲避检测实现攻击

基于生成对抗网络框架，可利用生成器将原始恶意流量转换为对抗性恶意流量，这些流量大都可以欺骗并绕过现有入侵检测系统的检测，规避率达到 99.0%以上。

IBM 研究院开发的 Deep Locker 新型恶意软件具有高度的针对性及躲避性，可以隐藏恶意意图，直到感染特定目标。一旦深度神经网络（Deep Neural Network，DNN）通过面部识别、地理定位、语音识别等方式识别到攻击目标，就会释放恶意行为。

4. 深度学习和神经网络生成恶意文件

利用深度强化学习网络，可形成攻击静态可移植可执行（Portable Executable，PE）文件的黑盒攻击方法，进而产生对抗性 PE 恶意代码，在模拟现实攻击中，成功率达到 90%。

基于循环神经网络（Recurrent Neural Network，RNN）的自然语言生成技术（Natural-language generation，NLG），可自动生成针对目标的虚假电子邮件，并通过个人真实电子邮件数据和钓鱼电子邮件数据进行训练。RNN 生成的电子邮件具有更好的连贯性和更少的语法错误，能更好地进行网络钓鱼电子邮件攻击。

5. 深度学习促使病毒在网络空间快速扩散

近年来，随着互联网技术在各领域广泛应用，各领域产生的数据量呈井喷式发展，海量数据存储、管理和利用已经成为"互联网+"时代企业争夺的战略高地。勒索病毒也随着这一趋势快速升级攻击技术，表现出更强的智能性和针对性，逐渐由原来"广撒网"攻击普通网络个人用户，转向定向攻击大型互联网公司、成熟商业企业和重要政府机构等高价值目标。攻击者利用神经网络和深度学习技术自动识别高价值目标，木马被植入后，自动向内网横向移动，感染更多目标，其过程越发呈现自动化、集成化、模块化、组织化的特点，使病毒识别、检测工作难度不断增大。

2019 年 3 月，全球最大铝制品生产商之一挪威水电集团（Norsk Hydro）遭遇勒索软件"LockerGoga"攻击，使公司全球网络宕机，影响了所有的生产系统及办事处的运营，公司被迫关闭多条自动化生产线，引发全球铝制品交易市场震荡。

6. 人工智能恶意扫描能更快发现网络漏洞

新冠肺炎疫情期间，远程办公、会议、视频软件（如 ZOOM、腾讯会议、钉钉等）使用人数激增，如 ZOOM 视频软件在全球范围内的用户数量从 1000 万迅速升至 2 亿。然而，随即曝出有关 ZOOM 软件的诸多信息安全问题，令此类软件的应用前景被蒙上阴影。有关报告显示，ZOOM 软件存在路径遍历漏洞，黑客通过人工智能恶意扫描工具可以轻易地发现这些漏洞并发布在论坛中，攻击者通过这些漏洞可将远程控制代码写入 ZOOM 软件的系统，达到入侵 ZOOM 软件用户网络摄像头、话筒，甚至整个终端设备的目的[4]。

2021 年，虽然新冠肺炎疫情依旧在全球范围内持续扩散，但各国在疫苗领域的研究取得快速进展，并开始规模化生产、采购和接种，在此背景下，政府机构、通信运营者、疫苗研究生产厂商、医疗机构等场所的网络成为重点攻击目标，以达到从中窃取重要数据信息的目的。这些攻击包括使用名为"WellMess"和"WellMail"人工智能恶意漏扫病毒对特定 IP 地址、目标机构网站服务器进行漏洞扫描攻击和定向爆破[5]。

7. 智能网络攻击造成物理性破坏

随着工业互联网技术的成熟和工业化进程的加速，工业控制系统越来越多地与互联网连接起来，在为工业生产带来便利的同时，也带来了诸多安全问题。黑客组织利用工业网络或工业设备的漏洞，使用智能恶意代码攻击工业网络，造成计算机和工业系统的物理性破坏，这种新型的"网络–物理攻击"已经在现实世界中反复出现。

智能网络攻击的背后都是经过周密复杂设计的智能恶意工具包，它们既能够伪装成大公司的数字签名，绕过安全检测，自动寻找及攻击工业控制器和工业控制系统软件，造成不可挽回的物理性破坏；也能够通过邮件欺骗，在工厂办公区网络植入恶意软件，利用系统漏洞获取控制系统的权限，远程操作数据采集与监视控制系统（Supervisory Control And Data Acquisition，SCADA），使工厂、电网设备等跳闸、断电。

8. 智能识别与生成技术极易形成深度伪造

随着网络技术的迅猛发展及广泛运用，网络政治作为一种新的政治形态出现。公众可以借助多元化网络通道和途径，较为自由地进行政治表达和参与，影响政治过程，实现政治权利，也可能引发各种政治安全问题。

人工智能显著加剧了政治安全领域中的现实威胁，如通过改变社交媒体的舆论导向来操纵选民的投票行为，破坏选民的政治情感中立性，以影响选民在政治事件中的投票倾向。数据智能从商业领域扩散至政治领域，使得单纯的网络数据安全问题上升为现实的政治安全问题。

人工智能技术可引发使用数字自动化塑造政治影响等新型安全威胁。应用深度伪造技术可将一个人的动作和语言叠加到另一个人身上，生成逼真的捏造视频、音频，编造领导人丑闻，伪造视频，伪造新闻进行煽动，造成煽动政治暴力等严重后果，加上利用人工智能的自然语言生成技术，可自动构造信息并进行定制化虚假宣传活动。这类具有数字自动化特征的深度伪造威胁，借助各类媒体传播虚假信息，具有极强的传播势能，可实现大规模、潜伏性的政治操纵和控制，将显著加剧网络空间政治安全威胁的影响力和对抗复杂性。

6.1.3 智能网络攻击技术体系

近年来，以机器学习为代表的人工智能技术发展迅速，网络攻击技术借鉴、利用一些智能算法，使攻击手段趋于智能化，下面将从物理层、接入层、网络层、系统层、应用层和管理层六个层面构建智能网络攻击技术体系，如图6-1所示。

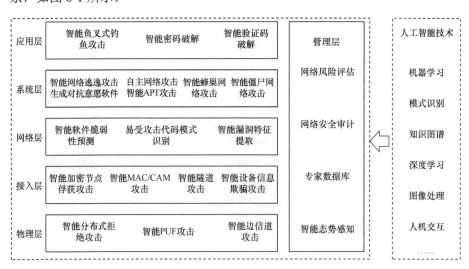

图 6-1　智能网络攻击技术体系

6.2 物理层智能攻击技术

传统物理层攻击技术是对接入网络的物理设备实施攻击的技术。

物理层智能攻击技术主要是运用人工智能技术来对物理系统进行破坏攻击，不仅能够破坏物理层，还可进一步渗透到其他层，对整个网络安全稳定运行构成极大威胁，主要有智能分布式拒绝攻击技术、智能不可克隆（Physical Unclonable Function，PUF）攻击技术、智能边信道攻击技术等。

6.2.1 智能分布式拒绝攻击技术

智能分布式拒绝攻击技术指的是运用机器学习、神经网络等人工智能技术与传统分布式拒绝攻击结合的攻击手段，可以限制网络中智能设备的可靠性和可用性，进而窃取客户信息隐私，推断客户行为和个人信息[6]。该技术利用人工智能形成独立自发而又高效协同的群体模式，攻击更加隐蔽、高效、突发、全面，而且能够实现自我进化。

智能分布式拒绝攻击的工作原理如图 6-2 所示，具体如下。

（1）攻击者利用人工智能技术生成自动化 DDoS 恶意漏扫工具，以最少的人力自动执行所有或部分步骤，可以配置目标的特定参数，其他参数通过自动化工具进行管理。

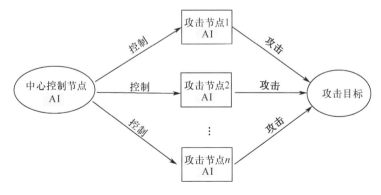

图 6-2 智能分布式拒绝攻击的工作原理

（2）通过机器学习技术，对攻击目标的入侵检测系统网络数据进行收集、分析、建模，得到相应的统计模型，基于该模型调整攻击方式并对己方的攻击流量特性进行升级、伪装，使入侵检测系统失去防御能力。

（3）在中心节点控制大量分布在世界各处的僵尸主机发起直接攻击，各个僵尸主机本身也具备一定智能决策能力，可自主发动攻击，也可接受中心智能控制提高分布式协同效率，从而形成既有整体智能协同，又有个体独立智能决策的新型分布式拒绝攻击模式。

6.2.2 智能 PUF 攻击技术

智能 PUF 攻击技术指的是利用 PUF 电路结构固定的特点，通过机器学习，依据信道获取的少量激励/响应对（Challenge-Response Pairs，CRPs）模拟 PUF 的函数性，预测延迟信息和生成信息之间的关系，实现对硬件设备中电路的攻击，具有较高的攻击成功率。

1. PUF 激励/响应对机制

PUF 指的是利用硬件设备中的电路在制造过程中的随机差异，通过提取表征生成一个独有标识，根据这个标识可以区分硬件设备使用的不同芯片[7]。

PUF 首先接受一个来自外部的激励信号 C（Challenge），电路根据信号 C 从内部结构中提取随机差异，通过差异放大器对这个随机差异进行放大，然后以二进制信号形式输出，输出信号称为响应信号 R（Response）。一个激励对应一个响应，激励–响应信号称为激励/响应对（CRPs），不同结构的 PUF 所产生的 CRPs 规模也不一样。这就是 PUF 的激励/响应对机制，如图 6-3 所示。它说明 PUF 满足个体唯一且无规律可循，虽然攻击者无法复制 PUF 实体，但是 PUF 产生的大量激励响应对具有一定线性、非线性函数属性[8]。

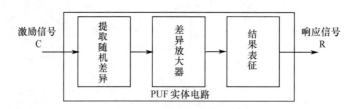

图 6-3　PUF 激励/响应对机制

2. 智能 PUF 攻击的工作原理

智能 PUF 攻击的工作原理[9]如图 6-4 所示，具体如下。

（1）攻击者收集信道上使用过的少量 CRPs。

（2）通过机器学习对这些 CRPs 进行训练，不断模拟 PUF 的所有激励响应行为，最终在软件层面完全克隆整个物理 PUF 实例。

（3）攻击者利用模拟的完整 PUF 实例，再次通过机器学习来预测延迟信息和生成信息之间的关系。

（4）通过这种关系，攻击者使目标的硬件设备电路中未使用的 CRPs 失效，从而实现对硬件设备的攻击。

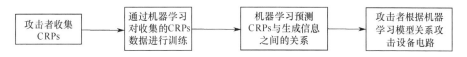

图 6-4　智能 PUF 攻击的工作原理

3. 智能 PUF 攻击算法

主要的智能 PUF 攻击算法有逻辑回归、支持向量机和协方差自适应调整、卷积神经网络（Convolutional Neural Network，CNN）等。

逻辑回归主要是通过提取数据集训练、构建攻击模型的方式完成攻击，对线性 PUF 结构预测结果的准确率较高。支持向量机和协方差自适应调整是通过增加核函数映射和随机函数映射方法，完成对目标函数带有凹凸性的非线性 PUF 结构的攻击。CNN 可以自动提取整个系统的原始像素直到最终分类特征，能够在无法获取 PUF 核心部件特征的情况下实现对 PUF 结构的攻击。

6.2.3　智能边信道攻击技术

智能边信道攻击技术指的是采用机器学习方式对物理环境泄露的信息进行训练分析，从而窃取目标设备的密钥。模板攻击、能耗分析攻击是主要的智能边信道攻击技术。

1. 智能模板攻击技术

物理设备在处于入侵、半入侵的状态下进行密码运算时，其芯片、缓存中多个边信道信息会存在泄露点。智能模板攻击技术指的是攻击者利用机器学习、逻辑回归、最大概率等算法，对已发现的多个泄露点的信息进行相关性分析，从而获取目标设备密码系统密钥。该技术的优势在于攻击者可在获取少量碎片化边信道数据的情况下完成攻击[10]。

智能模板攻击的工作原理如图6-5所示，具体如下。

（1）攻击者事先在一台与目标芯片相同且可控的芯片上测试，建立电磁辐射相关旁路信息模板。

（2）使用电磁辐射检测工具，连接目标主机芯片表面或主板总线，观察目标芯片电磁辐射情况。

（3）将来自目标芯片的检测信号与模板信号进行相关性分析，利用皮尔逊相关系数（Pearson Correlation Coefficient，PCC）和主成分分析（Principal Component Analysis，PCA）算法破解目标设备的密钥信息。

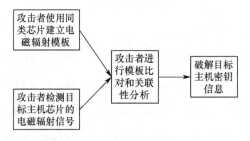

图6-5　智能模板攻击的工作原理

2. 智能能耗分析攻击技术

智能能耗分析攻击技术指的是通过观测目标设备芯片的功耗变化曲线，应用机器学习算法对这些曲线进行训练，计算出目标设备的加密算法并破解设备的密钥信息。该技术的优势是能耗数据探测定位相对方便，可对攻击目标在非入侵、半入侵的状态进行攻击[11]。

智能能耗分析攻击的工作原理如图6-6所示，具体如下。

（1）攻击者将高精度电流传感器放置到目标主机电源线上，或与目标设备连接的插线板零线上，等待目标应用程序启动。

（2）目标主机启动后，传感器开始接收基于电流变换的信息，并远程发送给攻击者。

（3）攻击者将功耗与密钥之间的关系形成一个监督学习任务，采取松弛假设和高维度特征向量的差分机器学习算法，对监督学习任务进行训练，最后得出功耗与密钥之间的关系，从而破解目标密钥信息。

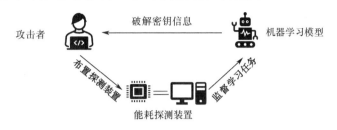

图 6-6　智能能耗分析攻击的工作原理

6.3　接入层智能攻击技术

传统接入层攻击技术是指在内网与外网接入的过程中，攻击者对网络接入重要节点进行攻击。

接入层智能攻击技术是指利用机器学习和神经网络等人工智能算法，在网络接入过程中对整个网络进行攻击，主要有智能加密节点俘获攻击技术、智能媒体访问控制（Media Access Control，MAC）/内容可寻址存储器（Content Addressable Memory，CAM）攻击技术、智能隧道攻击技术和智能设备信息欺骗攻击技术。

6.3.1　智能加密节点俘获攻击技术

智能加密节点俘获攻击技术指的是运用机器学习、深度学习等人工智能技术，俘获各类通过加密技术加密的认证节点进行攻击[12]。该技术通过人工智能模型代替人工手动搜索，能快速识别探测目标网络中的重要网络节点，并有针对性地进行攻击，大大提高了传统节点俘获攻击的效率。

智能加密节点俘获攻击的工作原理如图 6-7 所示，具体如下。

（1）攻击者利用人工智能算法生成机器学习模型，自动识别接入层重要网络节点。

（2）确定重要网络节点目标后，攻击者通过暴力攻击方式破译加密算法的密钥，对被截获的密文消息进行解密操作。

（3）解密完成后，攻击者俘获这个节点，从而发动针对其他节点的各种攻击，包括非法篡改网络传输内容、窃取其他节点内存储内容（如密钥等），以破坏其他网络节点。

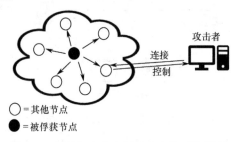

图 6-7　智能加密节点俘获攻击的工作原理

6.3.2　智能 MAC/CAM 攻击技术

智能 MAC（Media Access Control）/CAM（Content Addressable Memory）攻击指的是基于 MAC 地址的伪装欺骗，利用机器学习等人工智能技术伪造高度相似的 MAC 地址，进而欺骗接入层的地址解析协议（Address Resolution Protocol，ARP）和反向地址解析协议（Reverse Address Resolution Protocol，RARP），受到欺骗的被攻击者将数据流量转发到自己伪造的身份地址上，进而获取数据，达到欺骗目的。该攻击可以根据机器学习聚类算法，快速伪造大量 MAC 地址，快速造成攻击目标交换机瘫痪。

智能 MAC/CAM 攻击的工作原理[13]如图 6-8 所示，具体如下。

（1）攻击者利用接入交换机主动学习联网主机 MAC 地址，建立维护主机的 CAM 表。CAM 表包含 MAC 地址和下一跳端口对应关系。

（2）攻击者通过机器学习伪造大量不同的欺骗 MAC 数据包，导致 CAM 表被快速填满。

（3）合法用户无法从 CAM 表中查询到下一跳路由，伪造的 MAC 流量以泛洪方式向交换机所有端口发送。

（4）交换机负载过大，造成网络丢包严重甚至瘫痪。

图 6-8　智能 MAC/CAM 攻击的工作原理

6.3.3　智能隧道攻击技术

智能隧道攻击又称虫洞攻击，以操作接入通信路由为目的，利用人工智能算法在两个相距很远的攻击节点间建立一条高质量私有传输隧道，攻击者可以通过这条私密通道对网络中的大量通信流量进行控制，从而达到窃听、重放等攻击目的。该技术运用人工智能算法，能快速协助攻击者建立虫洞路径，增强攻击的隐匿性。

智能隧道攻击的工作原理[14]如图 6-9 所示，具体如下。

（1）攻击者在接入层得到网络拓扑后，利用支持向量机、决策树等人工智能算法，建立两个距离较远的恶意节点 2 和恶意节点 11。

（2）攻击者在这两个节点间建立稳定通信隧道，开辟虫洞路径。

（3）当未发生虫洞攻击时，节点 12 和节点 1 的实际通信路径会依次经过节点 2、4、5、7、6、8 和 11。

（4）当发生虫洞攻击时，对于合法节点 12 和合法节点 1，恶意节点 11 和恶意节点 2 之间距离非常近（只有一跳距离），因此节点 12 和节点 1 很可能会选择这条距离较近的非法路径进行通信。

（5）由于该隧道具有高效的特点，因此周围节点都选择该私有隧道进行数据传输，从而导致网络通信被攻击者指引，传输数据丢失。

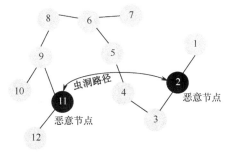

图 6-9　智能隧道攻击的工作原理

6.3.4　智能设备信息欺骗攻击技术

智能设备信息欺骗攻击技术指的是利用人工智能模型，分析出设备电子标签信息，通过复制或假扮方式替代被攻击的电子标签，伪装成合法设备进入网络，并将虚假、错误数据消息发送给网络中其他合法设备，造成网络中其他合法设备产生错误网络拓扑关系，从而导致网络混乱甚至瘫痪。假冒网络中已有的物理设备并发布虚假路由信息，造成合法终端无法接入网络[15]。该攻击运用人工智能技术，能快速伪造虚假设备信息、虚假路由信息，攻击效率高。

智能设备信息欺骗攻击的工作原理如图 6-10 所示，具体如下。

（1）攻击者通过聚类分析、簇分析等人工智能模型推断出目标网络中设备的电子标签信息。

（2）复制、假扮这些设备并伪装成合法设备接入网络。

（3）恶意伪造的设备发送虚假路由信息，并把这些信息插入正常协议分组，从而篡改路由协议分组，破坏分组中信息的完整性，并建立错误路由。

（4）合法终端接收到错误路由信息，导致网络混乱、瘫痪。

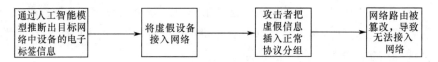

图 6-10　智能设备信息欺骗攻击的工作原理

6.4　系统层智能攻击技术

传统系统层攻击是针对体系架构和系统软件的。

系统层智能攻击技术是指利用机器学习等人工智能技术，深度挖掘并利用系统本身的漏洞、后门，绕过系统层网络防御技术，实现未经授权进入他人系统（主机或网络），从而实施攻击或入侵行为的网络攻击技术。其中涉及的技术主要有智能软件脆弱性预测技术、易受攻击代码模式识别技术、智能漏洞特征提取方法等。

6.4.1　智能软件脆弱性预测技术

智能软件脆弱性预测技术指的是将软件度量作为特征集合，利用机器学习建立预测模型，使用该模型去评估漏洞状态的技术。该技术借助人工智能技术，不需要掌握运行和部署情况，就可以快速完成对系统层源代码的检查，提高了分析方法的有效性，可有效发现软件脆弱性。

智能软件脆弱性预测的工作原理如图 6-11 所示，具体如下。

（1）结合深度学习算法，对主机脆弱性和软件脆弱性影响因素进行提取。

（2）依据逻辑回归、随机森林等多种机器学习算法从软件脆弱性因素中提取量化指标，建立量化评估模型。

（3）确定网络评估模式，建立逻辑回归评估框架，从静态分析和动态分析两方面获取系统层的软件脆弱性。

特征提取　　模型建立　　脆弱性分析

| 深度学习算法
主机脆弱性、软件脆弱性 | → | 逻辑回归、随机森林
建立量化评估模型 | → | 静态分析
动态分析 | → | 网络评估模式 |

图 6-11　智能软件脆弱性预测的工作原理

6.4.2　易受攻击代码模式识别技术

易受攻击代码模式识别技术是指利用机器学习等算法，从众多漏洞代码样本中提取易受攻击代码段的模式，使用模式匹配技术来检测和定位软件中的漏洞源代码的技术。

易受攻击代码模式识别的工作原理如图 6-12 所示，具体如下。

（1）在代码运行/编译之前，借助关联分析、上下文学习等人工智能技术扫描代码、查找潜在已知的错误模式。

（2）基于机器学习度量和已知的漏洞先验知识模式，对代码进行分析。

（3）将扫描结果反馈给攻击者，为其提供一个大概率出现漏洞的位置。

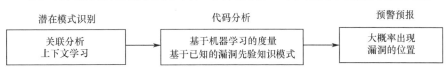

潜在模式识别　　代码分析　　预警预报

| 关联分析
上下文学习 | → | 基于机器学习的度量
基于已知的漏洞先验知识模式 | → | 大概率出现
漏洞的位置 |

图 6-12　易受攻击代码模式识别的工作原理

6.4.3　智能漏洞特征提取方法

智能漏洞特征提取方法主要有静动态特征结合法、抽象语法树检测法、智能嵌入算法检测法、智能切片检测法、智能模糊测试法等，见表 6-1。

表 6-1　智能漏洞特征提取方法[16]

特征提取方法	工作原理
静动态特征结合法	将静动态特征与机器学习相结合的漏洞挖掘方法，直接从汇编代码提取特征，运用随机森林、逻辑回归和多层感知器等方式对特征进行分类判断
抽象语法树检测法	基于抽象语法树的函数级漏洞检测方案，将抽象语法树的文本与随机森林分类算法结合，从而提高检测准确率
智能嵌入算法检测法	基于神经网络的图嵌入算法判断二进制代码的相似性，将代码转化成带属性的控制流图（ACFG）向量，最终用孪生神经网络来判断相似性
智能切片检测法	基于深度学习的漏洞检测模型 VulDeePecker，将代码基于敏感函数切片后形成短小代码片段，运用双向递归神经网络模型对代码片段进行分类判断
智能模糊测试法	将模糊测试视为一个马尔可夫过程，运用强化学习来提高模糊测试的效率，通过深度 Q-Learning 算法学习如何选择高回报的变异策略

6.5　网络层智能攻击技术

传统网络层攻击技术是非法调用和控制通用网络接口、管理接口、网络切片之间的接口，窃取网络信息数据、非法接入目标网络等，破坏网络功能可用性。

网络层智能攻击技术主要是指通过人工智能技术，深度挖掘网络栈可以被利用的漏洞，将攻击数据、行为伪装成正常用户的网络行为，以提升攻击隐蔽性，增强攻击适应性的技术。目前，网络层智能攻击技术主要有智能网络逃逸技术、生成对抗恶意软件技术、自主网络攻击技术、智能僵尸网络技术、智能蜂巢网络技术、智能 APT 攻击技术等。

6.5.1　智能网络逃逸技术

智能网络逃逸技术指的是通过机器学习等人工智能技术，探测网络安全防护系统的过滤规则和决策策略，并利用这些规则和策略开发"最低程度被检测出"的恶意软件，从而成功避开网络安全检测后植入目标系统[17]。该技术提高了恶意软件的伪装强度，使攻击行为很难被察觉，增强了恶意软件的攻击力和破坏力。

智能网络逃逸的工作原理如图6-13所示，具体如下。

（1）基于大数据挖掘、机器学习技术，主动学习网络防护系统的规则和策略。

（2）利用深度学习技术，将含有恶意软件的文件包分解为难以检测的模式，以逃避网络检测。

（3）恶意软件驻留在沙箱环境中并保持静默。

（4）到达目标系统后，高级恶意软件会避免异常行为或使用随机回调连接来逃避安全设备并继续进行恶意活动。

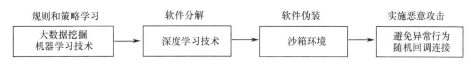

图6-13　智能网络逃逸的工作原理

6.5.2　生成对抗恶意软件技术

生成对抗恶意软件技术指的是以生成对抗网络方式形成恶意软件，利用恶意软件去攻击目标，能够避开网络入侵检测，植入攻击目标的成功率较高[18]。

生成对抗恶意软件的工作原理如图6-14所示，具体如下。

（1）通过机器学习，模仿原始训练数据样本的分布规律，生成一个与真实训练数据样本具有高度相似规律的对抗样本数据。

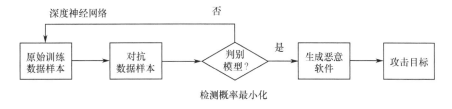

图6-14　生成对抗恶意软件的工作原理

（2）判别模型，基于机器学习的分类算法评估对抗样本数据。

（3）如果对抗样本数据检测概率达到最小化，则生成恶意软件，恶意软件实施攻击；如果对抗样本数据检测概率较高，则继续通过深度神经网络继续训练，直至生成恶意软件。

6.5.3　自主网络攻击技术

自主网络攻击技术指的是通过深度神经网络算法，生成对网络有针对性的攻击程序和恶意代码，进而对网络进行攻击。该技术的攻击程序和恶意代码可周期性产生，同时能够随着目标网络的架构变化而动态调整。

自主网络攻击的工作原理如图 6-15 所示，具体如下。

（1）针对 ARM 处理器和深度神经网络处理器的通用硬件架构，设计自主学习程序。

（2）通过机器学习对目标网络节点进行分析，将自主学习程序植入合适的网络节点并运行。

（3）自主学习程序获取目标网络架构、规模、设备类型等信息，并对目标网络流数据进行分析。

（4）依据目标网络架构、数据等分析结果，自主学习程序可自主编写适用于目标网络环境的攻击程序，并自行生成特定恶意代码。

（5）攻击程序和恶意代码直接在目标网络中运行，从而实现网络攻击。

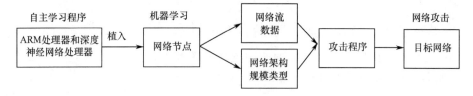

图 6-15　自主网络攻击的工作原理

6.5.4　智能僵尸网络技术

智能僵尸网络技术是指借助人工智能技术，通过伪造受害主机设备指纹、关闭设备一些端口等方式绕过防御端反击。该技术利用智能协同、自我学习能力，以前所未有的规模对脆弱系统实施自主攻击，攻击速度更快，攻击规模更大[19]。

智能僵尸网络的工作原理如图 6-16 所示，具体如下。

（1）通过神经网络和机器学习算法、快速重复密码技术进行密码破译。

（2）在发动分布式拒绝服务攻击时，智能僵尸网络通过深度学习和上下文智能搜索方法，将流量隐藏为无害浏览器生成的流量，从而绕过检测。

（3）停止服务，并删除任何可用于重新启动设备可执行文件的权限，识别并杀死任何威胁其"持久性"和"统治力"的进程，实现砖化攻击。

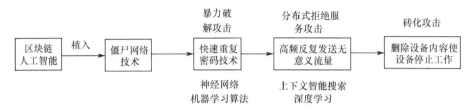

图 6-16　智能僵尸网络的工作原理

6.5.5　智能蜂巢网络技术

智能蜂巢网络技术是指网络攻击者利用被感染设备，通过群体智能进化的方法使其演变成具有自我学习能力的"蜂巢网络"，对脆弱系统实施规模化攻击。该技术能够提高同时攻击多个受害者的能力、攻击准确性和精度[20]。

智能蜂巢网络的工作原理如图 6-17 所示，具体如下。

（1）由自动化程序组建形成具有自我学习能力的网络入侵者。

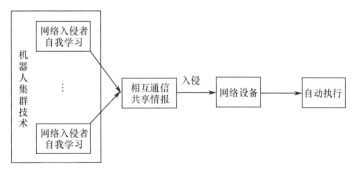

图 6-17　智能蜂巢网络的工作原理

（2）通过机器人集群技术，将传统网络入侵者转变为自主决策的入侵者集群。

（3）集群网络内设备能够相互通信，并根据共享的本地情报采取行动。

（4）被感染设备无须等待僵尸网络控制者发出指令即自动执行命令。

6.5.6　智能 APT 攻击技术

智能 APT 攻击技术指的是运用深度数据挖掘、机器学习等人工智能技术，对特定目标进行长期持续性网络攻击。该技术以前所未有的速度和规模进行定向攻击，组织严密、持续时间长、隐蔽性高[21]。

智能 APT 攻击的工作原理如图 6-18 所示，具体如下。

（1）攻击者通过深度数据挖掘技术，识别外网主机服务器可以被利用的漏洞，通过 SQL 注入实施攻击。

（2）外网主机服务器被作为跳板，对内网其他服务器或终端进行扫描，获取情报。

（3）借助神经网络算法，通过快速重复密码技术进行内网机器密码暴力破解。

（4）恶意代码植入，传回大量敏感信息。

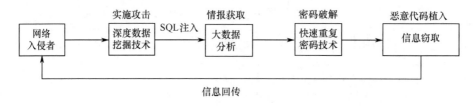

图 6-18　智能 APT 攻击的工作原理

6.6　应用层智能攻击技术

传统应用层攻击技术是对大量各类应用软件进行渗透和植入恶意程序，从而获取攻击目标的各类隐私数据。

应用层智能攻击技术主要是通过人工智能方式，对目标使用的各种应用软件进行更加精确和破坏力更强的攻击，主要有智能鱼叉式钓鱼攻击技术、智能密码破解技术、智能验证码破解技术等。

6.6.1　智能鱼叉式钓鱼攻击技术

智能鱼叉式钓鱼攻击技术指的是运用深度学习中的自然语言生成（Natural Language Generation，NLG）方法，面向特定组织的欺诈行为，通过诱使接收人点击链接、打开表格或其他文件得到认证授权，进入系统后进行挖掘信息和窃取数据。智能鱼叉式钓鱼攻击的典型恶意代码传输载体有电子邮件和社交网站。

智能鱼叉式钓鱼攻击的工作原理如图 6-19 所示，具体如下。

（1）攻击者建立鱼叉式钓鱼网站的基础设施。

（2）通过钓鱼网站，制作鱼叉式网络钓鱼诱饵。

（3）通过深度学习锁定更精准的特定目标，如企业、公司或组织成员，假扮值得信任的发件人向锁定目标发送电子邮件或恶意嵌入式链接。

（4）诱骗锁定目标打开附件或点击恶意嵌入式链接。

（5）攻击者获得身份验证进入系统，获取目标的机密信息。

（6）攻击成功，通过数据挖掘和窃取获取利益。

图 6-19　智能鱼叉式钓鱼攻击的工作原理

智能鱼叉式钓鱼攻击具有以下三个特点：一是具有极高的针对性，完全区别于广撒网式网站钓鱼攻击；二是具有较高的成功率，机器学习使得有针对性的鱼叉式网络钓鱼更加准确和规模化，成功率显著提升；三是破坏性较强，鱼叉式钓鱼攻击所窃取的信息以高敏感性资料为主，如企业财产权、商业机密等。这种攻击一旦成功，往往造成非常严重的危害。

智能鱼叉式钓鱼攻击技术的典型应用是基于推特（Twitter）的端到端鱼叉式网络钓鱼方法。该方法采用马尔可夫模型和长短期记忆（Long Short-Term Memory，LSTM）的时间递归神经网络，构造更接近于人类撰写的推文内容，攻击方法极其有效，融合人工智能技术可以使攻击更加精准和规模化。

虽然智能鱼叉式钓鱼攻击技术的应用场景较少，攻击次数和数量较少，但是随着技术发展和应用场景的不断落地和实现，智能鱼叉式钓鱼攻击呈现上升趋势，甚至可以说在飞速发展。

6.6.2 智能密码破解技术

智能密码破解技术指的是运用生成对抗网络 GAN 方法，对目标用户登录应用软件时的行为进行训练，破解目标用户登录应用软件时的密码，破解速度快且成功率高。

智能密码破解的工作原理如图 6-20 所示，具体如下。

（1）通过网络监控设备，捕获目标用户登录应用软件的行为信息。

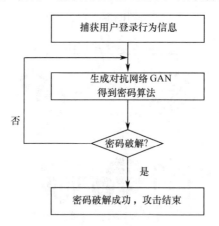

图 6-20　智能密码破解的工作原理

（2）将目标用户的行为信息作为生成对抗网络 GAN 中算法生成器的输

入，训练后初步得到用户登录应用软件的密码算法。

（3）将得出的初步密码算法输入 GAN 密码破解器进行破解。

（4）算法生成器和密码破解器对抗博弈，直到 GAN 无法对破解密码进行分辨时，破解的密码即是目标用户登录应用软件的密码。

6.6.3　智能验证码破解技术

智能验证码破解技术指的是应用卷积神经网络、支持向量机（Support Vector Machines，SVM）分类器、生成对抗网络等算法，对目标用户使用应用软件中的不同类型验证码进行破解，再利用破解的验证码进行攻击刷票、论坛灌水、获取用户密码、设置虚假用户等。该技术简化了传统验证码识别中的字符分割、去噪等人工干预，能够更好地实现对应用软件、网站等的攻击，获取相关隐私数据。

智能验证码破解的工作原理如图 6-21 所示，具体如下。

（1）目标用户通过输入图像生成验证码。

（2）采用卷积神经网络、SVM 分类器、生成对抗网络等算法实现智能预处理。

（3）实现字符识别与匹配。

（4）输出结果，攻击结束。

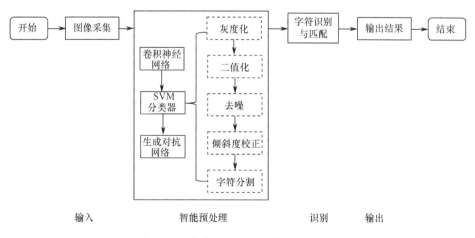

图 6-21　智能验证码破解的工作原理

6.7　管理层智能攻击技术

传统管理层攻击技术通常对合法用户的账户口令、渗透测试、流量监测与攻击的途径开展攻击，从而达到窃取数据、系统破坏的目的。

管理层智能攻击技术主要是通过人工智能方式，对管理层的身份验证、渗透检测和流量监测进行更迅速、更危险的攻击，主要有口令智能破解技术、智能渗透测试技术、页端 DDoS 攻击技术等。

6.7.1　口令智能破解技术

口令智能破解技术是利用自然语言或循环神经网络的人工智能技术，对合法用户的账号口令进行破解，从而获得机器或网络的访问权，并能访问用户能访问到的任何资源，达到窃取系统信息、磁盘中的文件，甚至对系统进行破坏的目的。

口令智能破解的工作原理如图 6-22 所示，具体如下。

（1）得到主机上的某个合法用户 ID 账号。

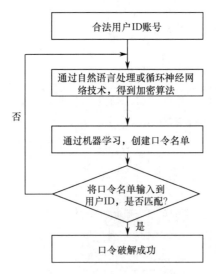

图 6-22　口令智能破解的工作原理

（2）通过自然语言处理或循环神经网络技术对合法用户口令进行训练，

得到合法用户账号所有的加密算法。

（3）通过机器学习获取加密口令，创建口令名单。

（4）将口令名单输入到用户 ID 中进行破解。

（5）重复（2）～（4）的过程，直至口令匹配，破解成功。

6.7.2　智能渗透测试技术

智能渗透测试技术指的是通过建立丰富的专家渗透知识库，根据目标不同自动从专家知识库中提取相应的推理条件进行知识图谱推理，并进入智能引擎进行渗透逻辑构建，形成相应的渗透检测方案，进而调用对应的工具集、接口和资源等，完成对目标的渗透检测，并根据任务输出和检测数据分析，形成渗透测试结论。该技术区别于传统渗透测试技术的最大优势是效率高、成本低、省时省力。

智能渗透测试的工作原理如图 6-23 所示，具体如下。

（1）前期交互阶段：通常涉及收集客户需求、准备测试计划、定义测试范围与边界、定义业务目标、项目管理与规划等活动。

（2）情报收集阶段：在目标范围确定之后，进入情报收集阶段，渗透测试团队利用各种信息来源与技术方法，如公开来源信息查询、Google Hacking、社会工程学、网络踩点、扫描探测、被动监听、服务查点等，尝试获取更多关于目标组织网络拓扑、系统配置与安全防御措施的信息。对目标系统的情报探查能力是渗透测试中非常重要的一项，情报收集是否充分在很大程度上决定了渗透测试的成败。

（3）智能威胁建模阶段：在收集到充分的情报信息之后，渗透测试通过专家渗透知识库，根据不同任务目标自动从专家知识库中提取相应的推理条件进行知识图谱推理，针对获取的信息进入智能引擎，构建渗透逻辑与最可行的攻击通道。

（4）智能漏洞分析阶段：专家系统需要综合分析前几个阶段获取并汇总的情报信息，特别是安全漏洞扫描结果、服务查点信息等，通过搜索可获取渗透代码资源，找出可以实施渗透攻击的攻击点，并在试验环境中进行验证。在该阶段，高性能的专家系统还会针对攻击通道上的一些关键系统与服务进行安全漏洞探测与挖掘，期望找出可被利用的未知安全漏洞，并开发渗透代码，从而打开攻击通道上的关键路径。

（5）智能渗透攻击阶段：专家系统需要利用前面各阶段中找出的目标系统安全漏洞，来真正入侵系统，获得访问控制权。专家系统还需要充分考虑目标系统特性以定制渗透攻击，通过挫败目标网络与系统中实施的安全防御措施，从而达到渗透目的。

（6）智能后渗透攻击阶段：专家系统通过包括知识范畴、实际经验和技术能力的建模，设定不同的渗透测试场景中的攻击目标与途径，通过识别关键基础设施，并寻找客户组织最具价值和尝试安全保护的信息和资产，最终形成能够对客户组织造成最重要业务影响的攻击途径。

（7）报告阶段：渗透测试报告包含所获取的关键情报信息、探测和发掘的系统安全漏洞、成功渗透攻击过程，以及造成业务影响的攻击途径；同时以防御者的角色，分析安全防御体系中的薄弱环节、存在问题，修补与升级技术方案。

图 6-23 智能渗透测试的工作原理

6.7.3 页端 DDoS 攻击技术

页端 DDoS 攻击技术指的是借助人工智能设备改变传统的 DDoS 攻击流程的技术，缩减了中间环节，实现了自动化和操作平台化，发单、支付、攻击等操作都在平台上完成。该技术管理高度集成，站长为攻击平台的核心人员，能够进行平台的综合管理、部署、运维等工作，在成单率、响应时长、攻击效果等方面具有显著优势。

页端 DDoS 攻击的工作原理[22]如图 6-24 所示，具体如下。

（1）发单人直接在页端 DDoS 攻击平台上下单、支付费用，且可以根据自己的攻击目标情况选择攻击方式与流量大小；或者由技术人员提供技术支持，发包机提供人完成发包机的程序部署、测试，最终给出发包机的攻击类型、稳定流量、峰值流量等各种定量且稳定的攻击能力；站长则成为页端 DDoS 攻击平台的核心人员，进行平台的综合管理、部署、运维工作，如

DDoS 攻击套餐管理、注册用户（金主）管理、攻击效果与流量稳定保障、后续升级等。

（2）由人工智能设备取代传统攻击手，无须人为操作，由自动化攻击平台即可完成大流量攻击。主要采用发包机的攻击方式，其中发包机中主要配置反射放大的各种程序和其对应的反射源列表，极少量配置伪造源 IP 的 SYN Flood、动态变化 UserAgent 的 HTTP Flood。

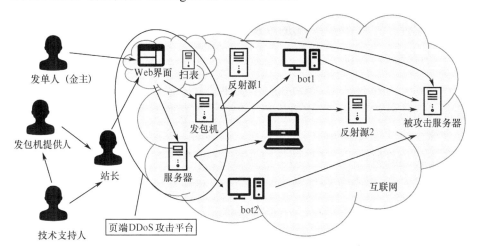

图 6-24　页端 DDoS 攻击的工作原理

6.8　对抗人工智能的攻击方法

当前人工智能技术被广泛应用于各个行业，以提高效率或替代人工方式，也应用于防御端进行预测、防范、化解各类攻击。因此，对抗人工智能的攻击方法主要有两种，一种是让人工智能模型出现错误或失效，从而有效躲避智能检测；另一种是利用防御端的人工智能模型漏洞发动攻击。对抗样本攻击、新型木马攻击、新型后门攻击等是常用的对抗人工智能防御的攻击方法。

6.8.1　对抗样本攻击

深度神经网络（DNN）虽然在图像识别、文本识别等领域得到了广泛应用，但仍然无法完全模仿人类视神经和人类大脑感知事物的过程，不能完全区分不同样本特征的重要性和唯一性，因此在识别样本时容易被攻击者特意构造的对抗样本所攻击，同时在面临对抗样本攻击时健壮性不强，容易出现谬误。

对抗样本攻击指的是攻击者具有获取和修改测试样本的能力，知晓标签等背景知识，攻击目标是测试数据集，旨在通过构造对抗样本，使人工智能模型推测结果出错。本节主要介绍针对图像识别的 DNN 对抗攻击。

1．核心概念解析

下面对对抗人工智能防御的攻击方法涉及的核心概念进行解析。

1）扰动

扰动（Perturbation）是对抗样本生成的重要部分，指的是攻击者在人工智能模型的原有正常数据集中添加干扰项，具有两方面特性：一是要保证干扰项微小性，使其添加后肉眼不可见，或者肉眼可见但不影响整体效果；二是将干扰项添加到原有图像的特定像素上后，所产生的新图像具有迷惑人工智能原有分类深度模型的作用。

2）置信度

置信度也称可靠度或置信水平、置信系数，即在抽样对总体参数做出估计时，估计值与总体参数在一定允许的误差范围内的概率。

3）对抗样本

对抗样本（Adversarial Example）是指通过加入扰动后所形成的样本，这类样本会导致训练好的人工智能模型以高置信度给出与原正常样本不同分类的输出[23]。

4）对抗训练

对抗训练（Adversarial Training）指的是将按照一定生成方法（算法）生成的对抗样本标注为原正常样本的类别，将这些对抗样本和原正常样本混合在一起作为训练集，供人工智能模型的分类器进行训练。

5）损失函数

损失函数（Loss Function，LF）用来估量人工智能模型的预测值与真实值的不一致程度，损失函数值越小，模型的健壮性就越好。对于对抗攻击而言，预测值指的就是生成对抗样本的最小扰动值，其目的在于使损失函数值最小。

6）梯度

梯度是一个向量（矢量），表示某一函数在某点的方向导数沿着该方向取得最大值，即函数在该点处沿着该方向（梯度方向）变化最快，变化率（该梯度的模）最大。

7）超平面

超平面是从 n 维空间到 $n-1$ 维空间的一个映射子空间，它可以把线性空间分割成不相交的两部分。例如，二维空间中，一条直线是一维，它把平面分成了两块；三维空间中，一个平面是二维的，它把空间分成了两块。也就是说，超平面是二维空间中的直线、三维空间中的平面之推广（$n>3$ 时才被称为"超"平面）。

8）对抗样本健壮性

对抗样本健壮性（Robustness of Adversarial Examples，RAE）指的是对抗样本在经过复杂的光照、变形、去噪、转换或防御过程后，仍保持对模型的攻击能力的一种性质[24]。

2. 对抗样本攻击方式

对抗样本攻击方式主要有白盒攻击、黑盒攻击、定向攻击、非定向攻击、单次攻击、迭代攻击等[25]。

1）白盒攻击

攻击者能够获知机器学习的算法及算法参数，在产生对抗性攻击数据的过程中能够与机器学习系统进行交互。

2）黑盒攻击

攻击者并不知道机器学习算法和算法参数，但仍能与机器学习系统进行交互，比如可以通过传入任意输入观察输出、判断输出。

3）定向攻击

对一张图片或一个目标标注句子生成一个对抗样本，使得标注系统在其上的标注与目标标注完全一致，即不仅要求攻击成功，还要求生成的对抗样本属于特定的类。

4）非定向攻击

对一张图片生成一个对抗样本，使得标注系统在其上的标注与原标注无关，即只要攻击成功就好，对对抗样本最终属于哪类不做限制。

5）单次攻击

攻击者只需要一次计算就能够生成成功欺骗人工智能模型的对抗样本，即通过一次计算就能找到约束条件下的最优解。

6）迭代攻击

攻击者需要多次计算逼近约束条件下的最优解。

3．生成对抗样本的基本原理

对抗样本的生成有很多实现方法，其基本原理[26]如图 6-25 所示，具体如下。

（1）用正常样本数据训练人工智能模型的网络分类器。

（2）在原始图片中加入扰动并构建对抗样本。

（3）将对抗样本输入到分类器中进行分类，得到分类误差。

（4）正常样本和对抗样本输入进行对抗训练，用分类误差测试对抗样本健壮性。

（5）重复第（3）步，直至对抗训练无法进行分类时结束。

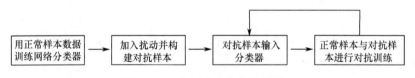

图 6-25　对抗样本生成的基本原理

4．主流对抗样本生成方法

下面主要介绍针对图像识别的 DNN 对抗攻击样本的生成方法。

1）有限内存的 BFGS 法

有限内存的 BFGS 法（Limited-memory Broyden Fletcher Goldfarb Shanno，L-BFGS）由 Szegedy 等人[27]提出，属于对图像中所有像素加入扰动的白盒攻击，指的是使用 L-BFGS 算法来生成对抗样本。该方法的对抗样本生成速度快、内存占用少，具有良好的迁移性。

L-BFGS 生成法生成对抗样本的过程如图 6-26 所示，具体如下。

（1）构建初始对抗样本。

（2）设置大于 0 的常数，运用 L-BFGS 算法转化求解初始对抗样本与原始正常样本两者的最小平方误差（Minimum Squared-Error，LSE）。

（3）对大于 0 的常数进行全局线性搜索，直至 LSE 最小，从而发现最小扰动，对抗样本生成。

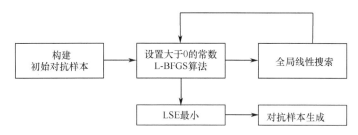

图 6-26　L-BFGS 生成法生成对抗样本的过程

2）快速符号梯度生成法

快速符号梯度生成法（Fast Gradient Sign Method，FGSM）由 Goodfellow 等人[28]提出，指的是让输入样本图像朝着使原始样本类别置信度降低的方向变化，最终生成对抗样本。该方法属于单次攻击类别，仅需一次梯度更新便能生成对抗扰动，因此对抗攻击实施的效率较高。

FGSM 生成法生成对抗样本的过程如图 6-27 所示，具体如下。

（1）采用后向传播方法，求解神经网络损失函数梯度。

（2）通过该梯度来决定图像像素变化方向。

（3）在变化方向上施加一个足够小的扰动，最终使所有像素都等比例地增大或减小，从而完成对抗样本生成。

图 6-27 FGSM 生成法生成对抗样本的过程

3）基于雅可比矩阵的显著图攻击

基于雅可比矩阵的显著图攻击（Jacobian-based Saliency Map Attack）

生成法由 Papernot 等人[29]提出，指的是利用基于梯度的雅可比显著图（如图 6-28 所示）来给出生成对抗样本所需的信息，从而构建所需的对抗样本。该方法只需修改一小部分图像像素就能改变人工智能模型的输出结构。

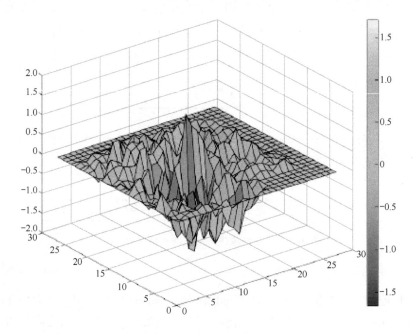

图 6-28　雅可比显著图

雅可比显著图生成法生成对抗样本的过程如图 6-29 所示，具体如下。

（1）求解雅可比显著图中的显著性矩阵。

（2）依据求解出的矩阵，有选择地改变图像的某些像素，通过迭代的贪心算法选择显著性最大的像素，并对其进行修改，以增加其被分类为正常样本的概率。

（3）重复第（2）步，直到被修改的像素被分类为正常样本的概率大于其他正常样本，或者修改像素的次数达到最大，此时的样本即是构建的对抗样本。

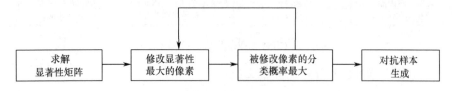

图 6-29　雅可比显著图生成法生成对抗样本的过程

4）DeepFool 生成法

DeepFool 生成法由 Moosavi-Dezfooli 等人[30]提出，其基于分类模型中高维超平面分类思想，即为了改变正常样本分类，将正常样本迭代地朝着分类边界移动，直到越过超平面，从而被人工智能模型错误分类。该方法无须加入扰动就能生成对抗样本。

以二分类为例，DeepFool 生成法生成对抗样本的过程如图 6-30 所示，具体如下。

（1）计算正常样本与分类边界之间的距离。

（2）依据该距离，修改正常样本使其向分类边界移动。

（3）重复第（2）步，直至人工智能模型无法做出分类判断，此时的正常样本跨越分类边界，即生成了对抗样本。

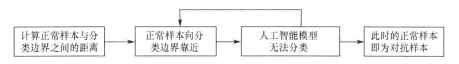

图 6-30　DeepFool 生成法生成对抗样本的过程

5）Universal Perturbation 生成法

Universal Perturbation 生成法也是由 Moosavi-Dezfooli 等人[31]提出的，是一种通用对抗扰动计算方法，指的是针对特定模型，生成仅与模型相关而与输入样本无关的对抗扰动。攻击者在本地生成泛化能力强的对抗样本，可以实现跨数据集、跨模型实施的对抗攻击。该方法不需要直接攻击目标模型，只需要将本地泛化能力强的对抗样本迁移至目标模型来实现攻击，能够在低控制权场景中进行攻击。

Universal Perturbation 生成法生成对抗样本的过程与 DeepFool 生成法相似，都是用对抗扰动将图像推出分类边界，区别在于同一个扰动针对的是所有图像而不是单一图像，具有一定的黑盒攻击能力。

6）One-Pixel 生成法

One-Pixel 生成法由 Su J 等人[32]提出，基于差分进化算法（Differential Evolution Algorithm，DE），通过仅改变原始图像中一个像素点即可实现针对深度神经网络的对抗攻击。这种对抗攻击不需要知道网络参数或梯度的任何信息，属于黑盒攻击。

One-Pixel 生成法生成对抗样本的过程如图 6-31 所示，具体如下。

（1）基于差分进化算法，对原始图像中的任一像素进行修改并生成子图像。

（2）将每个子图像都与原始图像进行对比。

（3）根据选择标准，保留与原始图像最相似的子图像。

（4）该子图像即为修改了一个像素的对抗样本，该被修改的像素也即为最小扰动。

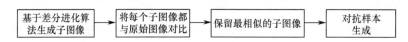

图 6-31　One-Pixel 生成法生成对抗样本的过程

7）C&W 生成法

防御性蒸馏[33]是指利用知识蒸馏将复杂模型所学"知识"迁移到结构简单的神经网络中，通过避免攻击者直接接触原始神经网络达到防御对抗攻击的目的。

针对防御性蒸馏，Carlini 和 Wagner 联合提出了 C&W 生成法[34]，基于三种不同的范数距离约束，采用二分搜索的迭代方法生成对抗样本。C&W 生成法的对抗扰动小，对抗样本的图像质量高，难以被防御，具备攻击未知深度神经网络的能力。

C&W 生成法生成对抗样本的过程如图 6-32 所示，具体如下。

（1）构建初始对抗样本。

（2）运用拉格朗日法则转化初始对抗样本与原始样本的欧式距离。

（3）利用二分搜索迭代法求解该欧式距离的最优值。

（4）最优值下的对抗样本即为最终的对抗样本。

图 6-32　C&W 生成法生成对抗样本的过程

8）Luo&Liu 生成法

Luo&Liu 生成法由 Luo B 等人[35]提出，该方法将扰动像素周围的纹理特征加入对抗扰动，图像的纹理特征通过方差进行量化，是一种扰动强度和纹理特征有关的样本距离度量方法。该方法的约束函数考虑了扰动强度、数量和纹理特征，生成的对抗样本具有更强的隐蔽性。

Luo&Liu 生成法生成对抗样本的过程如图 6-33 所示，具体如下。

（1）构建初始对抗样本。

（2）建立由扰动数量、扰动强度、原始样本与初始对抗样本的视觉距离作为参数的可微分的目标函数。

（3）将样本间的最大距离作为约束函数，利用贪婪算法求解目标函数最优解。

（4）最优解即为最优像素扰动组合，此时对应的对抗样本即为最终的对抗样本。

图 6-33 Luo&Liu 生成法生成对抗样本的过程

5. 典型对抗样本攻击

从应用场景来看，典型的对抗样本攻击主要有图对抗攻击、文本对抗攻击等；从对人工智能模型攻击的阶段来看，典型的对抗样本攻击主要有恶意软件逃逸攻击、数据投毒攻击等[36]。

1）图对抗攻击

图对抗攻击是当前研究最多的对抗人工智能的攻击方法，即通过在图像中添加微小的、肉眼难以觉察的扰动来造成图像识别错误。

图对抗攻击的工作原理如图 6-34 所示，具体如下。

（1）了解原始图样本的结构和节点特征。

（2）依据原始样本结构和节点特征，构建极其类似的对抗样本节点。

（3）用对抗样本替换原始图节点，并按照原始图样本结构进行连接。

（4）原始图样本被污染，造成人工智能模型识别错误。

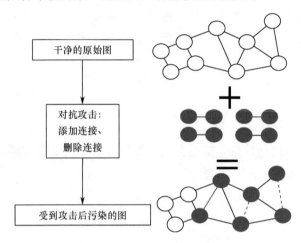

图 6-34　图对抗攻击的工作原理

2）文本对抗攻击

文本对抗攻击指的是通过对原始文本做微小修改生成文本对抗样本，这种对抗样本与原始文本高度相似，使神经网络对其做出错误预测。该方法的优势是不仅能够欺骗目标模型，而且能够让防御端检测不到扰动。

以防御端检测网络中传播的文本信息是否异常为例，文本对抗攻击的工作原理如图 6-35 所示，具体如下。

（1）攻击者监控获取正常的文本信息。

（2）采用生成对抗样本的方法，依据正常文本信息生成与其高度相似的异常文本信息。

（3）防御端的检测系统将异常文本信息误判为正常信息。

（4）异常文本信息在网络中不断扩散，或者把大量恶意评论"伪装"成正常评论散播。

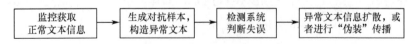

图 6-35　文本对抗攻击的工作原理

3）恶意软件逃逸攻击

恶意软件逃逸指的是通过生成对抗样本，对反病毒的输入数据做微小更改，促使反病毒软件使用的 DNN 模型发生错误分类，从而让恶意软件通过反病毒检测，主要有数据流篡改和控制流劫持两种方法。这两种方法都利用运行人工智能模型执行环境中的内存漏洞，实现人工模型的判别失效。

（1）数据流篡改。

数据流篡改是利用内存中可以对地址进行任意写操作的漏洞，直接修改人工智能模型中的标签、索引等关键数据，从而让人工智能模型输出错误结果。

数据流篡改的工作原理如图 6-36 所示，具体如下。

① 查找人工智能模型执行环境中可进行内存任意写操作的漏洞。

② 选择人工智能关键数据，利用漏洞对这些关键数据进行任意修改后形成对抗样本。

③ 对抗样本使人工智能模型将其判断为正常样本，实现检测逃逸。

图 6-36　数据流篡改的工作原理

（2）控制流劫持。

控制流劫持是指利用内存中的堆溢出、栈溢出等漏洞实现对任意代码的执行，从而控制人工智能模型输出攻击者预期的结果。

控制流劫持的工作原理如图 6-37 所示，具体如下。

① 攻击者编制恶意代码。

② 获取堆溢出、栈溢出等漏洞。

③ 通过漏洞执行恶意代码。

④ 恶意代码控制人工智能输出结果，实现检测逃逸。

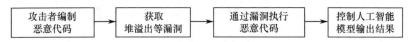

图 6-37　控制流劫持的工作原理

4）数据投毒攻击

数据投毒（Data Poisoning）攻击指的是攻击者通过将精心制作的样本插入训练数据集来操纵训练数据分布，改变人工智能模型行为和降低模型性能。该方法能够对人工智能模型进行"调教"，让人工智能模型自行发生错误，危险性较大。

数据投毒攻击的工作原理如图 6-38 所示，具体如下。

（1）攻击者获取人工智能防御模型的训练数据集，并知晓训练数据集的标签等背景知识。

（2）精心构造异常数据，并将其插入训练数据集。

（3）异常数据破坏原有训练数据集的分类器。

（4）制造恶意行为样本，并发动数据投毒攻击。

（5）恶意样本被原有训练数据集的分类器判定为正常样本，智能防御模型产生分类或聚类错误，数据投毒成功。

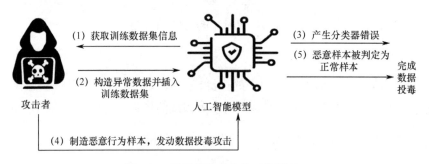

图 6-38　数据投毒攻击的工作原理

6.8.2　新型木马攻击

新型木马攻击指的是利用人工智能模型中的漏洞埋藏木马，再在一定条件下激活木马实现攻击。增量学习木马攻击和潜在木马攻击是常用的两种方法，这两种方法的潜伏能力都很强，不容易被防御端发现。

1．增量学习木马攻击

增量学习木马攻击指的是基于增量学习（Incremental Learning，IL）思想，在保留人工智能模型原始功能的前提下，对原始模型进行不足以改变模型现有行为权重的微小幅度修改，在防御端进行长期训练后实现攻击。

增量学习木马攻击的工作原理如图 6-39 所示，具体如下。

（1）获取人工智能模型训练行为。

（2）采用增量学习方式，对人工智能模型行为权重进行微小幅度修改。

（3）将木马程序植入修改后的行为权重中，并在防御端进行常态化训练。

（4）在未来特定的时间点触发木马程序，导致人工智能模型失效。

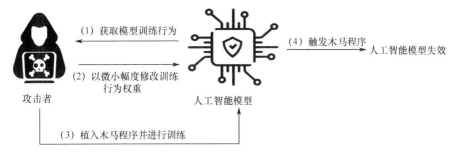

图 6-39　增量学习木马攻击的工作原理

2．潜在木马攻击

潜在木马攻击指的是攻击者对卷积神经网络模型进行修改，在模型的输出中嵌入"潜在"木马触发器，当用户将该模型的输出向其他模型进行迁移学习时，无意识地在其他人工智能模型中激活木马。

潜在木马攻击的工作原理如图 6-40 所示，具体如下。

（1）攻击者对卷积神经网络模型进行修改。

（2）在该模型输出中嵌入"潜在"木马触发器。

（3）该模型训练后得到正常输出。

（4）用户将该模型的正常输出结果向其他人工智能模型进行迁移。

（5）其他人工智能模型激活木马，运行失效。

图 6-40　潜在木马攻击的工作原理

6.8.3　新型后门攻击

新型后门攻击指的是运用恶意代码、病毒植入、指令篡改等技术手段，在神经网络模型的训练过程中对模型植入后门，利用后门特权对深度学习进行攻击。该方法非常隐蔽，不容易被发现。

新型后门攻击的工作原理如图 6-41 所示，具体如下。

（1）通过关联性分析、上下文学习等人工智能技术，运用恶意代码、病毒植入、指令篡改等方法，在神经网络模型的训练过程中对模型植入后门。

（2）当模型得到特定输入（后门触发器）时后门被触发，导致神经网络模型错误输出。

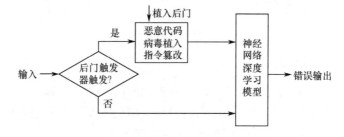

图 6-41　新型后门攻击的工作原理

6.9　本章小结

运用人工智能技术的网络攻击呈现快速升级趋势，黑客在利用系统漏洞或其他缺陷发动恶意攻击时，可利用卷积网络、神经网络和深度学习等人工智能算法自动向内网横向移动，以感染更多目标，其过程呈现自动化、集成化、模块化、组织化的特点，大大增加了病毒等流量、文件的识别、检测工作难度。

黑客或攻击者运用人工智能技术进行网络攻击已经是一种发展常态。美国近几年的黑帽安全技术大会（Black Hat Conference）上都有一些研究者（包括曾经的黑客）发布智能网络攻击的想法、算法，以及攻击效果的呈现。本章详细分析了通过人工智能技术进行网络攻击的主流方法的工作原理及其优势，此外还给出了如何对抗人工智能防御的攻击方法。只有掌握了这些攻击原理和绕过智能检测的方法，才能更好地设计出完备的安全防御体系。

本章参考文献

[1] 2020 年中国互联网网络安全报告[EB/OL]. [2021-07-25].

[2] 赵亮. 对"太阳风"网络攻击事件的深度剖析[J]. 中国信息安全，2021（10）：51-54.

[3] 桂小林，张学军，赵建强. 物联网信息安全[M]. 北京：机械工业出版社，2015.

[4] zoom 漏洞和修复方案介绍[EB/OL]. (2021-7-21) [2021-07-25]. 腾讯网站.

[5] Advisory: APT29 targets COVID-19 vaccine development [EB/OL]. NCSC 网站，2020.

[6] 张彦，韦云凯，唐义良，等. 智能分布式攻击与防御[J]. 广州大学学报（自然科学版），2019，18（3）：27-39.

[7] 尹魏昕，贾咏哲，高艳松，等. 物理不可克隆函数（PUF）研究综述[J]. 网络安全技术与应用，2018（6）：41-42，54.

[8] 湛霍，林亚平，张吉良，等. 面向物理不可克隆函数的可靠性与随机性增强技术[J]. 计算机应用，2015，35（5）：1406-1411.

[9] 刘威，蒋烈辉，常瑞. 强物理不可克隆函数的侧信道混合攻击[J]. 电子学报，2019，47（12）：2639-2646.

[10] 崔琦，王思翔，段晓毅，等. 一种 AES 算法的快速模板攻击方法[J]. 计算机应用研究，2017，34（6）：1801-1804.

[11] 王小娟，郭世泽，赵新杰，等. 基于功耗预处理优化的 LED 密码模板攻击研究[J]. 通信学报，2014，35（3）：157-167.

[12] 张玉婷，严承华，魏玉人. 基于节点认证的物联网感知层安全性问题研究[J]. 信息网络安全，2015，179（11）：27-32.

[13] 杜秀娟. MANET 网络 MAC 层攻击综合检测方法[J]. 哈尔滨工程大学学报，2012（10）：1271-1277.

[14] 崔宇，张宏莉，田志宏，等. IPv6 与隧道多地址性的 DoS 攻击放大问题研究[J]. 计算机研究与发展，2014，51（7）：1594-1603.

[15] 刘洋. 关于侧信道攻击及其对策的一点探讨[J]. 警察技术，2014（S1）：26-28.

[16] 梅国浚. 基于遗传法和模型约束的漏洞挖掘技术研究与实现[D]. 北京：北京邮电大

学，2019.

[17] 朱利军. 基于插件的高级逃逸技术挖掘系统设计与实现[D]. 西安：西安电子科技大学，2015.

[18] 王树伟，周刚，巨星海，等. 基于生成对抗网络的恶意软件对抗样本生成综述[J]. 信息工程大学学报，2019，20（5）：6.

[19] 马宇驰. 针对僵尸网络 DDoS 攻击的蜜网系统的研究与设计[D]. 南京：南京航空航天大学，2008.

[20] 唐宏，罗志强，沈军. 僵尸网络 DDoS 攻击主动防御技术研究与应用[J]. 电信技术，2014（11）：5.

[21] 付钰，李洪成，吴晓平，等. 基于大数据分析的 APT 攻击检测研究综述[J]. 通信学报，2015，36（11）：14.

[22] 云鼎实验室. 2018 上半年互联网 DDoS 攻击趋势分析[R]. 北京：腾讯安全云鼎实验室，2018.

[23] AKHTAR N，MIAN A. Threat of adversarial attacks on deep learning in computer vision：A survey. IEEE Access，2018（6）：14410-14430.

[24] ROSCISZEWSKI P，KALISKI J. Minimizing Distribution and Data Loading Overheads in Parallel Training of DNN Acoustic Models with Frequent Parameter Averaging[C]. International Conference on High Performance Computing & Simulation，2017：560-565.

[25] 刘会，赵波，郭嘉宝，等.针对深度学习的对抗攻击综述[J].密码学报，2021，8（2）：202-214.

[26] PENG X W，XIAN H Q，LU Q，et al. Semantics aware adversarial malware examples generation for black-box attacks[J]. Applied Soft Computing，2021，109 DOI：10.1016/j.asoc. 2021. 107506.

[27] SZEGEDY C，ZAREMBA W，SUTSKEVER I，et al. Intriguing properties of neural networks[C]. Proceedings of 2014 International Conference on Learning Representations，2014：14-16.

[28] GOODFELLOW I，SHLENS J，SZEGEDY C. Explaining and harnessing adversarial examples[C]. Proceedings of 2015 International Conference on Learning Representations，2015：7-9.

[29] PAPERNOT N，MCDANIEL P，JHA S，et al. The limitations of deep learning in adversarial settings[C]. Proceedings of 2016 IEEE European Symposium on Security and Privacy，2016: 372-387.

[30] MOOSAVI-DEZFOOLI S，FAWZI A，FROSSARD P，et al. DeepFool: A simple and accurate method to fool deep neural network[C]. Proceedings of 2016 IEEE Conference on Computer Vision and Pattern Recognition，2016: 2574-2582.

[31] MOOSAVL-DEZFOOLI S，FAWZI A，FAWZI O，et al. Universal adversarial perturbations[C]. Proceedings of 2017 IEEE Conference on Computer Vision and Pattern Recognition，2017: 86-94.

[32] SU J，VARGAS D，SAKURAI K，et al. One pixel attack for fooling deep neural

networks[J]. IEEE Transactions on Evolutionary Computation，2019，23(5): 828-841.

[33] PAPERNOT N，MCDANIEL P，WU X，et al. Distillation as a defense to adversarial perturbations against deep neural networks[C]. Proceedings of 2016 IEEE Symposium on Security and Privacy，2016: 582-597.

[34] CARLINI N，WAGNER D. Towards evaluating the robustness of neural networks[C]. Proceedings of 2017 IEEE Symposium on Security and Privacy，2017: 39-57.

[35] LUO B，LIU Y N，WEI L X，et al. Towards imperceptible and robust adversarial example attacks against neural networks[C]. Proceedings of 2018 AAAI Conference on Artificial Intelligence，2018: 1652-1659.

[36] PAPERNOT N，MCDANIEL P，JHA S，et al.The limitations of deep learning in adversarial settings[C]. Proceedings of 2016 IEEE European Symposium on Security and Privacy，2016：372-387.

第 4 篇

防 御 篇

　　网络攻击是重大安全风险之一，针对政府、关键基础设施、企业等的网络攻击非常频繁，方式多样，复杂程度也在不断提高。由于人工智能技术具有传统方法所不具备的智能特性，因此近年来在网络空间安全防御中得到广泛关注，并取得大量研究成果。本篇在第 3 篇介绍的传统网络攻击技术及智能网络攻击技术的基础上，重点研究分析网络防御技术，包括传统网络防御技术和智能网络防御技术。

第 7 章　传统网络防御技术

目前，传统网络防御主要是基于静态网络防御技术、动态网络防御技术、新型网络防御技术构筑的防御体系[1,2]。该体系主要基于前期审计网络访问日志、入侵记录，及时修补有关系统漏洞，采用分层方法及时发现网络攻击线索，以阻挡或隔绝外界入侵，保护网络空间环境的整体安全。

7.1　静态网络防御技术

静态网络防御技术主要通过外置技术服务方式，提供网络安全防护基本功能，可以较好地适应网络系统前期规模化部署与后期增强安全性防护的阶段性建设需要。但是，该技术体系的设计与防护目标本身结构和功能的设计相互独立，分别孤立工作，不能实现有效的信息共享、能力共享和协同工作，因此防御和检测能力是静态的。当网络系统突然遭受攻击，而攻击无法被静态防御系统有效识别时，容易造成整个网络系统内部攻击行为的自由横行。

典型的静态网络防御技术有认证技术、漏洞扫描检测技术、防火墙技术、入侵检测技术、加密技术等[3]。

7.1.1　认证技术

认证技术是防止系统被主动攻击，如仿造、篡改信息等，对于网络开放环境中的各种信息系统安全起到重要作用。认证一般包括身份认证和消息认证，并通过加密技术中的数字签名来保证文件的真实性。其主要目的有两个，一是信源识别，即验证信息的发送者是真实可靠的，而不是冒充的；二是完整性验证，即保证信息在传送过程中未被篡改、重放或延迟等[4]。

1．身份认证技术

身份认证是指验证用户或设备声明身份的过程，即验证信息收、发者的身份，主要目的是信源识别和完整性验证，对保障网络环境中各种信息系统的安全有重要作用。

身份认证技术主要包括口令认证技术、Kerberos 认证技术、公钥基础设施（Public Key Infrastructure，PKI）认证技术和生物特征认证技术。其中，生物特征认证技术已经很好地融入了人工智能算法，这里不做深入阐述。

1）口令认证技术

口令认证是将用户设置的字符串组合或计算机自动生成的不可预测的随机数字组合，与系统内置的口令进行比对，从而验证用户真实身份。

口令认证一般可分为静态口令认证和动态口令认证两种形式，应用形态主要有短信密码、硬件令牌、手机令牌等[5]。

（1）静态口令认证。

静态口令认证即密码认证（Password Authentication Protocol，PAP），是在初始链路确定的基础上，通过使用 2 次握手提供一种对等节点建立认证的简单方法，用于不太重要的场合或保密性要求不高的环境。

静态口令认证的工作原理如图 7-1 所示，具体如下。

① 被认证方生成自己的二元信息组（ID，PW），并发送至认证方的系统。

② 认证方在本地用户数据库中保存用户的二元信息组。

③ 被认证方进入系统时，系统请求被认证方输入 ID 和 PW，系统将保存的二元信息组并与被认证方输入的信息组进行比对，以此来确认用户身份是否合法。

图 7-1　静态口令认证的工作原理

静态口令认证的优势在于简单、容易记忆；劣势在于容易泄密，对于窃听、重放或重复尝试和错误攻击没有任何保护[6]。

（2）动态口令认证。

动态口令认证也称一次性口令（One-Time Password，OTP）认证，由客户端和后台认证系统组成，客户端是一个硬件设备，用于产生口令令牌，其具体形态为 IC 卡、SIM 卡、UsbKey 等，后台认证系统用于管理口令令牌及认证。

客户端依据高级加密标准（Advanced Encryption Standard，AES）、散列消息认证码（Hash-based Message Authentication Code，HMAC）、商用密码分组标准对称 1 号算法（Cryptographic Algorithm 1，SM1）、商用密码分组标准对称 3 号算法（Cryptographic Algorithm 3，SM3）等专门算法，生成一个不可预测的随机数字组合，该随机数字组合即为动态口令，且只能使用一次，使用后作废。

动态口令随专门算法中变量的不同而不同，主要有同步口令和异步口令两种，而同步口令又可分为时间同步口令和事件同步口令[7]。时间同步口令以时间为变量，事件同步口令以事件（次数/序列数）为变量，异步口令以挑战数为变量。因此，这三种口令认证技术的差别在于客户端，其后台认证系统则基本相同。

以时间同步口令认证为例，其工作原理如图 7-2 所示，具体如下。

① 客户端以时间为变量，使用对称密钥，进行密码运算，得出一个伪随机数，截取部分后显示到令牌卡中，即生成了动态口令，并将其传输至后台认证系统。

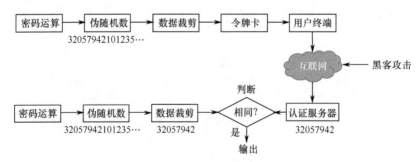

图 7-2　动态口令认证的工作原理

② 后台认证系统使用同样的对称密钥，对时间加密形成另一个伪随机数。

③ 后台认证系统把该伪随机数与收到的动态口令进行比较，如果相同，则实现认证。

时间同步口令认证的优势在于安全性优于静态口令认证；劣势在于客户端设备必须具有时钟，对设备精度要求高，耗电量大，应用模式单一，很难支持双向认证及"数字签名"等应用需求，成本高。

事件同步口令认证的优势在于与应用逻辑相吻合，客户端设备设计要求简单，甚至可不使用运算设备，成本极低，可支持丰富的应用需求；劣势在于动态口令的产生依赖于一组有序数列的下一个数据，该数据不具有随机性，安全性较差，易受到恶意攻击。

异步动态口令认证的优势在于应用模式较丰富，支持不同的应用需求，如双向认证、数字签名等；劣势在于客户端设备必须具备运算功能，认证步骤复杂，对应用系统的改造工作量大，难以降低成本。

2）Kerberos 认证技术

Kerberos 认证是设置一个可信赖的第三方认证系统，该认证系统存储客户端的身份信息，客户端通过第三方认证系统后，就运用这个身份信息去访问不同应用服务器的不同应用，每个应用服务器不再存储客户端的身份信息[8]。

Kerberos 认证系统主要由授权服务器（Authentication Service，AS）、票据授权服务器（Ticket Granting Service，TGS）和用户数据库（Account Database，AD）组成。AS 接收客户端的身份信息，将身份信息发送至 AD 进行存储，同时向 TGS 发送身份信息的授权信息（Ticket Granting Ticket，TGT），TGT 在一定时间内有效；TGS 负责接收 TGT 后向客户端发送访问应用服务器的访问票据（Service Ticket，ST），即访问权限；AD 存储所有客户端的身份信息。

Kerberos 认证的工作原理如图 7-3 所示，具体如下。

（1）客户端发送自身身份信息至授权服务器。

（2）授权服务器将接收到的客户端身份信息发送至用户数据库并存储。

（3）客户端输入身份信息向授权服务器请求身份认证和访问应用服务器请求。

（4）授权服务器将客户端输入的身份信息发送至用户数据库，用户数据库将该身份信息与存储的身份信息进行比对，将比对成功的结果反馈至授权服务器。

（5）授权服务器向票据授权服务器发送身份信息的授权信息。

（6）票据授权服务器接收到授权信息后，将访问权限信息发送至客户端。

（7）客户端接收到应用访问权限信息后，直接访问应用服务器。

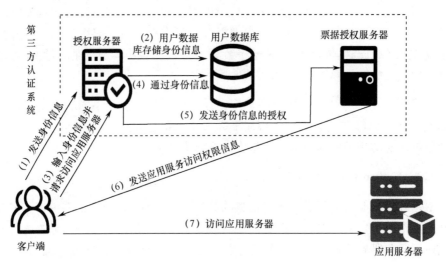

图 7-3　Kerberos 认证的工作原理

Kerberos 认证技术的优势在于实现双向认证，无须重复输入身份信息，支持不同平台进行操作；劣势在于身份认证采用的是对称加密机制，加密和解密使用相同密钥，安全性有所降低，身份认证服务和票据授权服务集中式管理容易形成瓶颈，系统的性能和安全性也过分依赖于这两个服务器的性能和安全性。

3）PKI 认证技术

PKI 是提供公钥加密和数字签名服务的系统，目的是管理密钥和证书，保证网上数字信息传输的机密性、真实性、完整性和不可否认性[9]。PKI 主要包括数字证书、认证中心（Certificate Authority，CA）、注册机构（Registration Authority，RA）、存储设备和发布这些证书的电子目录服务器等。其中，数字证书是核心部件。

以最常见的用户访问 HTTPS 网站场景为例，其工作原理如图 7-4 所示，具体如下。

（1）Web 服务器向认证中心发起证书申请。

（2）认证中心向 Web 服务器发放证书。

（3）用户浏览器向 Web 服务器发起网站访问申请。

（4）Web 服务器向用户浏览器传回证书并授权使用。

（5）认证中心向用户浏览器验证证书有效性。

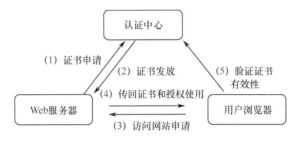

图 7-4 PKI 认证技术工作原理

PKI 认证技术的优势在于可以为相互认识的实体通信提供机密性服务，也可以为陌生的巨大用户群体之间的通信提供保密支持；劣势在于公钥密码体制采用模指数运算，耗时长、速度慢[10]。

2．消息认证技术

消息认证是一种可以确认消息完整性并进行认证的技术，当接收方收到发送方的报文时，接收方能够验证收到的报文是真实和未被篡改的。该技术主要包含两个含义：一是验证信息的发送方是真实而非冒充的，即数据起源认证；二是验证信息在传送过程中未被篡改、重放或延迟等。

消息认证的工作原理如图 7-5 所示，具体如下。

（1）发送方发送消息，经由密钥控制或无密钥控制的认证编码器变换，加入认证码。

（2）消息连同认证码一起在公开的无扰信道上进行传输，有密钥控制时还需要将密钥通过一个安全信道传输至接收方。

（3）接收方在收到所有数据后，经由密钥控制或无密钥控制的认证译码器进行认证，以判定消息是否完整。

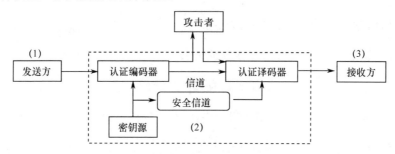

图 7-5　消息认证技术工作原理

消息认证技术的优势在于可保证数据的完整性和真实性；劣势在于接收方虽然可以确定消息的完整性和真实性，解决了篡改和伪造消息的问题，但不能有效避免发送方否认发送过消息。

7.1.2　漏洞扫描检测技术

漏洞扫描是基于端口扫描技术，对远程或本地计算机、服务器等信息系统，对端口、系统、软件等方面的安全漏洞及风险信息进行全面扫描检测，及时发现各种漏洞并纠正，检验网络系统被攻击的可能性，从而在网络入侵者实施网络攻击之前采取预防性的积极防御措施。

1. 漏洞产生原因

随着互联网信息技术的发展，信息化系统的功能越来越强大，涉及程序的主体结构和功能越来越复杂。在这种复杂的编程条件下，系统开发者容易忽视由于程序本身存在的漏洞所引起的系统安全问题，这些安全问题主要由协议漏洞、系统漏洞和弱密码漏洞造成。

1）协议漏洞

协议漏洞是网络协议本身存在的安全漏洞，是网络中存在的主要漏洞。其产生的主要原因为通信协议开发时默认网络环境是安全的，因此应用程序本身只关心网络传输效率，没有考虑网络环境的安全问题。

2）系统漏洞

系统漏洞是信息系统或软件本身存在的漏洞，是大多数入侵者主要利用的漏洞类型，对信息系统的安全具有直接危害。系统漏洞一般分为操作系统漏洞和应用软件漏洞两大类。这两类系统漏洞都是由于软件开发者在设计过程中忽略程序本身的安全性造成的。

3）弱密码漏洞

弱密码漏洞是网络安全管理员对网络安全防护配置不正确、不完整，或者信息化系统的加密性不足或不加密造成的。该漏洞使网络系统非常容易被攻击者破解和利用。

2. 主要漏洞扫描检测技术

漏洞扫描检测技术根据不同的应用场景，可分为主机端漏洞扫描检测技术和应用端漏洞扫描检测技术。

1）主机端漏洞扫描检测技术

主机端漏洞扫描检测技术也称单机扫描技术，是指在主机端安装脚本程序，通过运行脚本程序对其上的所有文件进行深度探测和扫描，收集系统的配置文件、日志文件、注册表的异常信息，监视数据库等与安全相关的信息，其工作原理如图 7-6 所示。

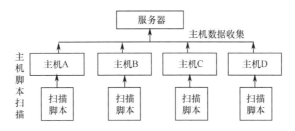

图 7-6　主机端漏洞扫描检测技术的工作原理

主机端漏洞扫描检测技术又可分为本地漏洞库和服务器漏洞库两种方式[11]。

（1）本地漏洞库方式。

本地漏洞库方式是指在本地主机上有一个存放常见漏洞的漏洞库，本地主机将收集到的主机信息与该漏洞库中的特征信息进行比较，从而发现主机端存在的漏洞。该方式适合个人独立主机客户端。

本地漏洞库方式的优势在于以下四个方面。

① 简单方便：因是将扫描得到的漏洞信息与本地主机漏洞库中的信息进行匹配，所以能够迅速调动修补程序，可提高主机端的整体安全性。

② 上传数据量较小，传输速度较快。

③ 系统灵活性较高：将漏洞检测任务分散到了独立主机，可根据用户的具体需求进行配置。

④ 漏洞检测全面：主机端运行的脚本程序具有较高权限，可调用主机端大多数文件、资源和程序。

本地漏洞库方式的劣势在于以下两方面。

① 存在一定技术风险：需经常将主机端联网更新漏洞库，同时目标主机上安装一个可独立运行的脚本，该外来程序的可信性和安全性不能确定。

② 可拓展性差，维护成本较高：每台主机都需要定时更新漏洞库，同时漏洞识别匹配过程需要占用一定的本地资源。

（2）服务器漏洞库方式。

服务器漏洞库方式是指将收集到主机相关信息上传到后台服务器，在后台服务器内进行漏洞匹配识别，最后得出主机的漏洞信息。该方式适合局域网内的综合主机系统。

服务器漏洞库方式的优势主要有两个：一是将漏洞扫描设备集中布置，减小系统布置的复杂程度；二是减少当地主机计算资源的消耗，提高系统运行效率。其劣势在于数据集中处理，当大规模数据接入时会出现网络堵塞现象。

2）应用端漏洞扫描检测技术

应用端漏洞扫描检测技术是指软件开发者主动采用非破坏性等办法来检查软件包的应用设置，从而及时发现软件产品存在的漏洞安全问题，以提高软件自身安全性。

应用端软件涉及的安全漏洞挖掘技术主要有基于数据流的分析和基于控制流的分析两大类。

根据应用端软件本身的属性，应用端漏洞扫描检测技术又可细分为开源软件和非开源软件两大类。开源软件主要采用白盒测试，或者直接借助一些自动化工具对源代码进行审查；非开源软件主要采用灰盒和黑盒测试，或者借助逆向工程中的反汇编技术对编绘代码进行审查。

应用端漏洞扫描检测技术的优势在于能够直接对应用端软件进行检测，不影响网络运行状态；劣势在于应用端的计算开销较大，会影响系统性能。

7.1.3　防火墙技术

防火墙是一种较早使用的、实用性很强的网络安全防御技术，主要用于逻辑隔离外部网络与受保护的内部网络，阻挡对网络非法访问和不安全数据的传递，使本地系统和网络免于受到许多网络安全威胁，即在不安全的网络环境中构造一个相对安全的内部网络环境。

从原理上来看，防火墙首先设定网络安全策略，然后对策略中涉及的网络访问行为实施有效管理，而对策略之外的网络访问行为则无法控制。从逻辑上讲，防火墙既是一个分析器，又是一个限制器，它要求所有进出网络的数据流都必须遵循预先设定的安全策略，因此是一种静态安全技术。

1. 防火墙的功能

随着防火墙技术的不断进步，防火墙的结构功能也不断增加和完善。目前，防火墙系统最常见的功能有：包过滤、审计和报警、代理及地址转换、流量统计和控制。

1）包过滤

包过滤功能通过允许或禁止数据包通过防火墙来保证系统内部的信息安全。目前，新一代防火墙技术从本质上来说都基于包过滤技术，不同类型产品的最大不同在于包过滤的方法或位置不同。

2）审计和报警

审计功能是对通过防火墙的数据包进一步进行审计、分析，并把审计日志保存到当地或上传到独立的主机，借助更加复杂精准的分析手段对审计日志进行进一步分析。

报警功能是当发现危险入侵等紧急情况时，防火墙通过电子邮件、短信提醒等方式及时通知安全管理人员。

3）代理及地址转换

代理功能是对内联网络和外联网络之间的应用服务进行转接，包括透明代理和传统代理两种模式。透明代理不需要客户主机软件进行设置，可直接转发受保护网络客户主机的请求，始终对用户保持透明。传统代理需要客户主机软件进行必要设置，其中最基本的设置就是把代理服务器的地址告诉客户主机软件。

地址转换功能是私有 IP 地址和公网 IP 地址之间的转换，包括源地址转换和目的地址转换两种类型。源地址转换是将保留地址转换为合法地址，比如企业内部主机通过源地址转换与外部网络进行通信，既可以解决网络地址短缺的问题，又可以对外屏蔽内部网络结构，增强了安全性。目的地址转换一般是指企业构建跨区域通信的虚拟专用网络，即企业在内部建立服务器集群，企业的外部办事处或企业分部通过公共网络连接到服务器集群，以数据加密的方式保障传输数据的安全。

4）流量统计和控制

流量统计和控制功能是指通过对受保护网络和外部网络之间的连接情况进行实时动态监测，减少由于防火墙连接表项过多或连接分布不合理而产生的拒绝服务的情况。

流量统计和控制功能，一方面可实时监测外部网络向内部网络发起的 TCP 或 UDP 连接总数是否超过设定的阈值；另一方面可根据需要，限制新连接的发起数量，或者限制向内部网络某一 IP 地址发起新连接，从而保证其他连接可以正常建立。

2. 防火墙技术的分类

目前，防火墙技术主要有包过滤防火墙技术、应用网关防火墙技术和状态检测防火墙技术[12]。

1）包过滤防火墙技术

下面将从概念解析、工作原理和优劣势三个方面分析包过滤防火墙技术。

（1）概念解析。

包过滤防火墙技术是依据配置文件对通过防火墙的数据包进行过滤决策，这个配置文件就是防火墙预先定义好的策略，其具体形式就是一个访问控制列表，每个列表都可以称为一条防火墙规则。

访问控制列表主要由规则号、过滤域（网络域）和动作域三个部分组成。

规则号按照在访问控制列表中的顺序，确定数据包匹配的次序。

过滤域可由许多项构成，常用的主要由源地址、目标地址、源端口、目标端口和协议五项组成。

动作域通常只有允许数据包通过和不允许数据包通过两种状态。

典型防火墙策略的例子见表 7-1。

表 7-1　典型防火墙策略的例子

规则号	过滤域	源地址	源端口	目标地址	目标端口	动作域
1	TCP	10.10.10.*	*	192.168.0.10	[0，1023]	允许通过
2	TCP	10.10.11.*	*	192.168.0.11	23	允许通过
3	UDP	10.10.*.*	*	*	8000	允许通过
4	其他	*	*	*	*	不允许通过

注：*表示任意合法数据。

（2）工作原理。

当数据包到达防火墙时，首先查找规则号，如果数据包的包头部分和规则的过滤域部分相匹配，则防火墙根据规则的动作域采取相应动作；如果数据包的包头部分和规则的过滤域不匹配，则查找第二条规则；这个过程一直持续下去，直到找到一条规则的过滤域匹配该数据包，此时根据这条规则的动作域采取相应动作。因此，对于实际的防火墙来说，规则表的最后是一条默认规则，该规则拒绝所有通信。

数据包的包头部分和规则的过滤域部分由前缀匹配和范围匹配两种实现精确匹配。精确匹配要求数据包和规则的对应部分完全相同。前缀匹配要求规则的对应部分是数据包的前缀，可以应用于源地址域和目标地址域；范围匹配要求数据包的对应部分在规则规定的范围以内，可以应用于源端口域和目标端口域。

（3）优劣势分析。

包过滤防火墙的优势主要有以下两点。

① 对是否要通过数据包的决策响应速度快，原因在于防火墙只迅速检查

数据包的包头部分，而对数据包所携带的内容没有任何形式的检查。

② 用户使用非常便利，原因在于包过滤防火墙是透明的，不需要在用户端进行任何配置。

包过滤防火墙的劣势主要有以下两点。

① 无法过滤审核数据包的内容，原因在于包过滤防火墙工作在较低层次，本身能接触到的数据信息较少，所生成的日志记录通常只包括数据包的捕获时间、三层地址、四层端口等原始信息，无法提供描述事件细节的日志记录。

② 不适用于复杂网络，面对复杂结构网络链路时，管理员配置工作将变得十分困难，而且检测系统也容易出错。

2）应用网关防火墙技术

下面将从概念解析、工作原理和优劣势三个方面分析应用网关防火墙技术。

（1）概念解析。

应用网关防火墙技术也称代理服务器型防火墙技术，主要通过对应用层数据包的控制来保证信息传输的安全性。

（2）工作原理。

经过应用网关防火墙链接到外部网络服务器的请求，需经以下两个过程。

① 依据防火墙策略代理服务器对连接服务进行判定，如果允许通过，则代理服务器向外部网络服务器发出请求，然后代理服务器接受外部网络服务器发过来的数据包；如果不允许通过，则代理服务器无法发出请求。

② 代理服务器依据防火墙策略决定对数据包进行行为检测，如果接收数据包，则把它转发给发起请求的内网客户端；如果不接收数据包，则丢弃。

（3）优劣势分析。

应用网关防火墙技术的优势主要体现在具有机制认证安全性（用户和密码双重认证）、内容过滤充足（针对网页内容的过滤）、日志记录详细（突破了四层的限制，记录非常详尽的日志）三个方面。

应用网关防火墙技术的劣势主要体现在操作过程复杂、速度较慢、代理程序复杂、需要客户端设置代理服务器等四个方面。

3）状态检测防火墙技术

下面将从概念解析、工作原理和优劣势三个方面分析状态检测防火墙技术。

（1）概念解析

状态检测防火墙技术又称动态包过滤防火墙技术，该技术与普通包过滤防护墙技术最大的不同是以"数据流"的方式来进行数据包过滤。

（2）工作原理

与普通包过滤防火墙的工作原理类似，状态检测防火墙根据安全过滤规则来确定受保护网络和外部网络之间建立的网络连接是否允许接入，如果允许接入，连接请求就可以进入防火墙；如果不允许接入，则连接请求不可以进入防火墙。

与普通包过滤防火墙不同的是，状态检测防火墙首先将允许接入的连接信息存入可信任"连接表"；然后当数据包再次来临时，防火墙先从数据包的上层协议中抽取相应的标志信息，与系统内的可信任"连接表"对照。如果是在"连接表"中已经存在的数据包，则防火墙直接允许通过，不再进行复杂的规则检查；如果是在"连接表"中不存在的数据包，状态检测防火墙则继续执行规则检查。

（3）优劣势分析

状态检测防火墙技术的优势主要体现在以下两方面：一是过滤速度更快，主要因为对已经建立安全连接的数据包不再重复进行规则检查；二是出错率低，主要因为系统管理员配置访问规则时需要考虑的因素相对较少。

状态检测防火墙技术的劣势与普通包过滤防火墙相同，主要体现在无法深入到上层协议。

3．防火墙技术形态

目前，常见的防火墙技术形态主要有屏蔽路由器、双宿主机网关、被屏蔽主机网关和被屏蔽子网系统四种[13]。

1）屏蔽路由器

屏蔽路由器主要是由一个具有数据包过滤功能的路由器（可以是硬件设备或主机）组成，是防火墙体系最基本的结构形态。

屏蔽路由器的主要优势在于结构简单、防护能力强，主要因为路由器是内部受保护网络和外部网络连接的唯一通道。

屏蔽路由器的主要劣势在于稳定性差，主要因为一旦屏蔽路由器的包过滤功能失效，则受保护网络和外部网络就可以无阻碍地进行任意数据交换，而且被攻陷后很难发现。

2）双宿主机网关

双宿主机网关主要由一台装有两块网卡的主机系统组成，一块连接内部受保护网络，另一块连接外部网络。双宿主机网关集成了各种具有网关功能的路由软件和系统管理软件，可记录详细的网络审计日志，如图 7-7 所示。

图 7-7　双宿主机网关

双宿主机网关的主要优势在于与屏蔽路由器基本结构相比，可有效辅助网络入侵检测。

双宿主机网关的主要劣势在于一旦网络入侵者入侵主机，并使其只有路由功能，则互联网中的任何用户均可随便访问受保护网络内部资源，无法帮助网络管理者确认受保护网络中已被入侵的主机。

3）被屏蔽主机网关

被屏蔽主机网关主要由外部网络和受保护网络之间的屏蔽路由器和堡垒主机组成，保障受保护网络内部的安全。

屏蔽路由器允许堡垒主机和外部网络之间的通信，阻止受保护网络内部所有主机与外部网络直接通信。

堡垒主机集成在受保护网络中，可以直接与受保护网络中的主机进行通信，也是从外部网络到达受保护网络主机的唯一路径。其系统组成如图 7-8 所示。

被屏蔽主机网关的主要优势在于系统简单、容易实现、防护效果较好；主要劣势在于系统的基本控制策略由安装在堡垒主机中的软件决定，一旦攻击者攻陷堡垒主机，受保护网络中的其余主机就会受到很大威胁。

图 7-8　被屏蔽主机网关

4）被屏蔽子网系统

被屏蔽子网系统主要由两台屏蔽路由器和隔离带三大部分组成，外部网络不能直接访问受保护网络，而是通过屏蔽路由器和隔离带间接访问的。

屏蔽路由器控制隔离带内服务器访问权限。隔离带起到网关的作用，将受保护网络和外部网络在物理空间上隔离，但是可同时被受保护网络内部的主机和外部网络访问，如图 7-9 所示。

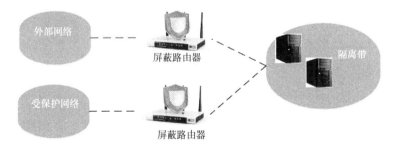

图 7-9　被屏蔽子网系统

被屏蔽子网系统的主要优势在于系统安全性更高，主要因为受保护网络和外部网络之间的网络结构变得复杂，增加通过外部网络入侵受保护网络的难度。

被屏蔽子网体系结构的主要劣势在于实际部署难度较大，系统资源消耗较大，一般用于网络安全防护等级要求较高的环境中。

4．防火墙技术的主要不足

由于防火墙技术存在无法消灭攻击源、无法防御病毒攻击、无法阻止内部攻击、自身存在设计漏洞和牺牲有用服务等问题，因此网络攻击者可利用防火墙的开放端口逃避防火墙的监测，对目标应用程序直接发起攻击[14]。

1）无法消灭攻击源

面向完全开放的互联网环境，由病毒、木马、恶意程序等引起的网络攻击行为数量众多，攻击源会不断向防火墙发出攻击尝试。防火墙可有效阻挡入侵行为，但是无法从根本上清除攻击来源。例如，某接入主干网网络的站点每天受到 100 次左右的网络入侵攻击行为，防火墙虽然可有效阻止以上入侵攻击行为，但防火墙本身遭遇的攻击流量不会减少。

2）无法防御病毒攻击

计算机病毒的攻击方式，一是从外部网络直接入侵；二是通过内部信息化系统存在的网络漏洞进行渗透。防火墙无法防御基于内部信息化系统漏洞而产生的计算机病毒。例如，在受保护内部网络用户下载外部网络中的带病毒文件时，防火墙无法有效抵抗该种攻击行为。

3）无法阻止内部攻击

防火墙可有效阻挡外部网络的攻击入侵，但对局域网内部发起的网络攻击缺乏有效的监管。比如，防火墙无法有效防御通过电子邮件发送携带的木马病毒。该木马病毒穿过防火墙在某受保护网络主机上注入木马病毒，该主机会主动对受保护网络内部的其他主机进行攻击。

4）自身存在设计漏洞

由于自身设计的问题，防火墙软硬件本身或多或少存在设计漏洞。网络攻击者会利用这些漏洞，直接绕过防火墙，对信息系统进行攻击。

5）牺牲有用服务

网络管理者会根据实际应用情况，关闭暂时不用的部分常用服务来保障信息系统的安全。通过牺牲部分服务来换取信息系统的安全，会使互联网络的易用性受到影响。

7.1.4 入侵检测技术

入侵检测技术是指能够对网络系统外部入侵、内部用户非授权行为进行有效识别、预警，并做出相应的过滤、丢弃等处理。

入侵检测的工作原理如图 7-10 所示，具体如下。

（1）收集网络系统中不同关键点（网段和主机）的网络日志文件、目录和物理形式的入侵信息。

（2）对收集到的信息进行过滤、模式匹配、统计分析、完整性分析等。

（3）基于探测引擎对入侵事件的分析结果，制定策略，发出预警。

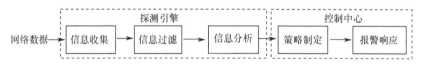

图 7-10 入侵检测的工作原理

入侵检测技术的优势在于自动化程度高，不需要人工分析和编码，适于处理海量数据和进行数据关联分析，自适应能力强；劣势在于入侵事件只有在发生后才能被检测到，响应不够及时，实时性较差，不能适应高速网络检测。

7.1.5 加密技术

加密技术是指采用确定的密码算法，对传输的信息进行加密处理，将敏感的明文数据变换成难以识别的密文数据。数据加密被公认为是保护数据传输和存储安全的有效方法。

常用的加密技术主要有对称加密、非对称加密、哈希算法、数字签名等[15]。

1. 对称加密

对称加密是指信息接收方和发送方，使用同一个密钥进行加密/解密的方法。常用的算法有数据加密标准（Data Encryption Standard，DES）、三重数据加密算法（Triple DES，3DES）、对称加密算法（Blowfish）、对称分组加密算法（Rivest Cipher 2，RC2）、流加密算法（Rivest Cipher 4，RC4）、参数可变分组密码算法（Rivest Cipher 5，RC5）、国际数据加密算法（International Data Encryption Algorithm，IDEA）等。

对称加密的工作原理如图 7-11 所示，具体如下。

（1）发送方和接收方共同商定一个密钥。

（2）发送方用这个密钥对所要传输的文件进行加密，然后发送至接收方。

（3）接收方通过同一个密钥对接收到的加密文件进行解密，完成文件的加密传输。

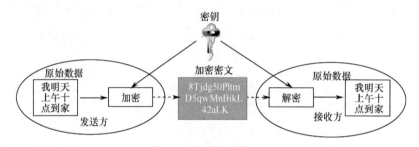

图 7-11　对称加密的工作原理

对称加密技术的优势是算法公开、计算量小、加密速度快、加密效率高，适合数据字长较长时使用；劣势是密钥传输的过程不安全，且容易被破解，密钥管理也比较复杂。

2．非对称加密

非对称加密是通过两个密钥分别进行加密和解密，即公开密钥（Public key，简称公钥）和私有密钥（Private key，简称私钥），公开密钥与私有密钥是一对，如果用公开密钥对数据进行加密，则只有用对应的私有密钥才能解密；如果用私有密钥对数据进行加密，那么只有用对应的公开密钥才能解密。常用的非对称加密算法有 RSA（Rivest Shamir Adleman）、数字签名算法（Digital Signature Algorithm，DSA）、椭圆曲线签名算法（Elliptic Curve Digital Signature Algorithm，ECDSA）等。

非对称加密的工作原理如图 7-12 所示，具体如下。

（1）接收方生成一对密钥，将其中的一个作为公开密钥发送给发送方。

（2）发送方使用该公开密钥，对需要加密的信息进行加密后，发送给接收方。

（3）接收方使用对应的私有密钥对加密后的信息进行解密，从而实现机密数据传输。

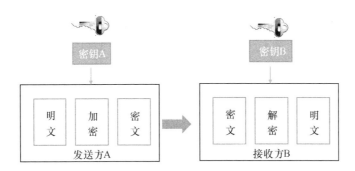

图 7-12   非对称加密的工作原理

非对称加密技术的优势是密钥分配简单、密钥保存量少，可以满足互不相识的人之间私人谈话时的保密性要求等；劣势是公钥的计算量较大，速度远比不上私钥，另外，公钥需要公布一部分密码信息，因此容易被攻破。

3．哈希算法

哈希算法是单向摘要算法，是一种由任意长明文数据产生定长密文数据的映射算法。该算法是密码学的基础，是一种不可逆的单向密码体制。

哈希算法的工作原理是：将不同长度的明文输入（如"十点到家""我是小明，今天晚上十点到家"）通过哈希函数映射为较短的、具有固定长度的密文并输出，如图 7-13 所示。

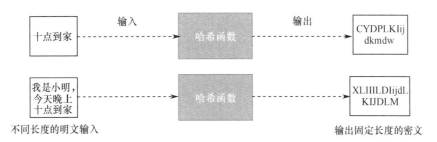

图 7-13   哈希算法的工作原理

哈希算法的优势是易压缩、易计算，具有良好的抗碰撞性；劣势是该算法基于数组，数组创建后难以扩展，某些哈希表被基本填满时，性能会显著下降。

4. 数字签名

数字签名技术是一种类似于写在纸上的人工签名，但使用了公钥加密技术实现的，用于鉴别数字信息的方法[16]。

数字签名技术的工作原理如图 7-14 所示，具体如下。

（1）发送方采用某种摘要算法从报文中生成报文摘要。

（2）发送方用私钥对这个摘要进行加密，产生一个摘要密文，这就是发送方的数字签名。

（3）发送方将加密后的数字签名作为附件和报文明文一起发送给接收方。

（4）接收方从接收到的原始报文中采用相同的摘要算法生成报文摘要。

（5）接收方用发送方的公钥对报文附加的数字签名进行解密。

（6）如果两个报文摘要相同，那么接收方就能确认报文由发送方签名。

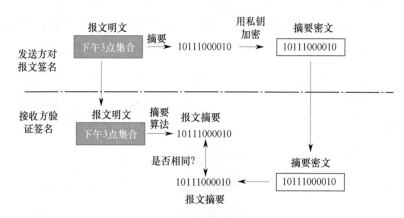

图 7-14　数字签名技术的工作原理

数字签名的优势是容易验证文件的完整性（不需要骑缝章、骑缝签名，也不需要笔迹专家）和不可抵赖性（不需要笔迹专家来验证）；劣势是缺少人工签名的艺术感和签名人的权力感觉。

7.2 动态网络防御技术

静态网络防御技术无法有效抵御各种未知软硬件漏洞攻击、潜在后门攻击、复杂的渗透式网络入侵等。面对以上静态网络防御技术的局限性，动态网络防御技术应运而生[17]。

动态网络防御技术是一种动态、主动的防御技术，通过指令集随机化、执行代码随机化、数据存放随机化、主机身份随机化、端口跳变、地址跳变、动态路由等技术手段，形成环境、网络、平台、数据、软件等多层面的技术体系，并通过不断改变被攻击目标的特性来化解攻击者的攻击行为。

7.2.1 动态网络防御系统架构

动态网络防御系统架构围绕对物理网络的防护，主要由适配引擎、分析引擎、逻辑安全模型、配置管理器和逻辑任务模型五部分组成，如图 7-15 所示。

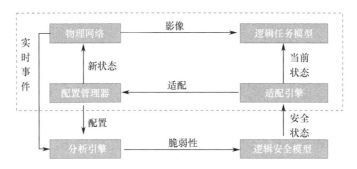

图 7-15 动态网络防御系统架构

适配引擎根据物理网络输入的随机变化参数，使网络状态呈现随机变化的状态；分析引擎从物理网络获取实时事件，配置管理器获取当前配置信息，从而确定该系统可能存在的脆弱性问题和可能面临的攻击；逻辑安全模型观察网络当前状态及安全状态；配置管理器控制物理网络配置；逻辑任务模型按网络功能需求，捕获物理网络当前状态概况。

动态网络防御系统架构的优势在于以下两方面。

（1）通过自身资源配置调整、系统属性改变，向网络攻击者呈现不断变化的攻击面，从而增加攻击者利用系统漏洞的难度，使攻击者更难发起有效的攻击。

（2）攻击者暂时无法入侵网络系统时，在重新制定有效攻击方案、攻击模型的同时，网络系统结构能够快速重建，这些变化减弱了攻击模型的进攻有效性。

动态网络防御系统架构的劣势在于以下两方面。

（1）对内外协同式的后门、病毒、木马等不具有防护效果。

（2）系统架构比较复杂，影响到计算服务性能、虚拟环境系统安全稳定性和弹性、虚拟化基础设施本身的安全性。

7.2.2　动态网络防御技术体系

动态网络防御技术体系用于保护网络中的具体实体，可由（运行）环境侧、网络侧、平台侧、数据侧、软件侧技术构成。

1．环境侧动态防御技术

（运行）环境侧动态防御技术指的是在保证应用服务可用性的前提下，通过异构技术持续改变处理器、操作系统、虚拟化平台，以及具体应用开发环境中的运行环境名称、应用类型、版本信息等可见特征，防止攻击者通过这些环境信息对应用服务进行有效探测及渗透。

环境侧动态防御技术主要包括虚拟化技术、可重构技术、应用热迁移技术、系统环境适变技术、沙箱隔离防御技术等方面。

1）虚拟化技术

虚拟化技术是指以网络应用和服务、操作系统等为基础层构建虚拟服务器，将每个虚拟服务器都配置成具有唯一的软件特性，这样多个虚拟服务器就会呈现不同的攻击面。虚拟化技术包含很多形态，如软件虚拟化、硬件虚拟化、内存虚拟化、网络虚拟化、桌面虚拟化、服务虚拟化等。

以硬件虚拟化技术为例，主要由硬件层、中间软件层、虚拟层、应用层组成，如图7-16所示。

硬件层为具有高性能和隔离性的基础物理硬件，直接运行中间软件层。中间软件层位于硬件层和虚拟层之间，可实现多个虚拟操作系统和应用共享一套基础物理硬件，也可看作虚拟环境中的"元"操作系统，也叫虚拟机监视器。虚拟层通过将硬件层分割为不同的虚拟机，在虚拟机上运行虚拟操作系统。应用层直接和应用程序接口，并提供常见的网络应用服务。

图 7-16　硬件虚拟化技术架构

虚拟化技术的优势在于能够解决高性能物理硬件产能过剩、老旧硬件产能过低的重组重用问题，可实现资源充分利用，最大化利用物理硬件；劣势在于实施配置复杂，提升了管理难度，同时降低了资源利用率。

2）可重构技术

可重构技术主要是指通过多样化的软硬件任务划分和差异化的逻辑电路设计满足差异化任务的应用。典型的可重构技术主要由混合计算系统、指令缓存、数据缓存和内存四部分组成，如图 7-17 所示。

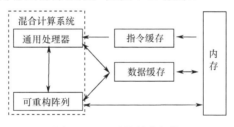

图 7-17　可重构技术架构

混合计算系统由可重构阵列和通用处理器组成，两者形成主协处理器关系，共享内存和数据缓冲。通用处理器完成通用程序的处理，可重构阵列，完成特定循环和子程序处理。

可重构技术的优势在于具有高性能、较大灵活性、低系统能耗、高可靠性等；劣势在于技术不成熟，元器件配置过程耗费时间较长。

3）应用热迁移技术

应用热迁移技术主要是指可随机地在不同的平台间迁移，从而减少在单一平台暴露的时间，使网络攻击者难以对系统进行有效侦查，最终提升系统的防御能力。

主流的应用热迁移技术是在源主机与目标主机共享存储系统的情况下，只需将虚拟机设备状态和内存从源物理主机传输到目的物理主机。其工作原理如图 7-18 所示，具体如下。

（1）在源主机和目标主机之间建立连接。

（2）传送虚拟机配置及设备信息。

（3）传送虚拟机内存。

（4）暂停源主机并完成迁移。

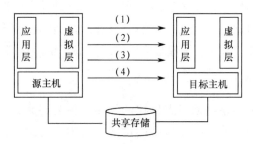

图 7-18　应用热迁移技术的工作原理

应用热迁移技术的优势在于整个迁移过程对虚拟机保持透明，虚拟机不需要关闭系统，没有明显服务不可用时间；劣势在于对源主机和目标主机的系统兼容性要求较高，存在过度重复复制和热迁移有时不能终止的情况。

4）系统环境适变技术

系统环境适变技术主要应用于通用处理器和可编程逻辑器件，指可根据系统或网络的变化情况，动态更改加载在系统中的可执行文件和对应的配置数据文件。

系统环境适变技术的工作原理如图 7-19 所示，具体如下。

（1）感应获取系统和网络流量的波动变化，探测可疑流量并进行预警。

（2）攻击者通过可疑流量入侵，获取处理器和可编程逻辑器中的可执行文件及对应的配置文件。

（3）根据预警情况，及时更改处理器和可编程逻辑器中的可执行文件及对应的配置文件。

（4）攻击者获取的这些文件信息发生变化，无法通过可疑流量获取真正所需信息，攻击失效。

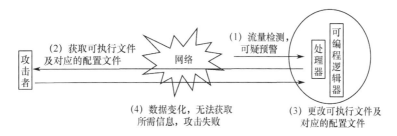

图 7-19　系统环境适变技术的工作原理

系统环境适变技术的优势是能够根据外部环境中可疑行为的变化及时更改处理器等中的可执行文件及对应的配置文件，大大减低了攻击者获取所需信息的概率；劣势在于需要借助流量探测设备，并且更改信息时开销较大，需要不断与攻击者争夺时间。

5）沙箱隔离防御技术

沙箱隔离防御技术是建设一个相对独立的虚拟环境，用来按照安全策略限制或测试不受信任的应用程序、上网行为等，主要分为基于虚拟化的沙箱和基于规则的沙箱两类。基于虚拟化的沙箱隔离防御技术主要是为了保证在不可信资源原有功能不受影响的同时提供安全防护功能，为不可信资源构建封闭运行环境。基于规则的沙箱隔离防御技术主要是指通过使用有效访问控制规则，来限制程序访问行为。

沙箱隔离防御技术的工作原理如图 7-20 所示，具体如下。

（1）构建虚拟化隔离环境，通过隔离机制，结合虚拟化技术建设一种可执行的虚拟环境。

（2）运行应用程序，让未知应用程序在沙箱环境中执行，通过系统调用技术和干预系统调用技术，限制应用程序的访问权限。

图 7-20　沙箱隔离防御技术的工作原理

（3）当出现非法访问行为时，运用干涉或限制技术阻止访问，以保障系统资源的安全。

沙箱隔离防御技术的优势在于在虚拟沙箱环境中，运行程序产生的内存可随时删除，运行程序本身不对硬盘产生永久性影响；劣势在于提取恶意行为特征比较困难，时间久、分析计算周期长。

2．网络侧动态防御技术

网络侧动态防御技术通过动态化、虚拟化和随机化的方法，突破网络系统内各要素静态性、确定性和相似性的缺陷，是在网络拓扑、网络配置、网络资源、网络节点、网络业务、网络要素等方面实施的动态防御技术，能够有效抵御针对目标网络的恶意攻击，提升攻击者对网络探测和内网节点进行渗透攻击的难度。

网络侧动态防御技术主要包括动态网络地址转换技术、网络地址空间随机化分配技术、端信息跳变防护技术、网络特征随机化技术等。

1）动态网络地址转换技术

动态网络地址转换技术是指通过共享动态网络地址，转换设备地址池的 IP 地址，从而动态地建立网络地址转换的映射关系。

动态网络地址转换技术的工作原理如图 7-21 所示，具体如下。

（1）管理员配置可用 IP 地址资源池。

（2）内部主机发送数据包 1，到达动态网络地址转换（Network Address Translation, NAT）设备，NAT 设备从可用 IP 资源池中随机分配一个 IP 地址（202.80.20.2）给内部主机，并将内部 IP 地址和分配的 IP 地址映射关系写入 NAT 映射表。

（3）数据包 1 中的源 IP 地址替换为新 IP 地址，然后发送到互联网中的目的主机。

（4）目的主机发送数据包 2，到达 NAT 设备，通过查询 NAT 映射表，将数据包 2 中目的 IP 地址转化为对应的内部 IP 地址。

（5）将数据包 2 按照目的 IP 地址发送给内部主机。

图 7-21 动态网络地址转换技术的工作原理

动态网络地址转换技术优势在于通过内部 IP 地址和外部 IP 地址之间的映射动态变换，可以很好地隐藏内部网络信息；劣势在于内部和外部 IP 地址映射动态变化，给需要利用 IP 地址进行安全管理（如访问控制）的应用带来困难。

2）网络地址空间随机化分配技术

网络地址空间随机化分配技术是指对进程的栈、堆、主程序代码段、静态数据段、共享库等所在位置进行随机化处理的技术。

网络地址空间随机化分配技术的工作原理如图 7-22 所示，具体如下。

（1）采用随机化技术，对攻击代码地址进行随机化处理，攻击代码的地址不固定。

（2）攻击者只能猜测该地址，不能准确地将其覆盖到返回地址位置。

（3）降低跳转到攻击代码位置的成功率，使计算机网络系统不被攻击。

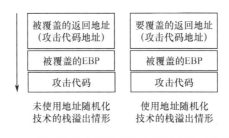

图 7-22 网络地址空间随机化分配技术的工作原理

网络地址空间随机化分配技术的优势在于可通过随机化地址的方式防御攻击；劣势在于需要依赖其他积极防御手段发挥整体功能，只能减缓某些特定类型攻击。

3）端信息跳变防护技术

端信息跳变防护是指在端到端的数据传输中，通信双方伪随机地改变端口、地址和时隙等端信息，使攻击者的攻击无效，从而实现主动网络防护。端信息跳变防护模型主要由端信息跳变模块、协同控制模块、反馈检测模块和任务机群四大模块组成。其中，协同控制模块是整个模型的核心。

端信息跳变防护的工作原理如图 7-23 所示，具体如下。

（1）协同控制模块负责反馈检测模块、端信息跳变模块和任务机群的协同工作，收集反馈检测模块的反馈信息，进行量化分析，并制定跳变策略。

（2）系统控制模块将跳变策略配置给端信息跳变模块。

（3）协同控制模块将跳变后的段信息封装为协同指令分发给任务机群。

（4）构建动态变化、协同合作的主动式防护模型。

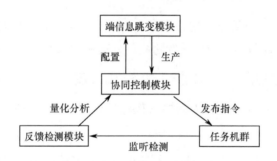

图 7-23　端信息跳变防护的工作原理

端信息跳变防护技术的优势在于具有很强的抗攻击性和抗截获性，能够有效抵御 DDoS 攻击和截获攻击；劣势在于同步和全局协调非常复杂，对通信双方合作的默契度要求较高，对用户不透明，在实际部署中难度较大。

4）网络特征随机化技术

网络特征随机化技术是指网络配置信息、系统指纹、路由等网络特征同时存在多个差异化的形态，能够有效抵御黑客攻击。

网络特征随机化技术的工作原理如图 7-24 所示，具体如下。

（1）攻击者监控、探测网络特征信息。

（2）网络特征信息依据网络流量异常情况或一定周期进行突变，呈现多形态。

（3）攻击者依据探测到的网络特征信息对目标系统发动攻击。

（4）攻击者只能攻击部分形态，无法获取全部所需信息。

（5）防御端依据被攻击的部分形态锁定攻击者，进而进行对抗攻击。

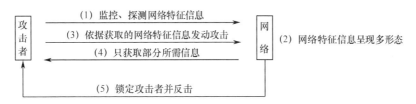

图 7-24　网络特征随机化技术的工作原理

网络特征随机化技术的优势在于攻击者很难用一种攻击方式同时入侵多个网络实体变体，并且可以隐藏真实特征，以防止被攻击；劣势在于网络特征信息呈现多形态，开销较大，如果不能很快反击，则可能存在所有形态都被攻击者获取的风险。

3．平台侧动态防御技术

平台侧动态防御技术是通过构建多样化运行平台，动态改变应用运行的环境，促使系统呈现不确定性和动态性，从而缩短应用在某类平台上暴露的时间，给攻击者制造侦查迷雾，使其难以摸清系统的具体构造，从而难以发动有效的攻击。

平台侧动态防御技术主要包括动态平台、网络空间威胁情报平台等。

1）动态平台

动态平台是指通过运行一个关键应用程序，提升硬件平台和操作系统多样性水平，通过运行平台的差异性，降低漏洞暴露概率，延缓漏洞暴露时间，从而提高抗各种攻击的安全防护能力。动态平台主要由操作评估工具和可信动态迁移环境两大部分组成。

动态平台的工作原理如图 7-25 所示，具体如下。

（1）通过实时威胁和脆弱性感知、实时网络和系统状态分析等工具，实现动态迁移辅助决策功能。

（2）当运行评估工具探测并分析出威胁时，在可信动态迁移环境中进行重配置和动态迁移。

（3）采用密码技术，建立加密可信根和可信容器，实现目标虚拟容器环境的可信验证。

（4）可信动态迁移环境对主机网络和软件实时监控，并将检测结果反馈给操作评估工具。

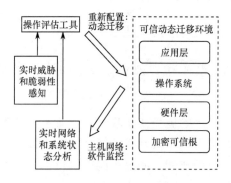

图 7-25　动态平台的工作原理

动态平台技术的优势在于通过平台的多样性（指令集、堆栈方向、调用方式、内核版本等操作系统属性、虚拟实体环境等）因素，以动态变化增加攻击难度，可有效防御注入攻击、网络扫描和供应链攻击；劣势在于系统庞大复杂，运行维护难度大，同时引入了过多冗余结构，增加了系统被攻击的可能性。

2）网络空间威胁情报平台

网络空间威胁情报平台认知一定时间和空间内网络空间要素，理解其意义并预测它们即将呈现的状态，以实现决策优势。

网络空间威胁情报平台的工作原理如图 7-26 所示，具体如下。

（1）信息获取：从多个维度对网络空间要素进行实时检测获取，包括物理域实体、逻辑域的通信与网络协议、社会域的信息和行为等。

（2）态势理解：对采集的信息进行分类、归并、关联分析等手段融合。

（3）态势评估：对融合的数据进行综合分析、深度挖掘，提取有用信息，评估网络空间当前实际运行状况。

（4）威胁评估：估计恶意攻击出现的频率、破坏能力和整个网络面临的威胁程度。

（5）态势预测：对态势发展趋势进行预测并及时预警，预防大规模安全事件的发生，减轻网络空间中对手行为的危害。

图 7-26　网络空间威胁情报平台的工作原理

网络空间威胁情报平台技术的优势在于集安全数据采集、处理、分析和安全风险发现、监测、报警、预判于一体，提供基于环境、动态，整体地洞悉安全风险的能力；劣势在于平台系统复杂，指标体系中各因素之间的关联分析、数据融合的难度很大。

4．数据侧动态防御技术

数据侧动态防御技术是指根据防御系统需求，随机动态化更改相关数据、句法、编码格式或表现形式，增加网络攻击的复杂度，从而达到增加攻击难度的效果。

数据动态防御技术主要包括数据随机化技术、变体数据多样化技术、容错数据多样化技术、Web 应用数据多样化技术等。

1）数据随机化技术

数据随机化技术是指通过在受保护的系统中部署一个编译器，将存储于内存的所有数据进行随机化，来防御注入攻击的技术。

数据随机化技术的工作原理如图 7-27 所示，具体如下。

（1）提取随机数据：在编译的基础上，通过别名分析和安全性分析，从源码中提取需要进行随机化处理的数据集合。

（2）程序随机变形转换：基于该数据集合，通过普通指令、自定义函数调用和外部函数调用三类处理方式，对中间语言进行随机化变形转换。

（3）运行前随机化处理：在程序执行前，通过重随机化组件对密钥进行动态随机变形，使每次执行时内存中的进程都是随机的，以增强随机化的保护效果。

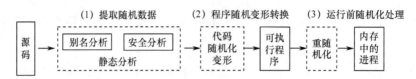

图 7-27　数据随机化技术的工作原理

数据随机化技术的优势在于攻击者需要针对每个特例去探索攻击方式，在测试时也无法完全模拟被攻击目标，从而大幅降低了攻击者成功攻击的概率；劣势在于在程序执行前，无法阻止发生在结构体等变量内部的攻击，使保护效果受到限制[18]。

2）变体数据多样化技术

变体数据是一种可变数据类型的变量，通常用于不同数据类型的转化，如果被截获篡改，应用程序中不同类型的数据就无法完成转化。变体数据多样化技术是指将变体数据进行多样化处理，从而有效抵御黑客攻击。

变体数据多样化技术的工作原理如图 7-28 所示，具体如下。

（1）将变体数据进行多样化处理，让变体数据呈现多种不同的形态。

（2）攻击者锁定部分形态的变体数据，并进行截获、篡改。

（3）防御端丢弃被截获、篡改的变体数据形态。

（4）攻击者无法通过篡改变体数据使其失效。

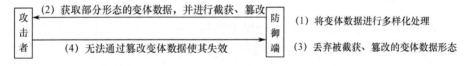

图 7-28　变体数据多样化技术的工作原理

变体数据多样化技术的优势在于通过多样化技术有效阻止了变体数据被截获后失效；劣势在于需要不断补充新形态的变体数据，开销较大。

3）容错数据多样化技术

容错数据就是原始数据的备份，用于在原始数据丢失后仍能保证数据可用。容错数据多样化技术是指将容错数据多样化，防止容错数据被攻击而丢失，使原始数据再丢失后无法恢复。

容错数据多样化技术的工作原理如图 7-29 所示，具体如下。

（1）将容错数据进行多样化处理并呈现多种形态。

（2）攻击者锁定部分形态的容错数据并进行破坏。

（3）原始数据被攻击，或者因操作不当而丢失。

（4）防御端利用其他形态的容错数据恢复原始数据。

图 7-29 容错数据多样化技术的工作原理

容错数据多样化技术的优势在于即使容错数据被破坏，也仍然可以恢复原始数据；劣势在于多样化形态的规律需要不断变换，也还可能被攻击者获取规律。

4）Web 应用数据多样化技术

Web 应用数据多样化技术是指将 Web 应用数据多样化，从而当被黑客攻击时，仍然可以为用户提供 Web 应用服务。

Web 应用数据多样化技术的工作原理如图 7-30 所示，具体如下。

（1）将 Web 应用数据进行多样化处理并呈现多种形态。

（2）攻击者对部分形态的目标 Web 应用数据进行破坏。

（3）防御端通过其他形态的 Web 应用数据为用户提供正常的 Web 应用服务。

图 7-30 Web 应用数据多样化技术的工作原理

Web 应用数据多样化技术的优势在于 Web 应用具有很强的健壮性，在被攻击后仍然可以提供正常服务；劣势在于多种形态的 Web 应用数据可能被攻击者全部攻击而失效。

5）数据完整性校验技术

数据完整性校验技术是指通过第三方对用户存储在云端的大数据进行检验检测，从而确定数据是否被篡改、丢弃等。

数据完整性校验技术的工作原理如图 7-31 所示，具体如下。

（1）用户向第三方提出验证请求。

（2）第三方向云端发起验证，验证数据完整性。

（3）云端向第三方发送验证证明。

（4）第三方将验证结果返给用户。

（5）经过完整性检测后，用户与云端进行数据引流。

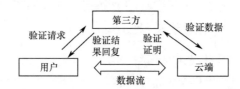

图 7-31　数据完整性校验技术的工作原理

数据完整性校验技术的优势在于可确保数据的准确性和可靠性，使用于描述存储的所有数据均处于客观真实状态；劣势在于通信协议的计算、存储开销较大。

6）数据匿名化技术

数据匿名化技术是指以某种方式将要使用的数据更改或发布，将机密数据的关键部分模糊化处理，以提高数据在云环境中的信息安全。

以不泄露公司名称来计算总收入的场景为例，数据匿名化技术的工作原理如图 7-32 所示，具体如下。

（1）在原始数据表格中分别将公司 A、B、C 的名称更改为 Bob、Alice、Dave，同时将虚构的记录添加到数据表格中。

（2）将更改后的转换表保存在安全区域，该转换表可以映射公司名称解析和识别虚构数据。

（3）在云环境中使用匿名化数据，去除虚构公司的数据后计算总收入，该方式不会泄露机密信息。

公司	收入
A	100美元
B	200美元
C	300美元

公司	收入
A	Bob
B	Alice
C	Dave
虚构的公司	Eve
虚构的公司	Carol

公司	收入
Bob	100美元
Alice	200美元
Dave	300美元
Eve	50 美元
Carol	400美元

原始数据　　　　　　安全区域　　　　　　云计算

图 7-32　数据匿名化技术的工作原理

数据匿名化技术的优势在于可有效保护用户个人隐私，在不泄露敏感信息的前提下实现安全数据发布；劣势在于经过匿名化处理的数据集，无法成功解决个人身份被复原的问题。

5．软件侧动态防御技术

软件侧动态防御技术主要是指以密码技术、编译技术、动态运行技术等为基础，采用随机化处理方法，对程序控制代码在结构、布局及执行文件的组织结构等多层面进行随机性、多样性和动态性的改进处理。

软件侧动态防御技术主要包括地址空间布局随机化技术、指令集随机化技术、二进制代码随机化技术、软件多态化技术、多态变形技术等。

1）地址空间布局随机化技术

地址空间布局随机化技术是指解决随机排列程序中关键数据区域的位置（可执行的部分、堆、栈及共享库）缓冲区溢出问题的安全技术。

地址空间布局随机化技术的工作原理如图 7-33 所示，具体如下。

（1）在进程可执行模块的地址空间内引入随机化机制。

（2）每加载一个可执行模块，系统都其地址的代码、数据地址随机转化为动态地址。

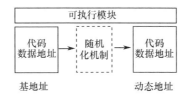

图 7-33　地址空间布局随机化技术的工作原理

（3）可执行模块启动时，其内部各个模块的代码、数据地址都不恒定，可有效避免攻击者使用固定跳转指令地址进行流程跳转。

地址空间布局随机化技术的优势在于可防止攻击者在内存中跳转到特定利用函数，从而减小攻击者猜测随机化空间位置的可能性；劣势在于需要和数据执行保护配合使用。

2）指令集随机化技术

指令集随机化技术是指将程序中的指令按照一定随机规则进行变换，使外部恶意代码解密后得到错误或无效机器指令，从而无法按照变换后的指令集被机器识别，实现系统安全防御。

指令集随机化技术的工作原理如图 7-34 所示，具体如下。

（1）程序在轻量级虚拟机上运行，并将程序按照一定大小分块。

（2）虚拟机随机生成密钥对程序块进行加密，并为指令分配标签。

（3）虚拟机执行加密块的解密指令。

（4）被解密的代码块暂时以缓存方式保存，以减少大量重复解密工作。

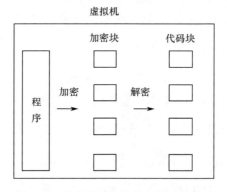

图 7-34　指令集随机化技术的工作原理

指令集随机化技术的优势在于可以有效阻止代码注入型攻击；劣势在于无法有效防御 return-to-lib 等类型攻击。

3）二进制代码随机化技术

二进制代码随机化技术采用抽签法、随机数字表法等随机化技术，将程序的二进制代码进行随机化等价变换，从而增强程序的系统性安全。

二进制代码随机化技术的工作原理如图 7-35 所示，具体如下。

（1）对程序中的二进制代码进行随机化处理。

（2）攻击者对获取的程序进行全面分析。

（3）防御端拥有足够时间，从而检测到攻击事件并采取安全措施。

（4）攻击者无法获取所需信息，因此无法进行破坏。

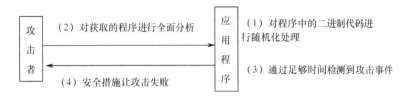

图 7-35　二进制代码随机化技术的工作原理

二进制代码随机化技术的优势在于增加了攻击者分析测试的难度，从而实现较好的防护效果；劣势在于随机化的规律可能被攻击者暴力破解。

4）软件多态化技术

软件多态化技术是指同一个软件产品具有不同的副本形式，这些副本具有相同功能，运行时由一个程序段构建多个变体，网络系统在接收到入侵输入信号时，将信号同时传送给所有的变体，通过比较所有变体的输出信号来判断系统安全状况。

软件多态化技术的工作原理如图 7-36 所示，具体如下。

（1）多个可选版本程序组成多样化系统，同一个软件的多个实例有不同的可执行代码。

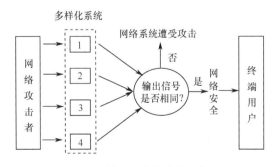

图 7-36　软件多态化技术的工作原理

（2）多个可选版本程序对终端用户透明，仅在功能上有细微差别。

（3）网络攻击者对多个版本程序进行攻击，并输出信号。

（4）如果变体的输出信号不同，那么说明网络系统受到入侵；如果变体的输出信号相同，那么说明网络系统安全。

软件多态化技术的优势主要体现在三方面：一是消除软件的同质化现象，实现软件的多态化；二是增加攻击实施者利用网络漏洞的难度；三是有效抵御专门针对软件系统缺陷的外部代码注入型攻击、文件篡改型攻击、数据泄露型攻击、感染型攻击等多类型攻击。

软件多态化技术的劣势主要有增加软件开发和维护难度，成本昂贵；对大规模部署的软件实施软件多样化，会使软件维护更加复杂。

5）多态变形技术

多态变形技术是指保留程序功能不变，将解密部分代码进行指令级变形，通过改变程序代码实现软件保护，是恶意代码对抗分析和检测的有效手段。

多态变形技术中的初始软件经过多态变形保护处理得到不同副本，其工作原理如图 7-37 所示，具体如下。

（1）多态引擎对被保护的初始软件代码进行加密。

（2）将解密部分代码进行变形。

（3）将解密代码和加密后的软件代码一起封装。

（4）变形引擎对整个软件体进行处理，在不改变逻辑的前提下，把程序变换成许多不同形式的变形体，使不同软件实例的代码完全不同。

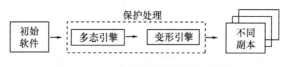

图 7-37　多态变形技术的工作原理

多态变形技术的优势在于可延长软件破解时间，加大破解代价，软件安全性更高；劣势在于代码量大且编写难度较大，增加了被发现的可能性。

7.2.3　典型动态网络防御技术——蜜罐

蜜罐（Honeypot）类似于情报收集系统，是一种针对网络攻击者的欺骗手段，目的是以虚假的网络资源作为诱饵，迷惑、吸引攻击者扫描、攻击和攻陷这些网络资源，属于主动防御技术。当蜜罐部署在两个及多个节点时，蜜罐技术又称蜜网技术。

蜜罐不仅可以提供精准的网络攻击者的行为画像，而且能够为安全防范人员提供协议分析、特征提取、记录犯罪证据等有利信息，实现网络安全理论和物理空间上的相互联系。

1．蜜罐技术分类

下面分别按阶段目标、交互程度和呈现形态三种分类来分析蜜罐技术。

1）按阶段目标分类

按照诱惑引发攻击行为、分析攻击行为两个关键阶段的实现目标，可将蜜罐分为产品型蜜罐和研究型蜜罐两类。

（1）产品型蜜罐。

产品型蜜罐侧重于分流真实的网络攻击流量，吸引攻击者把注意力和目标从真实系统转移到蜜罐，从而诱惑攻击者发起网络攻击行为，检测潜在的网络攻击，并把这些可能的攻击行为反馈至网络防御端，从而阻止由网络攻击导致的破坏。产品型蜜罐主要包括基于欺骗工具包（Deception Toolkit，DTK）的蜜罐、Man Trap、KFSensor 等。

产品型蜜罐的优势在于较易部署，且不需要管理员投入大量的工作；劣势在于在防护中所做的贡献很少，防护功能很弱，无法将网络入侵者"拒之门外"。

（2）研究型蜜罐。

研究型蜜罐可捕获、收集攻击流量，并对这些攻击流量所使用的攻击方法和工具进行详细分析，研究攻击行为、了解攻击意图和提取攻击主体特征等，最后应用于安全防御产品的改进升级和测试。研究型蜜罐主要包括 Gen II 蜜网和 Honeyd。

研究型蜜罐的优势在于可较为详尽地获取攻击信息；劣势在于需要研究人员投入大量的时间和精力进行攻击监视和分析工作。

2）按交互程度分类

按照网络攻击者与蜜罐交互程度，可将蜜罐分为低交互蜜罐和高交互蜜罐两类。

（1）低交互蜜罐。

低交互蜜罐通过模仿少量的互联网协议和网络服务来欺骗攻击者，让攻击者有限地访问操作系统，主要包括虚拟蜜罐、Specter、KFSensor、Dionaea等。产品型蜜罐是典型的低交互蜜罐。

低交互蜜罐的优势在于操作系统和网络服务的模拟程度不高，结构较简单，交互功能有限，部署的过程不需要耗费过多的人力、物力和精力，所需要承担的风险也相对较小；劣势在于能够影响的攻击行为数量、收集到的有效信息相对较少。

（2）高交互蜜罐。

高交互蜜罐指的是欺骗攻击者不是简单模拟某些协议和服务，而是提供完整真实的攻击系统和网络服务，可吸引较多网络攻击者对其进行攻击，在真实应用环境中的使用频率较高，主要包括 BOF、SPECTER、HOME-MADE蜜罐、TINY 蜜罐等 14 种。研究型蜜罐是典型的高交互蜜罐。

高交互蜜罐的优势在于建立了较为真实的网络环境，使网络攻击者在网络系统中具有更多的活动自由度；劣势在于带来不断提高的运行和维护风险。

（3）高、低交互蜜罐的对比分析。

网络攻击者在低交互蜜罐中的攻击空间、范围有限，在高交互蜜罐中的攻击自由度较高、范围较大，两者的对比分析见表 7-2。

表 7-2　高交互蜜罐和低交互蜜罐的对比分析

高交互蜜罐	低交互蜜罐
真实服务或操作系统	模拟 TCP/IP 栈
风险高	风险低
部署与维护困难	容易部署与维护
捕获大量信息	捕获有关攻击的定量信息

3）按呈现形态分类

按照具体呈现形态，蜜罐可分为物理蜜罐和虚拟蜜罐两类。

（1）物理蜜罐。

物理蜜罐指的是蜜罐以真实的物理主机呈现，使用真实主机作为诱饵，需单独分配 IP 地址，以为攻击者提供更多的可攻击目标。物理蜜罐一般为高交互蜜罐。

物理蜜罐的优势在于依赖真实的物理计算机，安装相应的操作系统并具备网络环境，可提供部分或完全真实的应用服务；劣势在于硬件成本高、维护困难等。

（2）虚拟蜜罐。

虚拟蜜罐指的是蜜罐不是真实的物理主机，而是在物理机上部署的虚拟机，这些虚拟机可以具有多个不同类型的操作系统，从而可形成虚拟蜜罐网络。虚拟蜜罐一般为低交互蜜罐，如 Honeyd 等。

虚拟蜜罐的优势在于对硬件要求低、容易维护等；劣势在于容易被有经验的攻击者识别。

2．蜜罐的工作原理

下面分别论述蜜罐的基本工作原理和虚假网络资源的生成原理。

1）基本工作原理

蜜罐主要由虚假网络资源、入侵监控系统、数据分析平台三部分组成。虚假网络资源指的是由物理或虚拟服务器、交换机等组成的网络资源；入侵监控系统的作用是监视、捕获和收集攻击信息；数据分析平台对攻击信息进行分析，进而获取攻击者的来源、所使用的攻击方法和工具，推测攻击者的动机和意图。

蜜罐的基本工作原理如图 7-38 所示，具体如下。

（1）防御端部署由物理机、服务器、交换机等组成的虚假网络资源，虚假网络资源故意设计并暴露漏洞、缺陷等安全隐患，并以此来引诱攻击者对这些虚假网络资源进行攻击。

（2）攻击者捕获到虚假网络资源的安全隐患，并发动有针对性的网络攻击。

（3）防御端部署的入侵监控系统对攻击者的网络攻击信息进行监视、捕获和收集。

（4）入侵监控系统将收集到攻击信息发送至数据分析平台。

（5）数据分析平台依据这些攻击信息进行全面分析，形成攻击者的来源、攻击方法、攻击路径、攻击意图等，并发送至防御端。

（6）防御端依据分析出的攻击行为，一方面反击攻击者，另一方面采取相对应的安全措施。

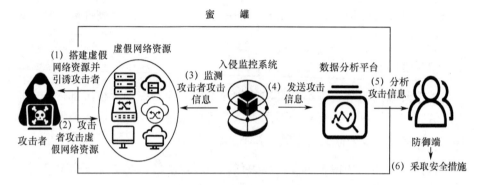

图 7-38　蜜罐的基本工作原理

目前，大多数网络入侵者通过网站服务器及钓鱼邮件的形式对特定目标用户实施攻击，但这两种攻击行为所产生的攻击流量较小。而对于其他形式的网络攻击行为，则需要分析大量的入侵数据才能发现异常流量，而这种情况对入侵分析系统设备的性能要求较高。

蜜罐技术的主要优势有以下三点。

（1）诱导网络攻击者进入事先准备好的蜜罐陷阱，可有效减小控制系统流量，降低对设备性能的要求。

（2）可以快速查找到所需要的关键信息，提高了数据分析速率，有效减少了入侵活动分析的工作量。

（3）提高了入侵分析及时性，可用于快速指导后续防御行为。

蜜罐技术的主要劣势有以下三点。

（1）该技术仅在入侵攻击行为发生时发挥作用，在其余时间变得多余。

（2）诱惑攻击端进行攻击容易产生技术瓶颈，因此蜜罐可能被攻击者识别并轻松绕过。

（3）物理机形态的蜜罐本身也存在可被利用的漏洞，攻击者可通过这些漏洞攻击蜜罐，进而升级攻击手段。

2）虚假网络资源生成原理

蜜罐中构建的虚假网络资源主要由中央数据包分发器、配置数据库、协议处理器、个性引擎等组件构成，如图 7-39 所示。

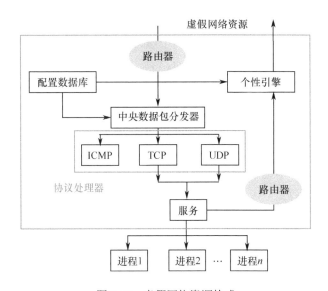

图 7-39　虚假网络资源构成

中央数据包分发器主要用来接收、处理从网络路由器中流入的数据包。其主要工作内容为：对数据包的长度进行校验，并查询配置数据库与目的地址的配置信息是否一致，如果配置信息一致，则数据包分发器将配置信息封装，分发给对应的协议处理器；如果配置信息不一致，则数据包分发器使用默认配置的模板对信息进行处理。

配置数据库主要通过模拟服务、绑定网络协议地址、开放端口号、指定操作系统指纹等大量的配置文件信息对网络行为进行模拟，通过修改配置数据库就可决定蜜罐模拟的主机类型、路由路径、网络拓扑信息及提供的相应服务等。

协议处理器不能对所有的网络协议进行模拟，主要是针对包含 ICMP、TCP 和 UDP 三种典型协议的数据包进行处理，其他类型的协议包被记入日志后会立即被丢弃。这三种协议的数据包处理流程类似，图 7-40 以 TCP 为例，给出了数据包处理流程。当连接请求到达时，如果连接已经存在，则虚假网络资源使用已建立的连接进行数据传输；如果连接没有建立，则需要建立一条新的连接。

个性引擎主要通过修改发送的数据包头协议，使该数据包与从特定配置的操作系统的网络协议栈发送的数据包相同，从而模拟特定操作系统的网络栈行为，使其更加贴近真实主机的表现，以保证在攻击者使用指纹识别工具时不被暴露。由于不同操作系统具有不同的网络协议栈，因此它们对外发送的数据包信息各不相同，个性引擎可以设置不同的网络协议栈特性。

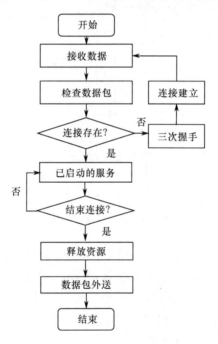

图 7-40　虚假网络资源处理 TCP 数据包的流程

3. 蜜罐取证技术

依据蜜罐的基本工作原理，蜜罐取证技术可分为诱惑类技术、捕获类技术和分析类技术三类，诱惑类技术指的是让攻击者进行攻击的技术，捕获类技术指的是能够获取攻击者信息的技术，分析类技术指的是能够分析出攻击者攻击行为的技术。这些技术可独立使用，也可结合使用，可以准确快速地鉴别入侵者的行为特征，为网络防御提供相应的技术参考。

1）诱惑类技术

诱惑类技术主要有网络欺骗技术、端口重定向技术和诱饵技术。

（1）网络欺骗技术。

网络欺骗是指借助丰富多样的手段，故意设置一些安全弱点、技术漏洞，或者伪装成正常工作的系统，减小入侵者的戒心，从而诱导入侵者对蜜罐实施网络攻击行为。该技术是蜜罐技术根本性的手段，是影响蜜罐性能的重要因素。

蜜罐经常采用的网络欺骗技术主要有流量仿真、模拟系统漏洞，以及服务端口的模拟开放等，有多种形式。在实际应用中，这些技术通常会组合在一起使用。

网络欺骗的设计与实施是一个复杂的过程，因欺骗目的、部署环境、欺骗目标的不同而不同，总体来说，可以分为设计、实施、评估三个过程。一次成功的欺骗是以上三个过程不断重复的结果，其工作原理如图 7-41 所示，具体如下。

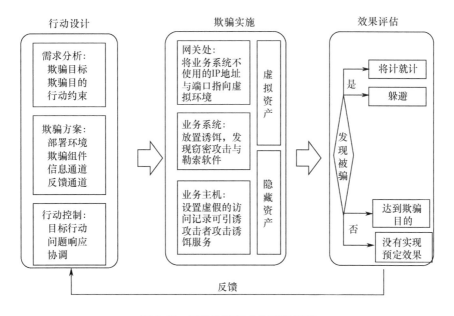

图 7-41　网络欺骗技术的工作原理

① 在欺骗的初始阶段进行需求分析，明确欺骗的目标和目的，以及欺骗活动可能带来的风险及如何控制。

② 根据欺骗的目标和目的，在业务系统的不同位置（如网关、业务系统、业务主机等）部署欺骗方案，通过构建虚拟资产实现业务系统内部资产隐藏的目标。

③ 对欺骗效果进行评估，攻击者发现被骗后，会有两种结果，一种是欺骗强度较小没有达到预期效果，另一种是根据欺骗效果改善欺骗计划。当攻击者识别出骗局后，也会进行两种动作，一种是采取躲避行为，避开欺骗系统；另一种是假装被欺骗，反过来欺骗防御者。

网络欺骗技术的优势在于在不增加系统硬件资产投入的条件下，增加了入侵者的工作量、入侵复杂度及不确定性；劣势在于一旦网络欺骗技术被识别，欺骗就会失效[19]。

（2）端口重定向技术。

端口重定向技术是指当外部网络请求访问受保护系统内某一未开放的端口时，通过代理方式将外部连接请求定向到蜜罐服务器。

端口重定向技术的工作原理如图 7-42 所示，具体如下。

① 攻击者和开放端口在不同的内网，各自有自己的内网 IP，互相无法直接访问。

② 具有公网 IP 的中间服务器，实现攻击者对开发端口的访问控制。

③ 中间服务器可通过代理方式，将攻击者对开放端口的访问控制连接请求定向到蜜罐服务器。

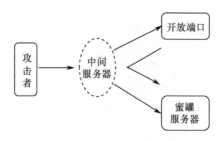

图 7-42　端口重定向技术的工作原理

端口重定向技术的优势在于网络外部察觉不到连接请求服务是由蜜罐虚拟出来的，从而使攻击者无法对实际要访问的端口服务器产生威胁；劣势在于提高了系统复杂度，其应用可能会带入新的系统漏洞。

（3）诱饵技术。

诱饵技术是通过仿真来故意部署一些"不可触摸"的系统来诱导攻击者进入，从而产生与网络设备的交互。尤其是随着物联网的广泛普及，该技术的应用越来越多。

以模拟管理员登录行为为例，诱饵技术的工作原理如图 7-43 所示，具体如下。

① 仿真模拟管理员控制台登录行为并故意暴露在外。

② 攻击者捕获登录行为并试图入侵系统。

③ 攻击者使用盗取的凭据登录后，与系统设备产生交互行为，该行为被记录。

④ 仿真系统传送攻击行为至真实系统。

⑤ 系统触发警报，获取攻击者行为并进行详细分析。

图 7-43　诱饵技术的工作原理

诱饵技术的优势在于易于部署和支持；劣势在于相比于其他网络欺骗技术，更容易被网络入侵者避开。

2）捕获类技术

捕获类技术主要有数据检测、数据捕获、数据控制和数据收集。

（1）数据检测。

数据检测是指通过检测入侵蜜罐的网络攻击者的配置数据库、网络协议、数据包等，实现网络攻击行为的快速诊断和分析，可为后续数据控制技术等提供支撑。

（2）数据捕获。

数据捕获是指基于入侵检测系统抓取的网络包，获取进出防火墙的系统日志和用户键盘序列等信息，蜜罐依据这些信息能够迅速捕获入侵数据，准确分析汇总入侵行为活动产生的数据流，同时保证不被入侵者发现。

（3）数据控制。

数据控制是指对蜜罐产生的流量数据进行控制，使流量始终处于可控范围内，从而保证相邻设备系统的安全。常用的数据控制技术是通过路由器来控制进出网络的流量。

（4）数据收集。

数据收集是指将蜜罐产生的流量数据、信息捕获部件的位置、进出防火墙日志等网络攻击者的入侵信息汇总归档，并存储到专门的日志记录硬件设备。该技术可实现当相同网络攻击者入侵蜜罐时，直接从数据库调取相关数据参数，形成整体防御策略。

3）分析类技术

分析类技术主要有聚类分析、因子分析、相关分析等。

（1）聚类分析。

聚类分析是指发现数据项之间的依赖关系，去除或合并有密切依赖关系的数据项，将数据对象的集合分组为由类似对象组成多个类的分析过程。

该技术是对给定数据对象进行分类的常用方法，其优势是可以应用在数据预处理过程中，为某些数据挖掘方法（如关联规则、粗糙集方法）提供预处理功能；劣势是在样本量较大时，要获得聚类结论有一定困难。

（2）因子分析。

因子分析是指从研究指标相关矩阵内部的依赖关系出发，把一些信息重叠、具有错综复杂关系的变量归结为少数几个不相关综合因子的多元统计分析技术。

该技术的优势是可从大量的数据中寻找内在联系，以减少决策困难；劣势是在计算因子得分时，采用的最小二乘法有时可能会失效。

（3）相关分析。

相关分析是指对两个或多个具备相关性的变量元素进行分析，研究变量元素之间是否存在某种依存关系，并对有依存关系的现象探讨其相关方向及相关程度的分析方法。

该技术的优势是可以找出不同因素之间的相关关系，即是正相关、负相关或不相关；劣势是一般只能进行定性分析，而不能进行定量分析。

7.2.4 典型动态网络防御技术——入侵容忍

网络系统漏洞无法绝对避免，而未知漏洞或未知威胁很难被检测出来，因此总是会存在网络恶意攻击。

入侵容忍技术是指在网络系统遭到一定程度的攻击时，通过采取一些必要的安全措施（包括传统的静态网络防御技术），保证网络的核心设备、应用、服务等能够正常连续地运行。

一般而言，入侵容忍技术需要和网络入侵检测、网络入侵遏制、安全通信及错误处理等多种主动安全防御机制联动。

1. 入侵容忍技术的工作原理

在网络系统被攻击前、被攻击时和被攻击后，入侵容忍技术需要实现以下目标。

（1）被攻击前能够在一定程度上防范网络攻击的发生。

（2）被攻击时能够迅速恢复受攻击影响的服务和数据。

（3）被攻击后能够评估网络攻击所造成的影响。

入侵容忍技术的工作原理如图 7-44 所示，具体如下。

（1）攻击者通过病毒、蠕虫等方式对计算机系统进行入侵。

（2）入侵容忍系统通过自我诊断、故障隔离和还原重构等能力，使网络攻击者的入侵过程失败。

（3）关键应用和关键服务能连续正确地工作，网络攻击失败。

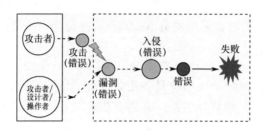

图 7-44　入侵容忍技术的工作原理

入侵容忍技术的主要优势有以下三方面。

（1）通过入侵检测、重配置、代理等技术，实现识别内部和外部存在的各种安全威胁，掩盖服务器地址和过滤部分已知攻击。

（2）通过冗余、多样化等技术提高网络系统稳定性。

（3）采用验收测试、恢复等技术，审查响应结果的有效性和服务器工作状态的可信性。

目前，入侵容忍技术的研究，尚未形成完整的理论，主要劣势有以下三方面。

（1）自适应容忍入侵理论还存在一些问题，并未达到实用化程度。

（2）需要增加数量庞大的设备或软件，从而增加系统的冗余性、复杂性，代价比较高。

（3）对明确的网络攻击行为具有较强防御能力，但对某些未知状态很难判定是否是攻击行为，防御能力较差。

2．入侵容忍关键技术

1）被攻击前的入侵容忍关键技术

被攻击前的入侵容忍技术主要是指基于容忍入侵触发器，提前检测到局部系统将被攻击，然后调整系统结构，重新分配资源，从而达到继续服务目的的技术。

被攻击前的入侵容忍技术主要包括安全通信技术、入侵检测技术、代理服务器技术等。

（1）安全通信技术。

安全通信技术是指针对入侵容忍系统应用服务器群组的通信动态安全

性，通过认证机制和访问控制机制，有效阻止攻击者的伪群组运行技术，包括静态网络防御技术中的认证加密、访问控制、消息过滤等。

在认证机制中，通过可信服务器组对客户端进行身份认证。在访问控制机制中，由所有组成员共同决定是否允许新成员加入。

该技术的优势在于可有效抵抗网络欺诈攻击，具有很高的安全性；劣势为可扩展性差。

（2）入侵检测技术。

用于入侵容忍技术的入侵检测技术与传统入侵检测系统最大的不同在于，发现异常时直接将检测结果传送给入侵容忍模块，系统管理员不进行系统修复，入侵容忍模块直接对入侵事件进行处理。在被攻击前，入侵容忍入侵检测技术可以提前感知局部网络系统即将失效，或者预估到网络系统将被攻击。

该技术的优势在于通过加快反应时间、调整系统结构、重新分配资源等方式，保证网络系统在遭受攻击的情况下，可以继续对外提供服务；劣势在于普遍存在虚警率或漏报率较高的问题。

（3）代理服务器技术。

代理服务器技术指的是根据策略指定一个主代理服务器作为用户访问点，该代理服务器除了要过滤、校验、转发客户对服务器的请求，还要通过协同选举代理方法来判断该请求或命名是否来源于真实的合法用户，主要包括访问控制技术、数据过滤和校验技术、协同选举代理技术等。

该技术的优势在于提供真实性检测能力；劣势为可能会产生真实性冒用的报警事件。

2）被攻击时的入侵容忍关键技术

被攻击时的入侵容忍技术指的是参照容错技术思想，通过足够多的冗余，当入侵事件发生时仍能保持整个网络系统正常工作，并使系统影响最小，主要包括冗余技术、多样性技术、秘密共享技术、投票表决技术、组群通信技术、重配置技术等。

（1）冗余技术。

冗余主要是指为系统分配超出正常工作所需要的额外资源，以确保当一个系统组件失效时，冗余组件可继续实现失效组件的功能。其主要优势是增强了系统的稳定性，劣势是提高了系统的复杂程度。入侵容忍技术采用的冗余主要包括物理资源冗余、时间冗余和信息冗余。

物理资源冗余主要涉及软件冗余、网卡冗余、电源冗余、风扇冗余等，是为了减少计算机系统或通信系统的故障率，而使计算机系统物理结构单元（软件、硬件）有意重复或部分重复，以确保系统中任何物理部件的损坏都不会影响系统正常运行。

时间冗余是指在实时系统正常运行时，处理器利用率小于某一确定上限，以使处理器具有足够的空闲时间，当实时任务的运行出现错误时，可以利用这些空闲时间实现容错操作。

信息冗余主要涉及检错码和纠错码，是在实现系统正常功能所需要的信息外，再添加一些信息，以保证系统运行结果正确。

（2）多样性技术。

多样性技术是指系统内组件在一个或多个属性上存在差异。多样性可与冗余叠加使用，从而减小系统风险，减小攻击者攻克冗余组件的概率，为故障组件修复换取更多时间。该技术的主要优势是可增强系统的稳定性；劣势是引入了多元技术体系，使潜在漏洞风险增加。

入侵容忍技术采用的多样性技术主要包括操作系统版本、软件实现版本和地点多样性。系统组件中需要包含多种操作系统和软件版本，也需要具有分布式的物理或逻辑位置。

（3）秘密共享技术。

秘密共享技术是指按照适当的方式拆分关键秘密信息，并将拆分后的秘密单元分配至不同的参与者进行管理，只有若干个参与者协同作业才能恢复原始秘密信息，以确保敏感信息的机密性和完整性。该技术的优势在于当任何相应范围内的参与者出问题时，秘密都可以完整恢复；劣势是一次秘密信息共享过程不能实现同时分享多个秘密信息。

入侵容忍技术采用的秘密共享技术主要包括密码拆分、密码恢复等。

（4）投票表决技术。

投票表决技术是一种用于解决众多冗余组件响应结果不一致的有效方法。在一个不可靠的网络环境中，由于冗余组件在性能和安全状况上存在差异，因此在处理同一个请求时，很可能得出不同的响应结果。该技术的优势是基于概率表决能输出更准确的相应结果；劣势是不能区分一致正确和一致错误的响应。

入侵容忍技术采用的投票表决技术主要包括一致性协商技术、可靠广播技术等[20]。

（5）群组通信技术。

群组通信技术是把同一数据块（报文、分组或文件等），从一台计算机传送到一个由若干台计算机组成的集合中的每个成员的过程，是构建入侵容忍分布式系统和支持集群计算操作系统的有效机制。该技术的优势在于有效提高了系统的可用性和可靠性；劣势在于额外增加的群组通信信息流量会带来新的安全隐患。

入侵容忍技术采用的群组通信技术以群组通信协议方式实现，主要包括可靠多播、全序多播、群组管理、安全组通信等协议。可靠多播协议用于支持数据的可靠传输，全序多播协议用于服务请求的顺序多播，群组管理协议用于群组的建立和维护，安全组通信协议用于变更群组成员的合法性等[21]。

（6）重配置技术。

重配置技术主要是指在出现意外或恶意故障时，通过可适应性重新配置系统自动执行安全策略，调整整个系统结构，实现入侵容忍目的。该技术的优势是让系统具有更强弹性、自主性和自适应能力；劣势是由于有自适应性要求，策略模块始终处于动态维护状态，策略库会逐渐庞大复杂，动态响应速度会变慢，实时性变差。

入侵容忍技术采用的重配置技术主要包括结构重配置、策略重配置、服务重配置、资源重配置和安全关闭等。

结构重配置是指当系统遭受攻击或自身出现故障时，自动使用一个正确部件替换失效的部件。

策略重配置是指当系统遭受攻击或自身出现故障时，以一个安全性较高的配置策略替换原安全性不高的配置策略。

服务重配置是指当系统遭受攻击或自身出现故障时，协调冗余服务进程的创建、删除和转移。

资源重配置是指当系统遭受攻击或自身出现故障时，在全局范围内调度系统资源。

安全关闭是指当被攻陷的对象或服务器的总和超过系统所能容忍的范围时，关闭系统，不再提供服务。

3）被攻击后的入侵容忍关键技术

被攻击后的入侵容忍技术指的是当入侵事件发生后，通过检测网络入侵事件响应环节所利用的系统缺陷，不让攻击者再次利用这样缺陷入侵，主要包括验收测试技术、恢复技术等。

（1）验收测试技术。

验收测试技术是指依据测试计划和测试过程，对服务特征进行特定测试，检测系统故障类型，确定系统服务是否仍然有效，是检测入侵容忍是否满足规定功能需求和性能需求的关键方法。

入侵容忍技术采用的验收测试技术主要包括需求测试、合理性测试、时间测试等。

需求测试是测试系统是否具备正常执行任务的能力，即验证支撑系统功能实现的条件是否满足。

合理性测试是指测试系统的状态或响应的结果是否超出正常范围，以判断系统是否即将失效或已经失效。

时间测试是测试敏感组件的执行时间能否接近约束值，若达到或超过约束值，则表明系统可能遭受了攻击或发生了服务的降级。

（2）恢复技术。

恢复技术是指在网络遭受攻击后，还能够使系统当前正在运行的任务继续运行。入侵容忍技术采用的恢复技术主要包括前向、后向、周期性恢复等。

前向恢复是指当系统遭受攻击后，通过建立"征兆与故障"映射关系进行故障识别，使系统当前正在运行的任务继续运行。该技术的优势是通过主动防御完成系统恢复；劣势是实现难度大。

后向恢复是指当系统遭受攻击后，系统中的各个进程可以根据曾经保存的状态进行恢复，以减少计算损失。该技术的优势是实现和使用简单，对计算、存储等资源要求低；劣势是操作完成时间不可预知，不适用于严格的实时应用。

周期性恢复是指定期对系统重要位置的文件、注册表项，甚至整个系统等进行还原，以限制攻击事件，使系统被植入的后门失效。该技术的优势是系统稳定性高；劣势是系统庞大，计算资源消耗量大[22]。

3．主流入侵容忍技术架构

目前，主流入侵容忍技术架构有 SITAR 和 MAFTIA 两种。

1）SITAR 入侵容忍架构

可扩展的分布式入侵容忍结构（Scalable Intrusion-Tolerant Architecture for Distributed Services，SITAR）以商用现货（Commercial of the Shelf，COTS）服务器为代表，通过建立一个透明的保护机制，使商用现货服务器端和客户端不用做任何修改就可以获得入侵容忍能力。

SITAR 架构主要由冗余的代理服务器、投票监视器、验收监视器、审计控制、自适应重配置等五个基础模块组成，如图 7-45 所示。其中，图右侧为具有不同操作环和服务器应用程序的 COTS 服务器组；向右的箭头表示请求，向左的箭头表示响应，双向箭头表示控制过程。

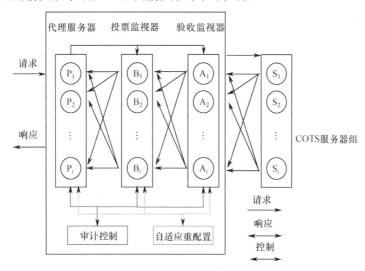

图 7-45　SITAR 入侵容忍架构

（1）代理服务器。

代理服务器的主要功能是接收远程客户发来的服务请求，根据跟踪请求的次数、服务的类型等信息，将请求转发到哪些服务器，以及判断评估服务器的响应结果。

代理服务器依据服务策略识别，并过滤掉一部分外部攻击，当代理服务器自身出现错误或遭受入侵时，系统自动将虚拟地址由错误代理服务器迁移到正确代理服务器，以增强系统的生存能力。

（2）投票监视器。

投票监视器的主要功能是依据校验算法对响应结果进行复杂的数据转换，然后通过简单大数投票等方式，决定最终的响应结果，并将该响应结果转发到代理服务器，进一步通过代理服务器将数据传送到远程客户端。

（3）验收监视器。

验收监视器的主要功能是接收并验证服务器响应结果的有效性，然后将带有检测结果的数据转发到投票监视器。

依据验收监视器中的监测服务器的资源使用率、实际或虚拟内存的大小、磁盘空间、应用程序反应时间等核心信息，可判定验收监视器的可信状态。

（4）审计控制。

审计控制的主要功能是对代理服务器、验收监视器、投票监视器进行周期性的测试。

如果测试过程中发现各组件中受数字签名保护日志的合法性、日志中的命令行执行体、文件访问等行为与预期结果存在较大差异，则可判定组件发生故障或系统被攻击，随即生成入侵警报并执行响应措施。

（5）自适应重配置。

自适应重配置的主要功能是接收其他模块发送过来的检测结果，依据入侵威胁、容忍目标及成本性能影响等指标，生成入侵容忍策略。

（6）优劣势分析。

SITAR 架构优势主要体现在以下五方面。

① 通过冗余与多样化技术，降低系统崩溃的概率。

② 通过代理，掩盖服务器地址和管理部分已知攻击。

③ 采用验收来监视审查响应结果的有效性和服务器工作状态的可信性。

④ 以投票方式进行 Web 内容发布。

⑤ 应用多种安全审计和动态重配置策略，甄别、容忍内部和外部各种安全威胁造成的恶意影响。

SITAR 架构的劣势在于其设计目标仅限于对 COTS 服务器的保护，而且过分依赖组件冗余度，系统结构过于复杂，难以实现。

2）MAFTIA 入侵容忍架构

基于互联网应用的恶意或意外故障容忍架构（Malicious and Accidental Fault Tolerance for Internet Applications，MAFTIA）是一个综合使用多种容错技术、分布式系统技术和安全策略构建的，基于异构服务器的，更为复杂的入侵容忍系统。

MAFTIA 架构主要由异构服务器中的组件子系统、外部管理区域的安全管理子系统和系统安全员三大部件构成，如图 7-46 所示。

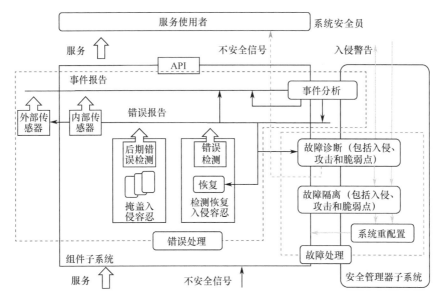

图 7-46　MAFTIA 入侵容忍架构

（1）组件子系统。

组件子系统负责系统范围内的异常检测和错误处理，主要基于低层组件直接提供的服务，为高层服务使用者提供服务接口，组件子系统一旦被攻陷，就会向高层服务使用者发送不安全信号。

组件子系统主要由一系列内部和外部传感器构成，传感器对整个系统内的应用、服务偏离安全策略等行为进行监测，并将异常事件错误报告传送到事件分析部，事件分析部对数据进行转换、过滤、标准化、关联，从而产生错误事件报告。

组件子系统中的一部分错误信息可以由后期错误检测组件采用检测、恢复、掩盖等技术实现掩盖入侵容忍；另一部分错误信息需要安全管理子系统和系统安全员采用前向修复、后向修复、错误补偿等方式进行错误恢复处理。

（2）安全管理子系统。

安全管理子系统主要针对系统攻击的起因使用一系列故障阻止技术负责系统故障处理。故障诊断模块主要从入侵、攻击和脆弱点三个角度，识别故障的类型和位置，当识别到故障类型后，触发入侵报警预警系统。

系统安全员接收到入侵警报信息后，对信息准确性进行判断，如果警报正确，则自动触发响应机制并执行相应对策；如果警报错误，则通过增加传感器、添加过滤规则来改善入侵检测系统的检测能力。

（3）系统安全员。

系统安全员定期对安全管理子系统的软件进行升级处理和补丁更新，通过修改防火墙或路由器的访问控制列表，移除可疑操作和已被篡改或攻击的相关文件，卸载具有脆弱点的软件版本，阻止已检测到的错误进一步恶化。系统重配置模块采取软件降级或升级、变换投票门限、部署刺探和陷阱搜集等手段深度保障系统服务的安全运行。

入侵容忍系统主要采取基于最小权限原则细化用户对本地资源和对象的访问控制，将机密授权数据在服务器之间分割、复制、分散，以保障私有数据的机密性。

（4）优劣势分析。

MAFTIA 架构的优势主要体现在以下四方面。

① 通过冗余与多样性增强系统抗攻击性。

② 通过改进的入侵检测系统，加强系统对安全威胁的监测力度。

③ 通过自我诊断处理及系统安全员的辅助分析控制，加大系统的防护力度。

④ 通过访问控制、密码技术，保障秘密数据的机密性和系统服务的可

靠性。

MAFTIA 架构的劣势在于基于秘密共享技术,对系统中的关键数据进行分割保存,需要较多物理服务器。

7.3 新型网络防御技术

随着新一代信息技术的发展,以可信计算、区块链、人工免疫为典型代表的新型网络防御技术不断涌现。这些新型网络防御技术不断在静态网络防御技术和动态网络防御技术中得到应用,持续增强防火墙、入侵检测、加密、认证、漏洞扫描、蜜罐、入侵容忍等技术的网络防御能力。

7.3.1 可信计算技术

可信计算技术是指在计算机系统中,通过建立信任根,并将信任根扩展到硬件平台、操作系统及应用程序之间,逐级度量、逐级信任,实现计算资源完整性和行为可信性,保障系统的可靠性、可用性、信息和行为安全性。该技术具有确保数据资源完整性、数据安全存储和平台远程证明等功能。

1. 可信计算技术总体架构

可信计算技术主要由信任根、信任链、可信网络连接三大部分组成,总体架构如图 7-47 所示,其创建步骤如下。

(1)创建一个安全信任根。

(2)建立从硬件平台、操作系统到应用程序的信任链。

(3)逐级扩展,构建可信网络连接。

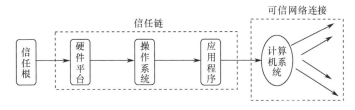

图 7-47 可信计算技术总体架构

1)信任根

信任根指的是可信硬件芯片,该芯片中植入算法、密钥和集成的专用微控制器。

可信根主要包括可信度量根、可信报告根和可信存储根。可信度量根主要负责完整性度量，可信报告根主要负责报告信任根，可信存储根主要负责存储信任根。

2）信任链

可信计算技术的信任链建立在信任根的基础上，将信任关系扩展到包括启动块、BIOS、引导扇区、引导加载程序、操作系统、应用程序和网络的整个计算机平台。

3）可信网络连接

可信网络连接专门负责网络终端入网可信任务，可以保障各种接入设备的联网要求，保证端点符合安全要求，从而提高整个系统的安全性。

2. 建立信任根

信任根中主要包括可信度量根和可信任平台两大模块。可信度量根主要为启动块和 BIOS 两个结构单元，可信任平台主要为可信存储根和可信报告根两个结构单元。

1）可信度量根构建

可信度量根是可信任平台进行可信度量的基点，启动块先执行一段启动程序，对计算机进行可信度量，然后运行 BIOS。

2）可信任平台建设

可信任平台模块（Trust Platform Module，TPM）是一个集成电路芯片，由中央处理器、存储器、输入/输出设备、密码协处理器、随机数产生器和嵌入式操作系统等部件组成，主要用于可信度量的存储、可信度量的报告、密钥产生、加密和签名、数据安全存储等。

随着信息技术的发展，可信计算组织先后发布过多个版本的可信任平台模块标准，当前最为重要的是可信任平台模块标准 V2.0，该标准已经成为国际标准。

（1）可信任平台模块功能。

可信任平台模块标准 V2.0 主要涉及 I/O 模块单元、非对称密码算法单元、密码杂凑算法单元、对称密码算法单元、管理单元、授权单元、非易失存储器、密钥生成单元、随机数生成器、电源管理、执行引擎、易失存储器等功能模块，如图 7-48 所示，具体功能如下。

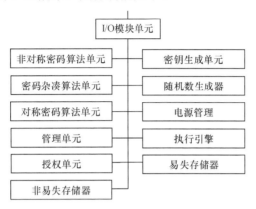

图 7-48　可信任平台模块标准 V2.0 的结构

① I/O 模块单元主要用于对可信任平台模块与外界、可信任平台模块内部各物理模块之间的通信管理。

② 非对称密码算法单元主要用于远程证明、身份证明及秘密共享，支持多种公钥密码加密算法。

③ 密码杂凑算法单元主要用于完整性检查和身份验证，支持多种哈希算法。

④ 对称密码算法单元主要用于命令参数加密，支持多种对称加密算法。

⑤ 管理单元主要用于对可信任平台模块内部系统资源进行综合管理。

⑥ 授权单元主要用于向可信任平台模块证实用户拥有使用可信任平台模块内部资源的权限。

⑦ 非易失存储器单元主要用于存储长期密钥、完整性信息、所有授权信息等重要数据。

⑧ 密钥生成单元主要用于随机生成普通密钥和主要密钥。

⑨ 随机数生成器单元主要用于生成真随机数及密钥。

⑩ 电源管理主要用于负责可信任平台模块常规的电源运行管理。

⑪ 执行引擎主要用于执行可信任平台模块中的相应代码序列，实现调用。

⑫ 易失存储器单元主要用于存储临时数据。

（2）可信任平台密码技术。

国内可信任平台密码技术采用的信任根主要有可信密码模块（Trusted Cryptography Module，TCM）和自主可信计算平台控制模块（Trust Platform Control Module，TPCM）。

TCM 指的是可信任计算平台的硬件模块，可为可信任计算平台提供密码运算功能，使其具有受保护的存储空间，其架构如图 7-49 所示。

TCM 架构主要有四方面不足：一是以计算机硬件、芯片为核心的国际可信任平台在成本、对称密码和产品出口方面存在政策限制等诸多问题；二是缺乏对平台整体安全性的主动控制功能；三是采用 LPC 总线连接的方式，不适合大容量高速数据通信；四是平台可信度量极易受到网络攻击者恶意攻击。

针对 TCM 的不足，TPCM 被提出，该技术以中国密码为基础，让可信任平台模块具有对平台资源的控制能力，其架构如图 7-50 所示。

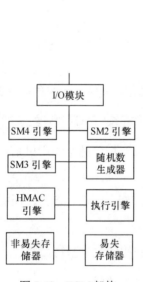

图 7-49　TCM 架构

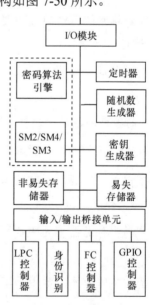

图 7-50　TPCM 架构

TPCM 内部包括 I/O 模块、非易失存储器、易失存储器、随机数生成器、密码算法引擎、密钥生成器、定时器、输入/输出桥接单元和各种输出控制器模块。与 TCM 不同的是，TPCM 通过身份识别控制器增加了身份认证功能，实现了对资源访问的控制。

TPCM 从四个方面有效提高了可信任平台的安全性：一是统一集成可信度量根、可信报告根、可信存储根作为平台信任根；二是在平台运行时，主动对平台关键部件进行完整性度量；三是增加口令、智能卡、指纹等方式的身份认证功能，以提高系统整体安全性；四是采用带宽更宽的总线连接方式实现与系统之间的连接，提高了 TPCM 对上层操作系统或应用程序的支持。

（3）可信任平台支撑软件。

可信计算组织软件协议栈（Trust Compute Group Software Stack，TSS）主要是为可信任平台提供可信服务的接口，该接口可以在操作系统层面调用，其结构可分为内核层、系统服务层和用户程序层三层，如图 7-51 所示。

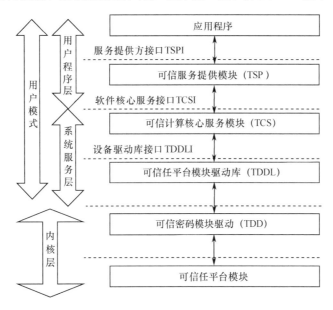

图 7-51 TSS 的结构

内核层的核心是可信密码模块驱动（TCM Device Driver，TDD），它直接驱动嵌入式操作系统内的可信任平台模块。

系统服务层的核心软件主要包括可信任平台模块驱动库（TPM Device Driver Library，TDDL）和可信计算核心服务模块（TSS Core Services，TCS）。其中，TDDL 主要负责提供用户模式下的接口服务功能，TCS 主要负责对平台上的所有应用程序提供通用的接口服务。

用户程序层的核心软件是可信服务提供模块（TSS Services Providers，TSP），该模块给最高层的应用程序提供接口服务，使应用程序可以方便地使用 TPM。

3. 建立信任链

计算机在开机或重新启动时，需要运行一个初始程序，这个初始程序称为启动引导块（简称启动块）。启动块先对计算机进行可信度量，然后运行 BIOS，经过引导扇区引导加载程序、操作系统、应用程序、网络，构成一整条信任链，沿着这条信任链，通过可信度量机制获取各种影响平台可信性的数据，逐级度量、逐级信任，将这些数据与预期数据进行比较，可判断平台的可信性。其工作原理如图 7-52 所示。

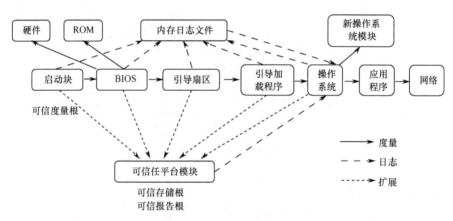

图 7-52　信任链的工作原理

1）内存日志文件

由于可信任平台模块存储空间有限，所以其可信存储根只记录和存储度量对象的度量值，而将度量对象的详细信息和度量结果，通过度量扩展的方法作为日志存储在内存日志文件中。

存储在可信存储根中的度量值和存储在内存日志文件中度量结果相互印证，防止磁盘中的日志被篡改。

2）可信任平台模块

在度量对象的数据被度量、存储之后，当访问对象询问可信任平台时，可信任平台模块可提供包括可信任存储根的日志文件报告，供访问对象判断平台的可信状态。

4．建立可信网络连接

建立可信网络连接主要有三种实现方式，分别是远程证明、可信网络连接（Trusted Network Connection，TNC）和可信连接架构（Trusted Connect Architecture，TCA）。

1）远程证明

远程证明指的是可信任平台向外部连接证明平台身份特征及可信状态，是建立可信网络连接的基础，是可信任平台可信度量、存储、报告机制在真实网络环境中的具体应用方法。远程证明的工作原理如图 7-53 所示，具体如下。

（1）用户向可信认证模块提出远程证实请求。

（2）可信认证平台收集唯一身份信息、身份密钥。

（3）将唯一身份信息、身份密钥发送给第三方机构。

（4）第三方机构为可信认证平台颁发身份认证证书。

（5）可信认证模块将证书发送给用户，用户对可信认证模块进行访问。

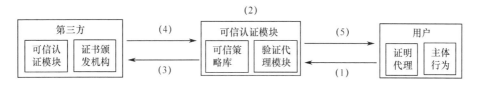

图 7-53　远程证明的工作原理

远程证明主要存在两方面优势：一是扩展和丰富了认证的内容，使参加认证的外部实体能够对内部客体进行更深层次、更多角度的识别认证；二是有效地避免了传统的基于身份认证方式对参加认证的实体、客体自身安全状态了解不清楚的情况。

远程证明主要的劣势是由于平台和应用的可信性相互依赖，一个应用的运行状态可能被另一个应用的状态所影响。因此，为了证明某一应用的当前配置是否满足某种属性，必须同时证明平台上其他应用是否可信，这在实际操作中很难实现。

2）可信网络连接

可信网络连接是为了保证网络访问者的完整性，对可信任平台应用进行扩展，建立网络连接。其工作原理如图 7-54 所示，具体如下。

（1）客户端向网络发出访问请求。

（2）客户端身份、平台身份及平台可信状态等信息的认证。

（3）通过网络访问请求机制，主动搜集和验证客户端的完整性。

（4）基于安全策略对收集到的信息进行安全性整体评估。

（5）根据评估结果对是否允许客户端与网络连接进行判定，从网络接入层面对网络连接的可信性进行预判。

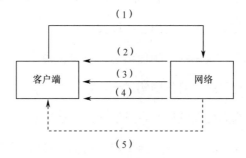

图 7-54　可信网络连接的工作原理

可信网络连接的优势在于使得终端可信状态能够在网络中继续延续，能规避很多网络接入技术的风险；劣势在于将可信计算机机制延伸至网络，与传统技术相比，理论研究比较薄弱，相关模型并未建立，动态可信性的度量方法等较少。

3）可信连接架构

可信连接架构采用三元三层形式，如图 7-55 所示，具体如下。

（1）三元指的是访问请求者、访问控制器和策略管理器，三者为对等实体。每个实体又包括三个组件，访问请求者的组件为网络访问请求者、可信网络连接客户端和完整性收集者；访问控制器的组件为网络访问控制者、可信网络连接接入点和完整性收集者；策略管理器的组件为鉴别策略服务者、评估策略服务者和完整性校验者。

（2）三层指的是自上而下的完整性度量层、可信任平台评估层和网络访问控制层，三者为对等抽象层。

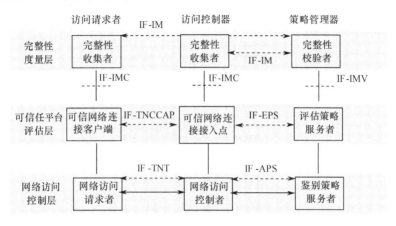

图 7-55　可信连接架构

可信连接架构由实体、层、组件和组件间的接口组成，涉及用户鉴别和平台鉴别两个核心机制。用户鉴别机制是指对登录的用户进行身份标识和鉴别的机制，平台鉴别机制是指对访问接入的平台进行身份标识和鉴别的机制。两个机制通过绑定处理提供原子性安全能力。访问请求者和访问控制器之间能够进行双向平台鉴别，访问控制器参与身份鉴别和平台鉴别协议处理。

可信连接架构的优势主要有三个方面：一是该架构既可适用于 P2P 模式，又可适用于 C/S 模式网络；二是该架构可用于保护数据连接层的网络连接过程，也可用于保护网络层、传输层，甚至应用层的网络连接过程；三是该架构无须更改现有网络的身份鉴别机制，可与已有的身份鉴别机制结合使用。

可信连接架构的劣势在于不能保证网络连接之后的安全性，无法应对实时网络安全攻击事件[23]。

5. 典型可信技术架构——可信计算 3.0

当前典型的可信技术架构是可信计算 3.0，该架构以可信任平台控制模块为核心，该模块以对称与非对称相结合的密码机制为基础。

由信任根对可信任平台实施主动控制，构建计算与防护并行的可信计算节点。信任根在完整的信息中一般是跨层次、跨节点存在的，可信机制将这些节点组成一个完整的安全体系。

可信计算 3.0 主要从可信根、可信硬件和可信基础软件三方面对信息系统安全可信性进行整体防护，如图 7-56 所示。

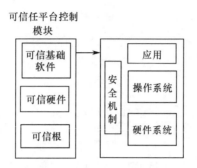

图 7-56　可信计算 3.0 架构

在硬件层，植入具备可信控制功能的可信密码模块，实现密码与控制技术相结合；在软件层，部署可信基础软件，实现对系统执行环境及进程行为的主动可信度量，构建系统主动免疫防御能力，实现主机操作系统和可信软件的双重检验；在网络层，通过可信连接技术实现对目标平台的可信验证和控制，将可信功能由单节点拓展至整个网络系统，以确保系统网络层连接的可信性。

可信计算 3.0 的优势主要有四个方面：一是升级方便，对现有硬软件架构影响小；二是可利用现有计算资源的冗余进行扩展；三是可在多核处理器内部实现可信节点；四是可使用可信 UKey 接入、可信插卡及可信主板改造等不同的方式进行老产品改造，而不需要修改原应用程序代码，这种防护机制不仅对业务性能影响很小，而且解决了因打补丁而产生新漏洞的问题。

可信计算 3.0 的劣势在于现阶段可信计算 3.0 技术处于起步阶段，在云计算、移动互联、IoT、区块链、大数据和人工智能等新兴信息产业中，其有效应用的可预期性还有待进一步研究。

7.3.2　区块链技术

区块链技术没有中心服务器，是为了解决信息不对称问题而建立的分布式数据库，该数据库是一个去中心化的共享加密链式数据库账本，具有去中心化、不可篡改、可追溯等特点，可实现多个主体之间的信息互联互通和行动一致。

1. 区块链技术工作原理

区块链的工作原理[24]如图 7-57 所示，具体如下。

（1）交易发生时发送至节点，全网广播记录。

（2）节点监听到新的交易记录。

（3）节点对交易记录进行验证并放入节点缓存区。

（4）节点开始"算题"，争取到记账权，打包记录生成区块，并广播全网共识。

（5）经过共识的区块被追加到区块链的尾部。

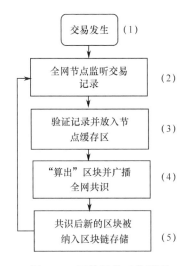

图 7-57　区块链的工作原理

2. 区块链核心技术

区块链涉及的核心技术主要有交易可追溯技术、数据加密技术、数据共享技术、链式数据库技术、共识算法技术。

1）交易可追溯技术

交易可追溯技术是指每生成一次交易都需要用到上次交易、转出人的公钥、转出人的签名、转出金额、收款人的地址等信息。该技术可应用于药品、食品的追溯环节。

2）数据加密技术

数据加密技术是指使用数据加密算法对数据传递过程进行签名，以确保账本数据的完整性、不可篡改性，并保证交易真实性。

3）数据共享技术

数据共享技术是指将需要的数据分发给所有节点，使所有数据节点含有相同数据信息的技术。

4）链式数据库技术

链式数据库技术是指按照数据生成的时间将顺序链接存储在一起的技术。

5）共识算法技术

共识算法技术是指通过区块链共识算法（分布式共识算法、工作量证明、权益证明和授权权益证明等），去中心化网络达成共识，以确保每一笔交易在所有记账节点上的一致性。

3. 区块链技术优劣势分析

1）区块链技术的优势

区块链技术的优势主要体现在去中心化、开放性、自治性、不可篡改性和匿名性。

（1）去中心化。

由于使用分布式核算和存储，不存在中心化的硬件或管理机构，所以任意节点的权利和义务都是均等的，系统中的数据块由整个系统中具有维护功能的节点来共同维护。

（2）开放性。

系统是开放的，除了交易各方的私有信息被加密，区块链的数据对所有人公开，任何人都可以通过公开的接口查询区块链数据和开发相关应用，因此整个系统的信息高度透明。

（3）自治性。

区块链采用基于协商一致的规范和协议（比如一套公开透明的算法），使得整个系统中的所有节点能够在去信任的环境中自由安全地交换数据，对"人"的信任改成了对机器的信任，任何人为的干预都不起作用。

（4）信息不可篡改性。

信息一旦经过验证并添加至区块链，就会被永久存储，除非能够同时控制系统中超过 51%的节点，在单个节点上对数据库的修改无效，因此区块链的数据稳定性和可靠性极高。

（5）匿名性。

节点之间的交换遵循固定的算法，其数据交互是无须信任的（区块链中的程序规则会自行判断活动是否有效），因此交易对手无须通过公开身份的方式让对方对自己产生信任，对信用的累积非常有帮助。

２）区块链技术的劣势

区块链技术在计算性能、关键技术、数据隐私保护等方面还存在一些问题。

（1）计算性能有待提升。

由于区块链上的节点是通过互联网发送和同步数据信息的，因此时间和计算开销较大。大部分区块链技术都存在吞吐量低、交易确认时延长、网络扩展性差、算力和能源消耗大的问题。

（2）增加存储容量还需关键技术攻关。

由于区块链内任一节点存储的账本数据都需要保持一致，因此通过增加区块链内节点数量并不能增加单位区块内的存储容量。区块链的状态分片方案在一定程度上解决了区块链的存储容量和效率问题，但要彻底解决区块链的存储问题，关键技术还需进一步突破。

（3）数据共享造成数据隐私保护挑战。

一是网络入侵者通过数据关联分析，可破解基于数学计算派生的假名验证环节，轻易获取数据使用者的真实身份信息，造成个人身份信息泄露；二是数据所有者的敏感信息泄露会使个人遭受潜在的歧视和伤害。

7.3.3　纵深防御技术

无论静态还是动态网络防御技术，都是基于边界防护理论建立的防御体系，这类防御体系是从网络边界层面来解决网络安全问题的。边界防护技术是在网络边界部署网络安全设备，具有结构简单的优势，但劣势也很明显，一旦网络安全防护边界被突破，网络系统核心部件将被直接攻击。为了提高网络系统整体安全防护能力，研究者提出纵深防御体系架构。

1. 纵深防御体系架构

纵深防御技术的本质是多层防御技术，实施网络攻击的对象必须逐层突破网络边界、网络层、服务器端等多层防护才能接触到核心数据资产，该体系架构大大提高了网络攻击的成本和难度，如图 7-58 所示。

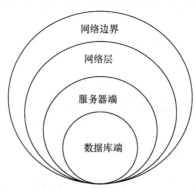

图 7-58　纵深防御体系架构

2. 纵深防御技术的工作原理

纵深防御技术是由网络主动防御系统中的各个子系统形成一个层次性的纵深防御体系，从第一层的"预警"到最后的"反击"，是一个循环防御策略，上一个完整防御过程可为下一个"预警"提供帮助，可以根据网络攻击深入程度提供不同层次的防护。

纵深防御技术的工作原理如图 7-59 所示，具体如下[25]。

（1）根据对已经发生的网络攻击、正在发生的网络攻击的趋势分析，以及对本地网络的安全性分析，预警可能发生的网络攻击。

（2）网络系统的各种保护手段对预警做出反应，在本防护阶段最大限度地阻止网络攻击行为。

（3）通过入侵检测、网络监控系统和漏洞信息的检测，实时监控本地网络行为，阻止来自内部网络的攻击。

（4）通过检测入侵行为，及时调整相关手段，以阻止进一步的网络攻击；或通过网络僚机、网络攻击诱骗等主动防御技术实现准确定位和电子取证。

（5）遭受网络攻击后，除及时阻止网络攻击外，还要及时恢复遭到破坏的本地系统，并及时对外提供正常服务。

（6）根据获得的网络攻击者详细信息，利用探测类、阻塞类、漏洞类等攻击手段进行反击。

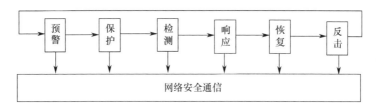

图 7-59 纵深防御技术的工作原理

3．典型纵深防御技术模型

目前，典型的纵深防御技术模型主要包括 PDR 模型、PDRR 模型和 PPDRR 模型。除技术、管理、制度外，人员和法律等因素也需要纳入考虑范围，由此，更为全面的三维信息安全保障体系模型被提出。

1）PDR 模型

PDR 模型是最早体现主动防御思想的网络安全模型，包括防护（Protection）、检测（Detection）和响应（Response）三个部分。

PDR 模型的工作原理如图 7-60 所示，具体如下。

（1）防护是安全的第一步，针对现有网络环境的系统配置，安装系统补丁，提高安全策略级别。

（2）检测是安全的第二步，通过异常检测，采用多种有效手段对网络进行实时监控。

（3）响应是安全的第三步，在发现攻击企图或被攻击后，需要系统及时做出反应。

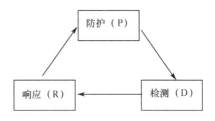

图 7-60 PDR 模型的工作原理

PDR 模型的优势在于建立了一个基于时间的可证明安全模型，在攻击者攻破系统之前，发现并阻止攻击行为的防御能力较强；劣势在于对不同攻击者和不同攻击类型，部分参数无法准确定义，无法证实该模型的系统安全性。

2）PDRR 模型

PDRR 模型以安全策略为核心，通过一致性检查、流量统计、异常分析、模式匹配，以及基于应用、目标、主机、网络的入侵检查等方法的安全漏洞检测，使系统从静态防护转化为动态防护，为系统快速响应提供依据，包括防护（Protection）、检测（Detection）、响应（Response）和恢复（Recovery）四部分。

PDRR 模型的工作原理如图 7-61 所示，具体如下。

（1）防护作为安全策略的第一道防线，通过打补丁、访问控制、数据加密等方法，对系统已知所有安全问题实施防御措施。

（2）检测作为安全策略的第二道防线，检测出穿过防御系统的攻击者身份、攻击源、系统损失等。

（3）响应作为安全策略的第三道防线，一旦检测到攻击，响应系统就开始响应事件处理、其他业务等。

（4）系统恢复是安全策略的最后一道防线，在攻击事件发生后，把系统恢复到原来的状态。

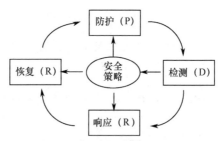

图 7-61　PDRR 模型的工作原理

PDRR 模型的优势在于在整体安全策略的控制和指导下，在综合运用防护工具的同时，利用检测工具了解和评估系统的安全状态，通过适当的反应将系统调整到"最安全"和"风险最低"状态；劣势在于不关注网络安全建设的工程过程，没有阐述实现目标体系的途径和方法，同时没有强调管理层面的影响因素[26]。

3）PPDRR 模型

PPDRR 模型是一种基于闭环控制、主动防御、依赖时间及策略特征的动态安全模型，主要包括策略（Policy）、防护（Protection）、检测（Detection）、响应（Response）和恢复（Recovery）五部分。

PPDRR 模型的工作原理（如图 7-62 所示）与 PDRR 模型类似，在 PDRR 模型的基础上增加了时间域分析模块，采用实时、快速动态响应安全手段，对网络内部和边界进行实时检测、监测和审计。

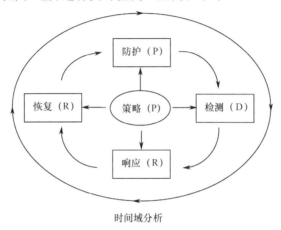

图 7-62　PPDRR 模型的工作原理

PPDRR 模型的优势在于对安全进行了全新定义，可有效保护信息系统免遭恶意网络攻击，诊断全面、及时，性能价格比高；劣势在于忽略了人员流动、人员素质和策略贯彻不稳定性等内在变化因素对系统安全的影响。

4）三维信息安全保障体系模型

三维信息安全保障体系模型是在相关政策、法规和标准的基础上，以物理安全、网络安全、系统安全和应用安全作为主要内容，围绕运维、技术和管理三个基本要求，动态循环实施反击、恢复、响应、检测、保护和预警六个安全防护策略，使安全状态在一定时间内得到保持。该体系模型主要由技术层、管理层和运维层构成，三层共同构筑多层纵深的防护体系。三维信息安全保障体系模型架构如图 7-63 所示。

技术层分为预警、保护、检测、响应、恢复、反击六个策略。管理层对技术层的六个策略进行管理，包括人员安全管理、政策安全管理、其他安全管理、组织机构和规章制度等。运维层促使技术层的六个策略在统一安全策略下协调工作，包括流程和规范、网络安全通信协议、安全分级、纵深防御策略、日常维护管理等。

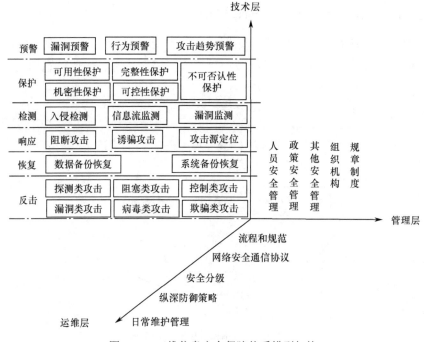

图 7-63　三维信息安全保障体系模型架构

三维信息安全保障体系模型的优势在于三方面：一是将分散系统整合成一个统一的异构网络，实现了信息安全和数据安全产品有机融合；二是通过整体解决方案，提高了系统防护效果，降低了网络管理的风险和复杂性；三是对多种攻击手段进行收集、归类、分析，自动适应攻击变化。其劣势在于停留在体系论证阶段，结构复杂，涉及的软硬件系统体积庞大，距离真正的落实还有较大差距。

7.4　本章小结

本章构建了由静态网络防御技术、动态网络防御技术和新型网络防御技术组成的传统网络安全防御技术体系，主要是依托边界防护理论建立的，能够提高网络系统安全动态化、体系化防御能力。对其中涉及的 100 余项关键性核心技术进行了详细的概念、工作原理、模型架构、优劣势等方面的深入分析，为融入人工智能技术奠定了基础。

本章参考文献

[1] 蒋宁，林浒，尹震宇，等. 工业控制网络的信息安全及纵深防御体系结构研究[J]. 小型微型计算机系统，2017，38（4）：4-6.

[2] 覃健诚，白中英. 网络安全基础[M]. 北京：科学出版社，2011.

[3] 马卫局. 网络空间安全进入动态防御时代[J]. 现代军事，2017（7）：107-112.

[4] 董生忠，赵新刚，刘多才. 网络安全认证技术与协议研究[J]. 网络安全技术与应用，2016（9）：12-14

[5] 黄维真，何荷. "X 计划"：美军网络作战线路图[J]. 环球军事，2013，23（19）：32-33.

[6] 李黎. 浅谈网络安全中的身份认证技术[J]. 计算机与网络，2015，41（7）：54-55.

[7] 张天浩. 试论人工智能时代的网络安全新发展[J]. 科学中国人，2016（12X）：1.

[8] 杨铭，张冰. 传统网络安全防御到主动式动态网络安全防御研究[J]. 科技创新导报，2008，9（34）：21-24.

[9] 杨林，陈实. 网络空间动态防御技术[J]. 保密科学技术，2020（6）：72-74.

[10] 郑华，郝孟一，王国强. PKI-CA 认证体系在实际应用中的优劣势讨论[J]. 网络安全技术与应用，2002（3）：16-21.

[11] 李斌. 基于人工免疫机制的网络安全研究[D]. 成都：电子科技大学，2005.

[12] 李信满，赵宏. 具有信息分析功能的防火墙系统研究[J]. 计算机科学，2000，27（2）：40-42.

[13] 张建中. 基于 Linux 包过滤防火墙的研究与实现[D]. 合肥：安徽农业大学，2003.

[14] 李普玉. 浅谈网络安全态势感知技术架构及建设思路[J]. 网络安全技术与应用，2019（5）：3.

[15] 王伟，曾俊杰，李光松，等. 动态异构冗余系统的安全性分析[J]. 计算机工程，2018，44（10）：42-45，50.

[16] 袁宝，高强，冯庆云. 基于人工智能的信息网络安全态势感知技术分析[J]. 信息记录材料，2019，20（4）：119-120.

[17] 肖喜生，龙春，彭凯飞，等. 基于人工智能的安全态势预测技术研究综述[J]. 信息安全研究，2020，6（6）：506-513.

[18] 蔺羽佳，尹青，朱晓东. 基于域敏感指针分析的细粒度数据随机化技术[J]. 计算机应用，2016，36（6）：1567-1572.

[19] 贾召鹏，方滨兴，刘潮歌，等. 网络欺骗技术综述[J]. 通信学报，2017，38（12）：16.

[20] 费洪晓，李钦秀，李文兴，等. 基于概率的入侵容忍系统表决机制设计[J]. 计算机技术与发展，2010，20（3）：4.

[21] 程凤娟，尹辉. 安全群组通信技术综述[J]. 安阳工学院学报，2009，11（6）：3.

[22] 秦莹. 入侵容忍系统研究与设计[D]. 成都：西南交通大学，2010.

[23] 徐万山. 基于 TCA 的可信网络连接系统设计与实现[D]. 北京：北京工业大学，2018.

[24] 郭上铜，王瑞锦，张凤荔. 区块链技术原理与应用综述[J]. 计算机科学，2021，48（2）：271-281.

[25] 邵力. 网络纵深防御方法的研究与实践[D]. 成都：四川大学，2005.

[26] 汪文杰. 基于 P2DR2 模型的信息网络安全体系技术实现[C]. 电力行业信息化年会，2010.

第 8 章　智能网络防御技术

随着信息技术的不断发展，网络安全防御技术面临的威胁与挑战越来越多，传统的网络安全防御技术能够有效解决已知的安全威胁，但还是无法应对越来越多的未知威胁及变种漏洞（如 0Day 漏洞等）。为了解决大量未知威胁带来的风险，人工智能技术被用于传统的网络安全防御技术，形成自动监测、识别、分析、化解网络安全风险的能力，以实现安全防御技术从人工到智能的转化[1]。

本章从设计人工智能网络安全防御体系入手，分别从物理层、接入层、系统层、网络层、应用层、管理层六个层面论述融入人工智能的网络安全防御技术，最后给出对抗人工智能攻击的防御方法。

8.1　智能网络防御技术分析

本节分析总结人工智能技术用于网络防御的技术优势，研究人工智能技术在网络威胁检测、抵御网络攻击、发现修复漏洞、身份验证、防止不法用户接入等方面的安全防御方式，提出层次化的智能网络防御技术体系。

8.1.1　智能网络防御技术特点

在新时代环境中，人工智能技术在网络安全防御中的作用和价值越发重要，其应用于网络防御的技术特点主要有以下四个方面[2,3]。

1. 增强防御系统的协作能力

网络空间的组成结构复杂，网络空间安全防御系统部署工作需考虑调用的功能部件数量等各种因素。由于传统网络安全防御系统的形式与功能存在差异，因此防御系统的协调能力并不强，这影响了设备之间的通信和指令执行速度。

人工智能技术以层级化管理方式，增强了系统的协作能力，使网络空间受到威胁或被攻击后能够更快响应，以最大限度地保障网络空间安全[4]。

2. 提升网络入侵威胁的检测水平

做好基于网络入侵信息的实时监测能够及时采取防御措施，阻止网络入侵，通过提高网络入侵信息监测的准确性，可实现提前应对网络空间威胁与攻击，提高网络安全防护水平[5]。传统网络安全防御系统的检测水平不高，难以从大量的信息中找到威胁与攻击信息，很少能够及时预警。

通过人工智能技术中的机器学习和深度学习等智能技术，可以准确地分析模糊信息，分析之后批量打包和处理这些信息，可提高模糊信息筛选效率与准确性，从而更好地提高网络空间威胁检测准确性与及时性。

3. 有效抵御复杂网络系统的安全漏洞

非线性拓扑网络结构是通用的网络空间结构，这种网络结构相对复杂，对应的网络安全防御系统的构建难度也相对较大。在社会环境进步发展的驱动下，拓扑网络结构存在很多漏洞，传统的网络安全防御系统不能够很好地根据复杂的拓扑网络结构来开展防御工作，不能满足网络安全防御需求，影响了系统的整体安全防御水平。

人工智能技术在处理非线性网络结构方面具有良好表现，因此有必要通过人工智能技术对网络安全防御技术进行升级处理，以期减少拓扑网络计算时间，提高防御水平。

4. 大幅缩短对攻击的响应时间

当网络空间受到威胁时，传统网络防御的响应速度相对较慢，需要烦琐的手工分析或构建复杂模型对大量碎片化信号源数据进行分析，耗时较长且误报或漏报的比例较高，不能快速保护网络。传统防御机制和手段已不能适应恶意代码的迭代升级和进化速度。

利用人工智能技术实施智能化网络防御，自动化程度和响应效率高，可以大幅缩短从发现到响应的时间并降低误报率，实现网络自主监测、自主防护和自主反击，有效提高网络防御的速度和效能。

5．对未知安全风险能够做出及时响应

人工智能技术能够高效处理海量网络数据，且拥有强大的自主学习和数据分析能力，可以对未知的攻击手段和快速变化的网络风险环境做出及时响应，大幅缩短从威胁发现到响应的时间，实现自动快速识别、检测及处置一定的未知安全威胁和 APT 等高级威胁。

8.1.2 智能网络防御方式

人工智能技术与现有网络安全技术深度融合，以多种方式推动未来网络安全技术发展。人工智能技术主要从机器学习、密码保护和身份认证、钓鱼防护、漏洞管理几个方面提高了现有网络安全防御技术水平[6,7]。

1．深度学习和神经网络有效检测各类网络威胁

传统网络威胁检测技术严重依赖历史检测结果，无法像人工智能一样破解攻击者的最新技术和技巧。基于深度学习、神经网络的人工智能技术可以从数量巨大的网络威胁中提取关键特征参数，基于大数据分析帮助计算机调整算法来实时精准地检测网络威胁并识别异常，实现威胁预警分析和管理网络威胁，使网络安全人员能够提前发现网络威胁，从而避免造成损失。

在恶意软件检测方面，将恶意软件样本转换为二维图像，并输入到经过训练的深度神经网络（DNN）后，二维图像会被分类为"干净"或"已感染"，准确率可以达到 99.07%，误报率为 2.58%。

在未知加密恶意流量检测方面，在无法对有效传输载荷提取特征的情况下，基于长短期记忆网络（Long Short-Term Memory，LSTM）的加密恶意流量检测模型经过为期两个月的训练之后，可以识别许多不同的恶意软件家族的未知加密恶意流量。

在恶意（僵尸）网络流量检测方面，利用深度学习且独立于底层僵尸网络体系结构的恶意网络流量检测器 BotShark，采用堆叠式自动编码器（Autoencoder）和卷积神经网络（CNN）两种深度学习检测模型，以消除检测系统对网络流量主要特征的依赖性，可以达到91%的分类准确率和13%的召回率。

在恶意域名检测方面，结合域生成算法（Domain Generation Algorithm，DGA），运用机器学习中的聚类算法可以获得较高的恶意域名检出率，不仅可

以检测已知的恶意域名，而且能检测到从未暴露的新变种。在新型网络钓鱼电子邮件检测方面，利用深度神经网络（DNN）对网络钓鱼电子邮件进行检测，可以实现 94.27%的检测性能。

2. 生物识别精准化辅助物理特征保护和身份验证

密码一直是网络系统中身份验证的手段，而密码容易被窃取。目前，主流防护技术主要通过生物特征认证技术来替代原有密码技术的身份验证，但生物特征需要采集从而造成不便，另外网络攻击者还可以轻松绕过这些认证技术手段[8]。

基于人工智能生物识别精准化技术，可通过深度学习算法发现非正常模式的不正常行为或动作，提高身份认证防护能力，减小泄露风险，进而识别可疑用户行为入侵并进行阻止，使身份验证成为完整可靠的应用程序。

3. 机器学习有效阻止网络钓鱼攻击

网络钓鱼技术是最常用的网络攻击方法之一，黑客试图通过网络钓鱼攻击来传递其有效负载。网络钓鱼电子邮件极为普遍，该电子邮件中包含一个网络链接，打开后将诱使受害者将勒索软件安装到他的设备上。

基于机器学习的人工智能技术以辅助的方式对来自世界各地的网络钓鱼活动进行监视，能够快速识别和追踪超过 10000 种活跃的网络钓鱼源，快速区分假冒网站和有效网站，在缓解和阻止网络钓鱼攻击方面发挥了重要作用。

4. 自动推理和搜索及时发现并修复漏洞

奇安信 CERT 发布的《2021 年度漏洞态势观察报告》显示，2021 年新收录漏洞信息 21664 个[9]，这些漏洞很难用人工或常规技术手段进行管理。

基于自动推理和搜索辅助的人工智能漏洞扫描系统可以通过整合黑客论坛、黑客可信度、使用趋势等各种变量参数及资源池进行有效搜索，这样可以及时发现漏洞，从而快速修复漏洞，避免针对这些漏洞的网络攻击。

5. 智能行为分析模型拦截不法用户入网

人工智能的网络系统基于行为分析识别技术，可对计算机操作者的常规登录时间、浏览模式等日常操作习惯构建行为分析模型。通过深度学习的自动化算法，可随时识别非正常模式的不正常行为或动作（如上传、下载量突然增加，归档文件中转移文件，打字速度突然改变等），对可疑用户或个人进行识别并阻止。

8.1.3　智能网络防御技术体系

随着信息技术的发展，互联网基础设施日益融入人们的生产生活，传统网络安全防御技术主要面临以下三大挑战[10]。

（1）原先平面式的网络威胁攻击转变为全方位立体式的威胁，并且攻击范围不断扩大，种类不断增多。

（2）受到部署位置限制，传统的网络安全防御技术无法对整个网络内部的威胁信息形成全面感知。

（3）传统的网络安全防御技术自身没有学习能力，因此面对网络攻击无法及时更新和自我学习，从而准确做出反应。

基于人工智能的网络防御技术的演化过程可分为以下三个阶段[11]。

（1）第一阶段主要针对人们已知的网络入侵、威胁事件，以传统的安全防御设备加上人工处理技术对抗威胁，给出系统性解决方案。

（2）第二阶段主要针对人们已经理解的未知威胁，借助人工智能技术逐渐演进为较低等级的网络攻防自主对抗。此外，可通过人工智能技术实现单点防御、检测能力的增强，以期进一步实现对未知威胁进攻的覆盖。该阶段的目标，主要是针对某个具体业务场景，实现一定程度的智能、自动化威胁处置，实现网络入侵从预防、检测到处置的全程闭环操作。

（3）第三阶段基于人工智能网络防御技术的终极发展目标，是一个逐步演进的过程。该阶段的主要目标对象是未来人们面临的网络威胁，通过人工智能的网络防御技术，完全实现机器的自主对抗，对网络安全威胁实现全方位感知、检测和处置等过程。

借助人工智能技术强大的学习和推理能力，基于人工智能的网络防御技术，能够从庞大的网络攻击信息中提取有效攻击信息和特点，不断提高网络空间的整体安全防御能力，本章将从物理层、接入层、网络层、系统层、应用层和管理层六个层面构建基于人工智能的网络防御技术体系，如图 8-1所示。

将人工智能融合到传统网络防御技术，构建全方位、立体型的智能网络防御体系，可突破传统单点防御和局部防御的局限性，形成全局化的感知和整体性防御能力。

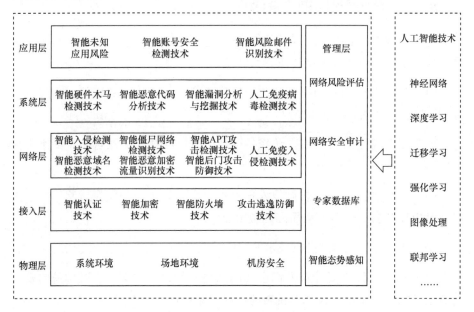

图 8-1　智能网络防御技术体系

8.2　物理层智能防御技术

传统的物理层防御技术是将计算机与外部公共互联网进行绝对物理隔离，是容易实施的网络安全防护技术。

物理层智能防御技术主要是运用人工智能技术来保障计算机系统环境选取、机房场地环境选择、机房安全防护等。

8.2.1　智能选择计算机系统环境

选择计算机系统的环境条件需要遵守具体要求和严格标准，采用计算机视觉、机器人技术等人工智能技术，可以实现智能检测、分析、调节温度和湿度等，还可以有效预防虫害、振动和冲击、电气干扰等。

以智能调节温度为例，主要分为模型构建和智能调节两个阶段，其工作原理如图 8-2 所示，具体如下。

（1）传感器主动采集用户设定温度及相应的环境温度。

（2）依据用户设定温度和环境温度，自动生成用户设定温度与相应环境温度之间的相关关系模型。

（3）主动采集当前环境温度，依据所述相关关系模型，运用计算机视觉、机器人技术等计算获得用户期望的设定温度，从而避免用户频繁调节设备的设定温度。

（4）可以基于用户的历史使用习惯机器学习的算法，自动构建模型计算出设定温度，可以更好地契合用户的使用习惯。

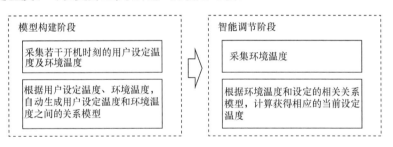

图 8-2　智能调节温度的工作原理

8.2.2　智能选择机房场地环境

机房场地环境主要考虑外部环境安全性、地质可靠性、场地抗电磁干扰性等，其选择将直接影响系统的安全性和可靠性。采用图像识别、系统仿真、虚拟现实等人工智能技术，可以避开强振动源和强噪声源，避免将机房设在建筑物高层和用水设备下层或隔壁，实现出入口的智能管理。

智能选择机房场地环境的工作原理如图 8-3 所示，具体如下。

（1）机房场地环境系统设计者将环境参数等指标进行数字化拆解，形成环境基本参数。

（2）通过虚拟现实技术进行系统建模，依托环境基本参数进行大数据分析。

（3）实现机房环境设计优化、方案比对和风险规避，增强机房系统可靠性。

图 8-3　智能选择机房场地环境的工作原理

8.2.3　机房安全智能防护

机房安全防护主要是指针对环境的物理因素，为防止未授权的个人或团体破坏、篡改或盗窃网络设施、重要数据而采取的安全措施和对策。

采用大数据分析、图像识别等人工智能技术来实现机房安全的智能防护，一是通过物理访问控制识别访问用户身份，并对其合法性进行验证；二是对来访者限定活动范围；三是在计算机系统中心设备外设多层安全防护圈，防止非法暴力入侵；四是设备所在建筑物应具有抵御各种自然灾害的设施。

以智能用户身份识别为例，其工作原理如图 8-4 所示，具体如下。

（1）进入机房的访客需进入机房出入口智能管理系统，用图像、指纹、证件等信息进行登记备案。

（2）访客到达机房出入口后，对访客进行图像、指纹或身份证件信息的采集。

（3）将证件信息或图像传输到末端服务器，通过大数据分析比对进行分析。

（4）身份登记确认后，发放凭条或门禁卡授权访客访问。

（5）注销登记，访客离开。

图 8-4　智能用户身份识别的工作原理

8.3　接入层智能防御技术

传统的接入层防御技术通过静态、动态等防御技术来保障多元异构的终端安全接入网络系统[12]。

接入层智能防御技术主要有智能认证技术、智能加密技术、智能防火墙技术、攻击逃逸防御技术等。零信任是典型的接入层智能防御技术。

8.3.1　智能认证技术

运用人工智能进行身份验证的技术主要是生物特征识别，主要包括人脸识别、语音识别、指纹识别、虹膜识别、指静脉识别等[13]，由这些技术可形成相应的智能识别产品，将在第 9 章详细介绍。

1．人脸识别技术

人脸识别技术基于人的脸部特征信息，运用图像识别技术，把待识别的人脸特征与已得到的人脸特征模板进行比较，先一对一图像比较确认，再一对多图像匹配识别对比，进而完成对接入网络人员的身份认证。

人脸识别技术的工作原理如图 8-5 所示，具体如下。

（1）人脸检测：采用 Haar 特征和 Adaboost 算法从输入图像中检测并提取人脸图像。

（2）特征提取：采用针对人脸的视觉、像素统计、人脸图像变换系数、人脸图像代数等特征，基于知识表征、代数特征或统计学习表征的方式进行人脸特征建模。

（3）人脸图像匹配与识别：将提取的人脸特征数据与数据库中存储的特征模板进行匹配、认证，根据相似程度对人脸身份信息进行判断。

图 8-5　人脸识别技术的工作原理

人脸识别技术的优势主要体现在三方面：一是该技术是非接触型的，即用户不需要和设备直接接触；二是具有非强制性，即被识别的人脸图像信息可以主动获取；三是支持并发性，即在实际应用场景中，可以进行多个人脸的分拣、判断及识别。

2. 语音识别技术

语音识别技术是让机器通过识别和理解过程，把语音信号转变为相应的文本或命令，本质是一种基于语音特征参数的模式识别，即通过学习，系统把输入的语音按一定模式进行分类，进而依据判定准则找出最佳匹配结果，可认为是机器的"听觉系统"。该技术具备获取方便、成本低廉、使用简单、适合远程身份确认等优势。

语音识别技术的工作原理如图 8-6 所示，具体如下。

（1）通过分帧、加窗、预加重等对输入语音进行预处理。

（2）以基音周期、共振峰、短时平均能量或幅度、线性预测系数等特征参数为依据进行特征提取。

（3）对测试语音按训练过程产生模板。

（4）采用欧式距离、协方差矩阵与贝叶斯距离等失真判决准则对语音进行识别。

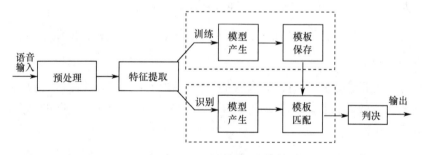

图 8-6　语音识别技术的工作原理

3. 指纹识别技术

指纹识别技术是通过图像识别、大数据分析等人工智能技术，分析指纹全局和局部特征，如脊、谷、终点、分叉点或分歧点，再经过比对来确认接入者的身份。该技术识别速度快、应用方便、适应能力强，误判率和拒真率低，稳定性和可靠性强，易操作。

指纹识别技术的工作原理如图 8-7 所示，具体如下。

（1）采用光学取像装置、硅晶体传感器、超声波扫描等技术，获取人体指纹图像。取到指纹图像之后，通过计算机辅助过滤图像、图像增强、噪声减弱与局部方向相匹配等方法，对原始图像进行初步处理，使之更清晰。

（2）运用指纹识别软件，将指纹纹路的分叉、终止或打圈处的坐标位置进行大数据分析，将指纹信息转换成特征数据，建立指纹特征数据库。

（3）通过机器学习算法，组合节点和方向信息产生更多特征数据，并将这些数据保存。

（4）通过计算机模糊比较方法，将指纹与模板进行比较，计算它们的相似程度，最终得到两个指纹的匹配结果。

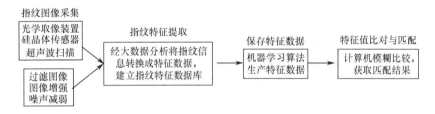

图 8-7　指纹识别技术的工作原理

4. 虹膜识别技术

虹膜识别技术是运用图像识别、机器学习等人工智能技术，通过虹膜进行身份识别。该技术具备高稳定性和唯一性，使用者不需要和设备直接接触便可获取图像，干净卫生，可有效避免接触性传染疾病。

虹膜识别技术的工作原理如图 8-8 所示，具体如下。

（1）虹膜图像获取：使用特定摄像器材对人的整个眼部进行拍摄，并将拍摄到的图像传输给虹膜识别系统的图像预处理软件。

（2）图像预处理：对获取到的虹膜图像通过定位、归一化、图像增强等进行计算机辅助图像处理，使其满足提取虹膜特征的需求。

（3）特征提取：采用机器学习算法从虹膜图像中提取虹膜识别所需的特征点，并对其进行编码。

（4）特征匹配：采用大数据分析、智能匹配，将特征提取得到的特征编码与数据库中的虹膜图像特征编码逐一匹配，判断是否为相同虹膜，从而完成身份识别。

图 8-8 虹膜识别技术的工作原理

5. 指静脉识别技术

指静脉识别技术是利用近红外线穿透手指后所得的静脉纹路影像，运用图像识别技术进行身份识别。该技术不会遗失、被窃，无记忆密码负担，稳定性好，不受表皮粗糙、外部环境（温度、湿度）影响，适用人群广，准确率高，不可复制、伪造，安全便捷。

指静脉识别技术的工作原理如图 8-9 所示，具体如下。

（1）图像采集模块获取近红外图像。

（2）质量评估模块评价当前静脉图像是否合格。

（3）通过计算机辅助技术对图像进行预处理。

（4）通过对静脉图像进行分割、二值化、细化等操作，最终提取出静脉特征。

（5）模式匹配：将输入的静脉特征与数据库中的静脉特征进行匹配，完成识别。

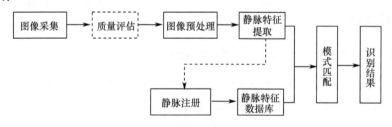

图 8-9 指静脉识别技术的工作原理

8.3.2 智能加密技术

智能加密技术指的是结合机器学习等人工智能技术对数据进行加密，主要有加密数据识别、加密方式选取和数据加密三个阶段，人工智能技术主要集中在前两个阶段。

智能加密技术的工作原理如图 8-10 所示，具体如下。

（1）加密数据识别：将待加密数据输入待加密字段识别模型，通过机器学习自动对每个所述数据特征进行模式识别，获取待加密字段。

（2）加密方式选取：从数据重要性、传输链路等多维度对加密数据进行体系化评估，选取合适加密方式，避免沟通信息自我演进被破解算法侦听。

（3）数据加密：选取加密算法对数据进行加密处理。

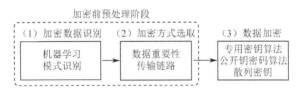

图 8-10　智能加密技术的工作原理

8.3.3　智能防火墙技术

智能防火墙技术指的是基于人工智能硬件加速检测分析的新一代防火墙，运用人工智能和大数据分析技术，通过实时更新的本地数据库及云端大数据中心的威胁检测信息，进行数据训练和系统性建模分析，以具备威胁感知检测分析能力，对客户端、应用程序面临的威胁进行全面检测与分析，对进一步可能发生的威胁、用户行为及应用行为推荐安全防御策略，具备应对各类复杂高效的高级网络攻击威胁的能力[14]。

1. 智能防火墙技术架构

智能防火墙技术架构主要由数据包截获/协议分析解码、过滤分析、数据包处理和审核数据维护分析组成，如图 8-11 所示。

1）数据包截获/协议分析解码

位于访问控制接口处，主要由数据包截获和数据包分析两个模块组成。

数据包截获模块基于防火墙所属的宿主操作系统内核，所提供的数据包捕获机制直接通过访问控制接口从外部网络收集数据链路层网络原始信息，是保证整个防火墙系统正常运行的核心。

数据包协议分析模块按照不同的网络协议，解码相应的分组数据结构，将从数据包截获的数据链路层信息，以及已解码的协议分组信息提交至推理机和数据仓库。

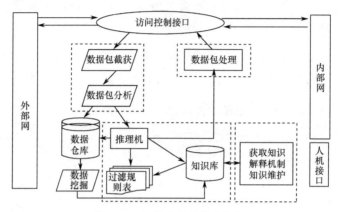

图 8-11 智能防火墙技术架构

2）过滤分析

过滤分析由推理机、知识库、过滤规则表等组成，核心是基于人工智能技术的推理机，其性能好坏将直接影响智能防火墙功能的强弱。

3）数据包处理

数据包处理主要负责数据包的决策执行，根据过滤分析对数据包的分析结果，对数据包进行执行、接收、拒绝或丢弃等操作。

4）审核数据维护分析

审核数据维护分析主要负责使用智能数据挖掘算法，对事件数据仓库中的审计数据进行离线分析，挖掘网络安全风险点，从而获取知识、解释机制和动态补充完善知识库的内容。

2. 智能防火墙关键技术

智能防火墙技术是指采用人工智能识别技术来确定访问控制，对所有经过防火墙的数据包进行检查，只有不可确定的进程有网络访问行为时，才请求用户协助。

智能防火墙关键技术主要有智能数据包检测技术、应用代理技术、网络IP 地址转换技术等。

1）智能数据包检测技术

智能数据包检测技术是指不单纯依赖既定签名特征，机械识别已经认识的威胁，而是通过大量样本和算法训练威胁检测模型，从而使防火墙可以自主检测高级未知威胁。该技术通过建立自动分析模型，极大地提高了威胁检测分析效率，有效避免防火墙与用户端的频繁交互。

智能数据包检测技术的工作原理如图 8-12 所示，具体如下。

（1）恶意行为检测：通过内置的智能检测引擎，借助监督学习与非监督学习，有效监测频繁变种的恶意文件，发现失陷主机和被远程控制的傀儡机，识别慢速和分布式暴力破解等恶意行为。

（2）模型建立：利用海量数据分析训练生成威胁检测模型，并不断根据实时的网络数据优化模型自我进化。

（3）模型下发：无须系统软件升级，云端训练更新的模型将直接下发到防火墙。

图 8-12　智能数据包检测技术的工作原理

2）应用代理技术

应用代理技术是指内网用户向外网服务器进行连接请求服务的技术，代理服务器运行在两个网络之间，对于客户机是一台服务器，对于外网服务器又是一台客户机。该技术的大部分信息在服务器上有缓存，在提交重复请求时可以从缓存获取信息，而不必再次进行网络连接，以提高网络性能。另外，外联主机无法看清内部网络，能够有效阻止对内部网络的探测活动。

应用代理技术的工作原理如图 8-13 所示，具体如下。

（1）客户机将连接服务请求发给代理服务器。

（2）根据该请求，代理服务器向外网服务器索取数据。

图 8-13　应用代理技术的工作原理

（3）代理服务器将索取到的数据转发给客户机。

3）网络 IP 地址转换技术

网络 IP 地址转换技术被广泛应用于各种类型的网络，是一种将私有 IP 地址转化为公网 IP 地址的技术。该技术可隐藏内部网络真实 IP 地址，使内部网络免受攻击者直接攻击，同时可有效解决公网 IP 地址不足的问题。

网络 IP 地址转换技术的工作原理如图 8-14 所示，具体如下。

（1）管理员配置可用 IP 地址资源池。

（2）网络地址转换设备从可用 IP 地址资源池中，随机分配一个 IP 地址（63.202.123.166）给该内部主机（192.168.10.3）。

（3）原 IP 地址替换为新 IP 地址后，发送到互联网上的目的主机。

图 8-14　网络 IP 地址转换技术的工作原理

3. 智能防火墙技术的优势

智能防火墙技术具有更强的智能化思维、决策能力和较强的适应性、自学习性等，可以根据网络攻击方式及强度，自适应地调整自身的先验过滤规则和运行参数，以最少的系统资源取得最佳安全防御效果。

智能防火墙的优势主要体现在以下三个方面。

（1）智能过滤：对网络层中的数据包进行实时监测，根据不同的人、时间、地点、行为来进行访问控制，智能地对网络所面临的各种安全隐患进行统计和分析，大大增强防火墙的安全性和适应性。

（2）按照学习后生成的逻辑判断数据包的安全性，或者根据数据包的目标地址、源地址来决定是否允许其通过，对未经许可与授权的访问进行限制和拦截。

（3）在恶意攻击过程中，还会进行自我更新和修复，以规避网络安全中的明显漏洞，进而实现网络防御效果的提升。

8.3.4　攻击逃逸防御技术

攻击逃逸防御技术的关键有网络蒸馏（Network Distillation，ND）技术、对抗训练（Adversarial Training，AT）技术、对抗样本检测（Adversarial Sample Detection，ASD）技术、输入重构（Input Reconstruction，IR）技术、深度神经网络模型验证（Deep Neural Network Verification，DNNV）技术等，它们都有特定的应用场景，防御对象类型较为单一，并不能完全防御所有的攻击，因此在实际应用中，这些技术经常并行或串行使用，以得到更为有效的效果[15]。

1．网络蒸馏技术

网络蒸馏技术主要用于攻击逃逸防御过程中的深度神经网络模型训练阶段，通过对多个深度神经网络进行串联，使前一个深度神经网络生成的分类结果用于后一个深度神经网络的训练。该技术可在一定程度上降低模型对微小扰动的敏感度，增强系统健壮性。

以教育领域应用为例，网络蒸馏技术的工作原理如图 8-15 所示，具体如下。

（1）建立教师网络：将原始的较大或集成的深度网络整合，形成用于获取知识的教师网络。

（2）建立学生网络：建立用于接收教师网络知识的轻量级学生网络，用于预测网络攻击行为。

（3）前向预测：基于复杂网络输出和数据真实标签，采用计算机深度学习算法和上下文关联性分析，训练一个更小的网络，实现前向预测分析。

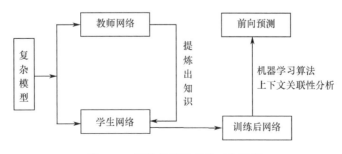

图 8-15　网络蒸馏技术的工作原理

2．对抗训练技术

对抗训练技术主要用于攻击逃逸防御过程中的深度神经网络模型训练阶段，通过使用已知的各种攻击方法来生成对抗样本，将该对抗样本加入训练模型，对模型进行重复训练，最终生成可以抵抗攻击扰动的新模型。该技术可以增强新生成模型的健壮性，提高模型的准确率和规范性[16]。

对抗训练技术的工作原理如图 8-16 所示，具体如下。

（1）对抗样本生成：通过使用已知的各种攻击方法添加对抗扰动，结合快速梯度符号、基本迭代等算法生成对抗样本。

（2）对抗训练：将生成的对抗样本加入训练模型，对模型进行重复训练，最终生成可以抵抗攻击扰动的新模型。

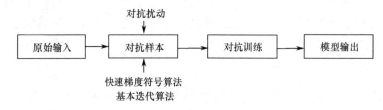

图 8-16　对抗训练技术的工作原理

3．对抗样本检测技术

对抗样本检测技术主要用于深度神经网络模型的使用阶段，通过增加外部检测模型或检测组件来判断样本是否为对抗样本。该技术提前对对抗样本特征进行识别，加强系统健壮性和稳定性，另外可通过样本检测提前识别风险，减小系统计算开销。

对抗样本检测技术的工作原理如图 8-17 所示，具体如下。

（1）分类器训练：各类检测模型依据基于核密度与贝叶斯的检测、内在维度检测、特征压缩、信号上的检测等方法，训练一个分类器，将此分类器作为对抗样本检测器。

（2）特征提取：对所有样本进行无效样本剔除，并基于深度数据挖掘识别样本特征。

（3）样本检测：检测模型在原模型每一层中提取输入样本和正常数据间确定性的差异、对抗样本的分布特征，输入样本历史等相关信息，综合各类信息进行检测。

图 8-17 对抗样本检测技术的工作原理

4．输入重构技术

输入重构技术主要用于深度神经网络模型的使用阶段，将输入样本进行变形从而规避对抗攻击。常用的输入重构技术主要有样本加噪、去噪等。输入样本经过变形后，不会影响原模型的正常分类功能。

输入重构技术的工作原理如图 8-18 所示，具体如下。

（1）参数确定：根据神经网络模型中的攻击场景，对环境进行态势感知、智能识别。

（2）噪声添加：基于机器学习推理及自主学习等核心技术，在模型输入层或输出层添加符合拉普拉斯、高斯、指数分布等的噪声数据．

（3）规避攻击：将添加噪声后的数据公布给外部接入用户，使样本变形，从而规避对抗攻击。

图 8-18 输入重构技术的工作原理

5．深度神经网络模型验证技术

深度神经网络模型验证技术类似于软件验证分析技术，通过特定方式验证深度神经网络模型，用于加强防御端的有效性。该技术可以增强深度神经网络模型的防御能力，抵抗相应攻击行为。

深度神经网络模型验证技术的工作原理如图 8-19 所示，具体如下。

（1）构建合适的深度神经网络模型求解器。

（2）利用求解器对深度神经网络模型节点的优先度选择、分享验证信息、区域验证等各种属性进行验证。

（3）若验证不通过，则深度神经网络模型节点不断进行训练，直至通过验证。

（4）通过求解器验证的深度神经网络模型运行效率提升，可有效抵御网络攻击行为。

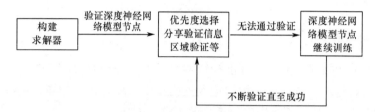

图8-19　深度神经网络模型验证技术的工作原理

8.3.5　典型接入层智能防御技术——零信任

传统的网络安全体系架构认为网络内部人员与设备是可信的，零信任技术的核心思想是不主动信任网络内部或外部的任何人/事/物，在应用授权前对接入网络的人/事/物进行统一身份验证。

1．零信任技术总体架构

零信任技术的总体架构主要包括访问主体、访问目标、信任评估引擎、访问控制引擎、访问代理和身份安全基础设施等模块[17]，如图8-20所示。

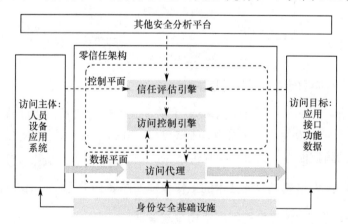

图8-20　零信任技术总体架构

访问主体包括人员、设备、应用、系统，访问目标包括应用、接口、功能、数据，访问主体通过控制平面向访问目标发起访问请求，经过信任评估引擎、访问控制引擎实施身份认证和授权。当访问主体的访问请求获得允许后，访问代理作为执行点，接受访问主体的流量数据，建立一次性的安全访问连接。

信任评估引擎的作用是持续地对访问请求进行信任评估。访问控制引擎的作用是动态地对判断访问控制策略进行调整。访问代理的作用是当发现入侵威胁时，及时中断访问连接，快速对资源实施保护。

身份安全基础设施的作用是为人、设备、系统的身份和权限管理提供基础的数据来源。典型的身份安全基础设施包括 PKI、身份管理、数据访问策略等系统。

其他安全分析平台的作用是为信任评估引擎和访问控制引擎，持续的动态评估提供以资产状态、规范性要求、运行环境安全风险、威胁情报等信息为主的可供参考的日志信息。典型的安全分析平台主要有终端防护与响应系统、安全态势感知分析系统、行业合规系统、威胁情报源、安全信息和事件管理系统等。

2．零信任关键技术

零信任关键技术主要有软件定义边界（Software-Defined Perimeter，SDP）技术、增强身份管理（Enhanced Identity Govermance，EIG）技术和微隔离（Micro-Segmentation，MSG）技术等。

1）软件定义边界技术

软件定义边界技术是指通过软件自定义编程的方式，在"边+端+云"的背景下构建虚拟的隔离边界，通过身份认证机制及权限认证机制，提供有效的边界访问控制保护。

软件定义边界技术的工作原理如图 8-21 所示，具体如下。

（1）访问请求：SDP 客户端使用单数据包授权，向 SDP 控制器发出访问请求，并发送设备或软件等的信息。

（2）授权传输：SDP 控制器验证用户信息及设备信息，通过深度机器学习和上下文匹配检查上下文，并将实时授权通过加密的 Token 传递给 SDP 客户端。

（3）策略验证匹配：SDP 客户端附带实时授权信息，向 SDP 网关发出请求，SDP 网关根据请求信息和安全策略，经过机器学习算法，自动进行验证和匹配，然后允许或拒绝用户的访问请求。

（4）双向加密连接：SDP 网关为被允许的访问请求建立双向加密连接，客户端通过加密隧道和 SDP 连接器访问 SDP 网关所指定的应用服务或资源。

（5）状态调整：持续动态监控用户信息和访问行为，实时调整授权状态。

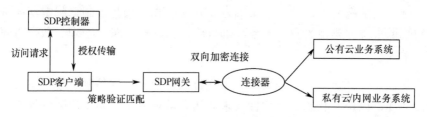

图 8-21　软件定义边界技术的工作原理

软件定义边界技术的优势主要有三方面：一是可以隐藏服务器地址、端口信息，实现信息隐身，从而使攻击者无法获取真实的攻击目标信息；二是在连接服务器之前，会对应用层的用户和设备的合法性进行预认证和预授权，只有被授权访问的应用才能被用户层看到；三是基于标准协议，具有广泛的扩展性，可以与其他安全系统集成。

2）增强身份管理技术

增强身份管理技术是指围绕身份、权限、环境等信息要素，保证经过确认身份信息的访问者在正确的访问环境中，基于正当理由访问正确的资源。该技术敏捷、灵活、智能，采用动态策略实现自主完善、不断调整，可满足各种新兴业务场景的实际安全需求。

增强身份管理技术的工作原理如图 8-22 所示，具体如下。

（1）建立身份管理体系：该体系包括外包人员、供应商、消费者、合作伙伴等用户群体。

（2）集中管控：将业务纳入身份管理平台，进行认证、授权、风险、审计的集中管控，确保来自用户或终端的访问身份和请求符合管理要求和策略匹配。

（3）用户群风险评估：基于人工智能技术构建自适应访问策略，通过上下文洞察建立风险评分，确定每个用户的相关信任或风险级别。

（4）访问策略制定：基于风险级别进行访问，为低风险用户提供简化乃至无密码的体验，高风险用户需通过多因素身份验证或被拒绝访问。

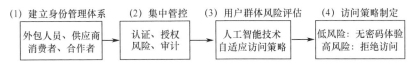

图 8-22　增强身份管理技术的工作原理

3）微隔离技术

微隔离技术主要是指通过细粒度的策略控制方法，灵活实现业务系统内部、外部主机与主机的隔离，从而让系统内部流量的流转过程可视可控，有效防御黑客或病毒持续性、大面积的渗透和破坏，以保护系统内部网络安全。

微隔离技术主要有云原生微隔离、API 微隔离及主机代理微隔离三种方式，其对比分析见表 8-1。

表 8-1　微隔离技术三种方式的对比分析

方式	支持架构	优　势	劣　势
云原生微隔离	仅支持虚拟化平台	平台原生技术，购买增值模块后可在云平台进行配置	在混合云架构或非云 PC 环境中无法使用；用户一旦更换云服务商，就很难简单快速地迁移微隔离策略
API 微隔离	仅支持虚拟化平台	与防火墙隔离逻辑一样，容易从防火墙隔离进行配置的迁移	非常依赖虚拟主机的对外接口，由此产生瓶颈：出现售后问题时溯源困难；无法适用于 PC 或混合云场景；经过 API 接口调用，性能损耗相对较大
主机代理微隔离	支持 PC、传统服务器、任意虚拟化平台	无须依赖底层架构，是唯一支持 PC、混合云环境的微隔离方式，且主机迁移时安全策略能随之迁移	在初次实施时需通过批量工具进行部署

8.4　系统层智能防御技术

系统层智能防御技术主要有智能硬件木马检测、智能恶意代码分析、智能漏洞分析与挖掘、人工免疫病毒检测。智能蜜罐是典型的系统层智能防御技术[18]。

8.4.1 智能硬件木马检测技术

硬件木马是指在集成电路设计或制造过程中，攻击者通过插入潜伏在原始电路中的微小恶意电路，在电路运行符合某些特定的值或条件时，使原始电路发生信息泄露、电路功能改变、电路损坏等。因此，保证硬件的安全性与可靠性十分重要。

智能硬件木马检测技术主要有芯片原理图成像识别技术和边信道信号分析技术。

1. 芯片原理图成像识别技术

芯片原理图成像识别技术是提取检测芯片与可信芯片的成像图差值，并将其作为特征参数，使用特定算法进行统计学分析，从而实现硬件木马检测功能，识别准确率较高。

芯片原理图成像识别技术的工作原理如图 8-23 所示，具体如下。

（1）图像提取：获取检测芯片和可信芯片的图像基本信息，并将其转换为计算机可识别的信息。

（2）图像预处理：通过去噪、变换及平滑等操作，对图像进行卷积神经网络处理，以突出图像重要特征。

（3）特征提取及选择：采用计算机视觉方法，按照一定方式分离、识别图像特征，抽取及选择图像的多种特征。

（4）图像评价：依据训练出的图像特征制定图像识别规则，得到特征的主要种类，进一步采用机器学习、神经网络算法等不断提高图像识别率，再通过识别特殊特征实现对图像的最终评价和确认。

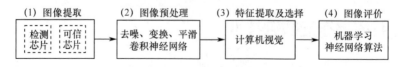

图 8-23 芯片原理图成像识别技术的工作原理

2. 边信道信号分析技术

边信道信号分析技术是指专门针对加密电子设备在运行过程中的时间消耗、功率消耗或电磁辐射之类的边信道信息进行分析，可实现对边信道信号中的木马病毒的精准检测。该技术分析设备成本低、分析方法简单、检测精度高。

边信道信号分析技术的工作原理如图 8-24 所示，具体如下。

（1）数据获取：用可信芯片电路仿真、蒙特卡洛分析等方法得到多维边信道信号。

（2）数据降维：利用线性降维、非线性降维等特定算法，对信号进行降维处理。

（3）信道分析：通过非线性回归模型得到边信道指纹。

（4）分类识别：通过机器学习、计算机图像识别进行分类识别。

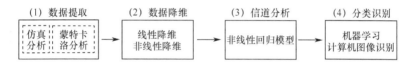

图 8-24　边信道信号分析技术的工作原理

8.4.2　智能恶意代码分析技术

智能恶意代码分析技术是运用主动学习框架的恶意代码分析捕获方法，定期有效地更新可疑文件的特征，从而减少在恶意代码分析技术应用方面的人工分析时间。该技术可有效提高恶意代码分析速度和准确率，为后续的预测分析和决策分析支持提供时间保障和基础。

智能恶意代码分析技术的工作原理如图 8-25 所示，具体如下。

（1）特征提取：提取二进制文本信息和运行行为特征。

（2）特征分析：借助机器学习的动态分析方法，对选取信息、内容、时间和连接四个网络行为特征进行分析。

（3）特征汇总：利用朴素贝叶斯分类算法对提取特征进行分类汇总。

（4）决策分析：通过大数据分析，对软件中的内核驱动是否含有恶意信息进行预测分析和决策支持。

图 8-25　智能恶意代码分析技术的工作原理

8.4.3　智能漏洞分析与挖掘技术

智能漏洞分析与挖掘技术主要是基于机器学习的漏洞识别、漏洞预测和漏洞修复技术去发现特定类型的漏洞。

1. 智能漏洞识别技术

智能漏洞识别技术是运用机器学习自动检查大量文档集合中的关键字，并计算其相关性，按照安全性和非安全性分类，将漏洞威胁级别分为"关键""重要"或"低影响"等。该技术具有较高识别效率和检测速度[19]。

智能漏洞识别技术的工作原理如图 8-26 所示，具体如下。

（1）漏洞数据采集：运用网络爬虫算法进行数据采集后，对数据进行清洗、降噪处理，保存漏洞编号、漏洞描述，评分并记录其风险等级和危险系数。

（2）漏洞匹配：运用机器学习中的反向文档频率算法、逻辑回归模型等人工智能算法，自动检查大量文档集合中的关键字，并计算它们的相关性。

（3）漏洞风险等级计算：依据漏洞补丁的情况和原风险分数，结合综合评估和层次评估，对漏洞风险等级做出判定。

（4）漏洞上报：当设备漏洞风险分数较高时，系统自动上报。

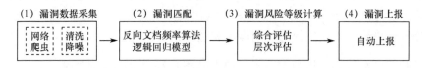

图 8-26　智能漏洞识别技术的工作原理

2. 智能漏洞预测技术

智能漏洞预测技术是指不涉及漏洞产生原因，借助机器学习的统计特性，通过发现与漏洞同时出现的相关因素，判定可能存在的漏洞。该技术可以缩小代码审计范围，减少开发人员发现漏洞的时间。

智能漏洞预测技术的工作原理如图 8-27 所示，具体如下。

（1）代码预处理：利用上下文学习技术，将代码数据制成二维图像，用图像识别技术学习其空间特性，在数据进入模型前，根据预测粒度对代码进行解析预处理。

（2）中间表示：完整解析代码语法，将其抽象提取为语法树、控制流图、数据依赖图等精简统一的形式，以减少冗余信息、提高程序分析效率和精确度。

（3）特征提取：运用深度学习二分类算法进行模式学习和特征提取，得到特征表达向量，作为漏洞预测的最终特征向量。

（4）漏洞预测：结合神经网络和自然语言处理等人工智能技术，识别并解释代码语法含义以评估风险，分析利用漏洞的趋势。

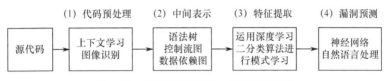

图 8-27　智能漏洞预测技术的工作原理

3．智能漏洞修复技术

智能漏洞修复技术是指运用聚类算法，对收集到的漏洞信息进行分析预处理，体系化评估不同种类漏洞的危害等级和威胁因子，基于分析结果制定相应漏洞修复策略。该技术能够减少人工工作量，增强漏洞修复时效，充分保障应用系统的安全稳定运行。

智能漏洞修复技术的工作原理如图 8-28 所示，具体如下。

（1）漏洞发现：利用漏洞识别技术和漏洞扫描工具，自动识别网络系统中存在的漏洞。

（2）漏洞聚类分析：一是利用粒子群优化（Particle Swarm Optimization，PSO）算法寻找聚类中心，对预处理后的漏洞数据运用 K-means 算法实现漏洞聚类；二是利用高危、中危、低危的漏洞占比来计算漏洞类型的威胁因子，量化分析漏洞类型威胁性。

（3）漏洞严重性评估：一是根据基漏洞扫描工具获得主机漏洞报告，查找最新发布的相关安全补丁；二是基于粗糙集的漏洞严重性评估方法，对主机中每个漏洞都进行定量和定性评估。

（4）漏洞修复策略：构建主机、漏洞类型威胁等级、漏洞类型、漏洞四个层次的漏洞目标主机模型，采用"自下而上、先局部后整体"的漏洞修复策略。

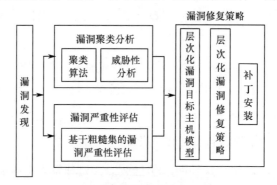

图 8-28　智能漏洞修复技术的工作原理

8.4.4　人工免疫病毒检测技术

人工免疫病毒检测技术是基于异常检测思想，借鉴生物免疫系统抵抗、消灭未知病毒的机理，建立具有免疫和恢复功能的病毒检测系统。免疫功能是通过掌握"自己"的信息来辨认"非己"的病毒，恢复功能是通过网络将未被病毒感染的计算机中的文件复制到已被感染的计算机中[20]。其主要优势体现在高度自组织、自适应、并行分布和学习记忆等几个方面。

人工免疫病毒检测技术的工作原理如图 8-29 所示，具体如下。

（1）检测模块：通过对检测样本进行智能识别、自主检测，获取样本疑似病毒基因，得到病毒程序和合法程序。

（2）训练模块：病毒程序和合法程序形成训练样本，采用导向病毒特征提取算法、否定选择思想对训练样本进行训练，得到病毒基因库。

（3）信息融合和共享模块：对病毒基因库采用智能算法得到新的病毒基因，进而计算新的病毒基因指纹，在节点之间查找病毒基因指纹，及时快速实现信息融合，根据融合信息判别该基因是否为病毒基因，并进行全局共享。

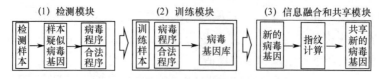

图 8-29　人工免疫病毒检测技术的工作原理

8.4.5　典型系统层智能防御技术——智能蜜罐

智能蜜罐指的是运用机器学习、数据挖掘、深度学习等人工智能技术，更好地诱惑攻击者进行系统攻击。常见的智能蜜罐技术主要有真实网络欺骗技术和攻击者无限交互技术。

1．真实网络欺骗技术

真实网络欺骗技术是指运用深度学习、虚拟化等人工智能技术，制定欺骗策略，使攻击者相信网络系统存在有价值、可利用的安全弱点，并具有可攻击窃取的资源，进一步将攻击者引向这些错误资源，从而干扰攻击者的攻击[21]。可以提供更为真实的网络攻击环境，通过自主分析攻击者的行为习惯，使欺骗行为更加隐秘，欺骗成功率更高。

真实网络欺骗技术的工作原理如图 8-30 所示，具体如下。

（1）构建欺骗环境：通过虚拟化技术手段为攻击端制造一个环境，供防御端研究攻击者的攻击行为。

（2）深度学习攻击事件：将网络攻击者实施的攻击事件作为机器学习入侵检测系统的实时数据资源，通过对攻击者攻击行为的分析获取攻击者参数。

（3）制定欺骗策略：一是通过机器学习分析攻击者攻击行为，并将攻击者信息发送给欺骗主机，欺骗主机制定相关欺骗策略；二是在欺骗行为发生后的欺骗日志中，通过深度学习对相关数据进行记录、分析和管理。

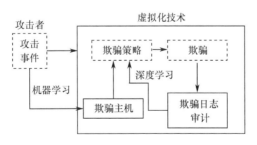

图 8-30　真实网络欺骗技术的工作原理

2．攻击者无限交互技术

攻击者无限交互技术是运用机器学习、数据挖掘等人工智能技术，让系统更具体真实地响应攻击者，从而让攻击者陷入与智能蜜罐不断交互的循环。该技术交互程度更高，蜜罐环境更接近真实的网络环境，可记录攻击者更多的入侵活动和行为。

攻击者无限交互技术的工作原理如图 8-31 所示，具体如下。

（1）构建高仿真环境：依据现实网络系统进行细粒度场景仿真构建，引诱、扰乱攻击者，转移、延迟、隔离或阻断攻击者活动，让攻击者陷入沉浸式体验。

（2）构建高交互环境：通过网络爬虫进行自动化数据学习和爬取（Crawling），模仿并分析不同类型流量，提供对账户和文件的虚假访问，更加神似地模仿网络环境。

（3）自动部署：更真实地响应攻击者，从大量、不完全、有噪声、模糊随机的数据中，通过机器学习提取、关联、挖掘隐含在其中的数据，响应攻击者的活动。

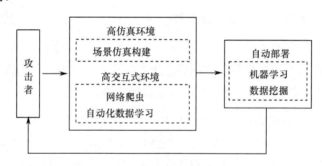

图 8-31　攻击者无限交互技术的工作原理

8.5　网络层智能防御技术

传统的网络层防御技术是各种安全检测技术，通过对异常网络流量等关键数据进行检测、收集、筛选、处理并生成安全分析报告，这为网络空间开展各项活动提供了安全防范基础，但是大都采用人工分析方式，效率低、准确性差。

网络层智能防御技术运用机器学习方法，能够对恶意域名、垃圾电子邮件、恶意软件、勒索软件等进行系统性分析，能够对新威胁进行有效识别、分类和警示，主要有智能入侵检测、智能恶意域名检测、智能僵尸网络检测、智能后门攻击防御等。拟态防御是典型的网络层智能防御技术。

8.5.1 智能入侵检测技术

在传统的网络入侵检测技术前提下，智能入侵检测技术利用先进的网络算法模型、机器自学习能力和云计算技术，对网络中相互关联的数据包进行系统性检测，同时结合传统的知识和经验，提取网络攻击的行为技术特征，判断不同的攻击动机，检测效果较好，响应时间短[22]，对外可迅速发现网络攻击行为，对内可及时发现网络系统中可被利用的漏洞。

1. 智能入侵检测技术工作原理

智能入侵检测技术主要包括智能训练、智能检测两个模块，其总体架构如图 8-32 所示。

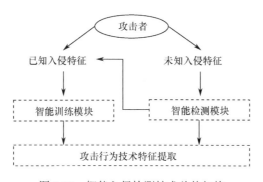

图 8-32　智能入侵检测技术总体架构

1）智能训练模块工作原理

智能训练模块能够利用正常审计的已知数据、检测到的异常数据进行向量训练。

智能训练模块的工作原理如图 8-33 所示，具体如下。

（1）通过二分类算法编码方式，将已知入侵特征向量、审计记录与入侵的特征向量、审计记录进行对比分析，精准识别入侵特征向量变化。

（2）如果存在与入侵向量特征相符的审计记录，则系统会自动生成报警并进行威胁处理。

（3）如果入侵向量特征与审计记录不相符，则利用人工智能机器学习技术，通过调整编码长度及匹配时间，自动产生新的审计事件并记录在案，以对入侵检测信息特征进行有效分析。

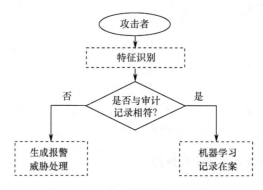

图 8-33　智能训练模块的工作原理

2）智能检测模块工作原理

智能检测模块面向未知攻击者审计未知的情形，利用数学向量预处理器及判决函数将向量进行分类，通过深度学习的智能决策分析系统，生成报警。

智能检测模块的工作原理如图 8-34 所示，具体如下。

（1）数字处理：将网络攻击的系统日志、访问记录等审计信息，以数学向量形式通过数据挖掘技术进行数字处理。

（2）分类汇总：通过向量机及判决函数，借助上下文自动学习技术，将处理过的数字向量进行统一分类。

（3）决策分析：通过深度学习的决策分析系统，借助贝叶斯算法，汇总分析分类后的数字向量，生成网络入侵检测报告。

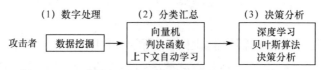

图 8-34　智能检测模块的工作原理

2. 智能入侵检测技术关键检测方法

智能入侵检测技术的关键检测方法主要有统计分析、匹配方法、主动检测、机器学习等。通过以上方法可对网络环境进行全面监测，在安全隐患问题出现之前，及时落实管控工作，从而降低安全隐患问题的危害性。

1）基于统计分析的入侵检测方法

基于统计分析的入侵检测方法通过异常检测器对观察对象目标的行为进行系统性观察，衍生出一个不需额外空间的数据存储结构框架。伴随检测时间增长，统计数据不断更新，检测系统会根据某些独立特征，周期性衍生出一种表征数据信息异常度的异常度函数。该方法具有更高的检出率和系统可用性。

2）基于匹配方法的入侵检测方法

基于匹配方法的入侵检测方法主要有基于简单模式、规则规律、模型比对、图形、状态转移匹配等的不同方法。

（1）简单模式匹配。

简单模式匹配是将已经检测到的入侵特征信号、编码转换成与审计记录相符合的模式，并与之进行简单对比，从而实现匹配。该方法能够快速识别入侵事件及其他变种入侵行为，检测准确率较高，应用较为广泛。

简单模式匹配主要应用在入侵事件将要发生和已经发生时，当新的入侵事件产生时，对标入侵事件数据库，主动寻找与它相匹配的入侵事件；当入侵事件与已知入侵事件相匹配时，触发报警机制。

（2）规则规律匹配。

规则规律匹配是指通过观察网络入侵的行为习惯，考虑事件序列的相互联系，系统归纳入侵行为习惯的轮廓框架规则，通过该规则对入侵检测行为形成系统性分析报告。

规则规律匹配主要有三方面的优势：一是具备实时动态修改框架中规则的能力，使之具有较高预测性、准确性和可信度；二是不仅关注登录会话过程，还统筹查看多个相互关联的安全事件，具有良好的系统灵敏度；三是具有很强的时序模式，可较好地处理多用户入侵检测行为的分析，及时发现检测系统攻击行为。

（3）模型比对匹配。

模型比对匹配是把攻击者的网络入侵行为与本地历史攻击信息模型数据库中的数据进行比对，从而对入侵检测行为形成系统性分析报告，具备检测速度快、精度高的优势。

模型比对匹配的主要工作流程如下。

① 当系统遇到新攻击事件时，自发形成一个包含攻击情节的子集。

② 在本地模型数据库中寻找与攻击情节子集匹配的文件。

③ 如果匹配成功，则接受这个攻击情节子集；如果匹配不成功，则拒绝这个攻击情节子集。

④ 网络管理者根据模型活跃程度，对后续行为模式进行预测分析，并将这些行为重点通报给网络防御者。

⑤ 网络防御者对行为进一步研判，确定是否需要更新，并单独记录在系统日志中。

网络防御行为的发生是对攻击情节及模型匹配结果情况检验与响应的结果。攻击情节子集就是攻击行为序列的模型，攻击频率是提高攻击情节在活跃模型表中发生率的关键。攻击事件的发生会对某些攻击情节正确性起积累作用，当匹配于某个模型的攻击发生时，这个模型就被添加到活跃模型库中，并不断更新。

（4）图形匹配。

图形匹配是指通过以主机及主机的活动，构建一个图元的方式来分析入侵检测行为，依据链接时间戳判断是否是入侵行为，如果链接时间戳产生时间较近，那么是入侵行为的可能性就较大。该技术容易找出准确的匹配位置，能大大减小噪声的影响，对灰度变化、形变和遮挡有较强适应力。

以计算机病毒的入侵过程为例，图形匹配的工作流程如下。

① 计算机病毒从主机 A 开始，然后攻击主机 B 和 C。

② 将这两个扩散攻击路径以图元形式记录。

③ 在接下来的一段时间内，若主机 A、B、C 均没有异常，则图元自动消失。

④ 若计算机病毒通过 A、B、C 继续传播到其他主机，则图元更新并记录链接产生的时间等一系列参数，从而完成入侵检测。

（5）状态转移匹配。

状态转移匹配是指将任意一次入侵行为定义成一个入侵行为序列，该序列从初始状态到结束状态都记录入侵行为状态，序列不断地在状态间迁移转换，一旦触发事先定义好的状态参数，则判断发生入侵事件。该方法具有良好跟踪监测能力，可有效防止目标丢失，同时具备较强健壮性，可大大缩短计算时间，节约计算资源。

3）基于主动检测的入侵检测方法

基于主动检测的入侵检测方法主要是通过主动检测方式，对网络数据故障进行逐一排除、匹配，并对相关数据与系统模板进行对比分析，以实现实时保护对网络安全性能的目的。该方法主要包括信息搜集、引擎分析、组件响应等关键模块。

（1）信息搜集模块。

信息搜集模块的关键是数据收集器，依据数据处理器相关参数配置，对相关数据进行处理并将其储存在数据储存器内。若相关数据存在不对应数据，则系统自动配置数据进行模式重组。

（2）引擎分析模块。

引擎分析模块主要依据异常检测分析原理，在目标行为观测的基础上，在系统内部自动创建一个小型存储空间框架。随着数据统计信息不断增加，该存储空间框架会发生周期性变化。通过分析相关数据的周期规律，可及时发现数据不正常波动情况。

（3）组件响应模块。

组件响应模块主要利用操作模型、多元模型、过程模型或时间序列模型等统计模型，在检测时间的基础上，对时间间隔、资源消耗情况与组件对应程度进行分析。以过程模型为例，根据变化的事件类型，过程模型状态会发生相应变化，若某一事件发生时，过程模型状态变化概率变为一个极小数值，则表明系统产生入侵风险。

4）基于机器学习的入侵检测方法

基于机器学习的入侵检测方法主要有贝叶斯方法、神经网络方法、遗传算法等。

（1）贝叶斯方法。

贝叶斯方法主要根据各个变量之间的逻辑关系建立图论模型，通过对图论模型的系统性分析，解决传统入侵检测方法存在不确定性的问题。该方法在进行大量数据筛查、处理时有很高的速度和准确性。

贝叶斯方法的工作流程如下。

① 使用贝叶斯算法对记录在案的入侵行为进行数字化、离散化处理，产生最有可能的行为序列。

② 将发生的行为序列与已知的行为序列进行比较，将与已知序列最接近的行为序列作为网络入侵行为。

（2）神经网络方法。

神经网络方法是模拟人脑加工、存储和处理信息的机制，通过一系列有序信息单元来训练神经网络，经过训练的神经网络按照已有行为活动和以前行为活动序列，对未来网络入侵行为进行深度预测。该方法具备概括抽象能力、学习和自适应能力，以及内在并行计算能力强的优势。

（3）遗传算法。

遗传算法采用扩展的二进制形式，用染色体表示对网络入侵事件记录的选择，记录中的每个属性都用染色体来表示，染色体使用二进制、浮点、符号编码法等规则进行编码，使用选择算子、交叉算子、变异算子等在这些染色体中选择出最优染色体，并将其翻译成自然语言的产生式规则，该规则作为对入侵行为分类的依据。

3. 智能入侵检测技术优势分析

智能入侵检测技术更多地用于优化传统的网络系统规则，当检测到的事件序列与匹配规则不对应时，可根据两者偏离程度及时采取调整约束措施，避免入侵事件预测与匹配规则偏离，并生成偏离报告，从而有效预测后续入侵行为和及时采取防御手段，提高网络入侵检测系统的可信度和准确性，保证系统稳定运行。

8.5.2　智能恶意域名检测技术

智能恶意域名检测技术借助机器学习方法，对统一资源定位符本质特征、域名特征、网页特征信息的关联度进行深度分析，使恶意域名检测识别具有较高准确率。

智能恶意域名检测技术主要有离线检测模型、在线检测模型和卷积神经网络检测模型等。离线和在线两种检测模型一般结合使用。

1. 离线检测模型

离线检测模型是指将提取的域名信息与当地数据库内已知的标准模型进行比对，从而识别恶意域名。该模型的系统结构相对简单，训练和预测的计算复杂度都相对较低，容易实现，同时可以深度挖掘新的有效特征和并行化识别[23]。

离线检测模型的工作原理如图 8-35 所示，具体如下。

（1）数据集选取：将带有标签的合法域名和恶意域名作为训练数据集。

（2）特征参数提取：利用机器学习方法从数据集中提取网络层特征参数作为基本信息。

（3）模型构建：选取决策树、聚类算法等，对基本信息构建训练模型。

（4）模型训练：利用深度学习方法，训练模型检测出恶意域名。

（5）参数重训练：利用多层神经网络，模仿人脑的机制来解释和处理数据，对训练模型重新进行验证和参数调整。

图 8-35　离线检测模型的工作原理

2. 在线检测模型

在线检测模型是指实时采集提取域名信息，并通过构建分类器，利用机器学习方法与当地数据库内已知标准模型进行比对，从而识别恶意域名。该模型可以在线实时快速地完成恶意域名检测，减少恶意域名分析的响应时间，并将识别出的域名不断填充到域名数据库中，以完成对域名模型的不断扩充。

在线检测模型的工作原理如图 8-36 所示，具体如下。

（1）流量采集：通过网络爬虫工具实时采集网络中的域名流量。

（2）特征采集：通过智能识别、文本自动分类技术，对采集的域名流量进行被动域名查询分析、域名特征提取后，获取域名信息并进行判断。

（3）构建分类器：选择贝叶斯网络、支持向量机算法、逻辑回归算法等构建分类器。

（4）域名分类：将特征采集结果输入分类器，通过机器学习方法对域名进行分类。

（5）域名识别：分类器通过机器学习、数据挖掘等技术和决策树分类算法判别域名是否为恶意域名。

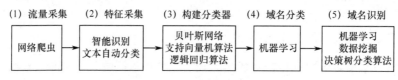

图 8-36　在线检测模型的工作原理

3. 卷积神经网络检测模型

卷积神经网络检测模型在图像和语音识别方面具有优势，可以节省提取特征的时间，正确率、查全率等指标也具有较好表现。

卷积神经网络检测的工作原理如图 8-37 所示，具体如下。

（1）编码处理：如果有一个页面看起来与某个已知登录页面极度相似，那么将这个页面托管在该已知页面对应的域名下。卷积神经网络检测模型通过词嵌入法对相似页面 URL 的字符进行编码，将 URL 映射成二维数组。

（2）特征提取：使用原始数据进行深度学习，通过自动学习高层次特征，同时使用卷积神经网络算法生成和训练一个支持自定义的浏览器扩展方式。

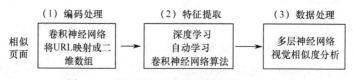

图 8-37　卷积神经网络检测模型的工作原理

（3）数据处理：通过多层神经网络，模仿人脑机制来解释和处理数据，将用户浏览器中呈现的页面与真正的登录页面进行视觉相似度分析，从而精准识别恶意域名。

8.5.3　智能僵尸网络检测技术

智能僵尸网络检测技术借助人工智能机器自学习，从骨干网、企业网中的流量和日志信息中提取流量特征和行为特征，然后借助不同聚类算法、随机森林及关联规则等算法实现僵尸网络的智能检测，提高了僵尸网络检测效率。

根据检测特征的不同，智能僵尸网络检测可分为智能网络流量分析检测和智能关联分析检测两种。

1．智能网络流量分析检测技术

智能网络流量分析检测技术是指用网络爬虫对网络流量数据进行全面采集，结合机器学习、深度分组检测等人工智能技术，对这些网络流量数据进行深度挖掘，及时发现网络性能异常情况，实现僵尸网络检测。该技术直接对网络流量进行采集分析，减少中间环节，分析精度高、准确率高、分析检测速率快。

智能网络流量分析检测技术的工作原理如图 8-38 所示，具体如下。

（1）流量获取：通过网络爬虫算法获取网络流量。

（2）相似性分析：基于网络流量数据，利用深度分组检测、机器学习算法分析僵尸网络通信行为，获取关联性和群体相似性。

（3）网络检测：基于网络流量关联性和群体相似性，通过聚类方法分析不同网络流量的耦合相关性特征，实现僵尸网络快速检测。

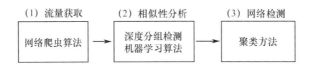

图 8-38　智能网络流量分析检测技术的工作原理

2．智能关联分析检测技术

智能关联分析检测技术不依赖于深度包检测技术，而使用人工智能的关联规则来识别僵尸网络加密流量通信中的关键特征，从而自动识别受感染主机。该技术不干扰网络系统正常运行，能够精准识别僵尸网络，分析角度全面，并且对新增僵尸网络有着较高的识别效率。

智能关联分析检测技术的工作原理如图 8-39 所示，具体如下。

（1）流量获取：通过网络爬虫算法、增量式数据挖掘算法，获取僵尸网络通信行为的网络流量数据。

（2）行为关联性分析：通过贝叶斯算法、K 近邻法、神经网络算法等，分析僵尸网络通信行为和恶意事件的相似关联关系。

（3）日志关联性分析：运用神经网络、遗传算法等人工智能算法，对流量特征与日志信息的关联性进行分析和检测。

（4）网络检测：基于聚类算法、关联性分析结果，实现僵尸网络快速检测。

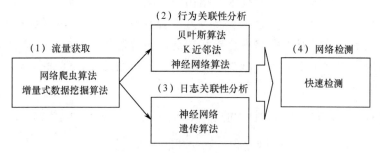

图 8-39　智能关联分析检测技术的工作原理

8.5.4　智能恶意加密流量识别技术

智能恶意加密流量识别检测技术指的是通过机器学习算法，无须对加密的网络流量进行解密，就能快速识别出恶意攻击流量。

智能恶意加密流量识别技术的工作原理如图 8-40 所示，具体如下。

（1）流量挖掘：通过网络爬虫算法、增量式数据挖掘算法，采集海量正常流量和恶意流量数据。

（2）参数提取：运用神经网络算法、遗传算法等人工智能技术，分析未加密传输层安全握手信息、域名解析流中与目的 IP 地址相关的域名解析响应信息、相同源 IP 地址 5 分钟窗口内的超文本传输协议流的头部信息等关键参数。

（3）构建模型：从关键参数中提取关键特征，采用聚类分析技术，对关键特征采用零均值和单位方差进行归一化处理，并构建检测模型。

（4）模型验证：利用逻辑回归算法获得检测模型最优权值，并进行模型验证。

（5）流量识别：模型根据预设定的阈值，判别是否为恶意流量。

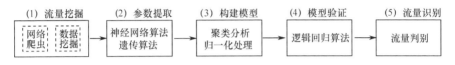

图 8-40　智能恶意加密流量识别技术的工作原理

8.5.5　智能 APT 攻击检测技术

智能 APT 攻击检测技术借助人工智能的机器学习，从历史网络入侵访问日志、网络流量等的数据中学习出一个用于检测的 DNS 隧道，来实现对 APT 攻击的检测。该技术能够准确检测、发现 APT 攻击中的恶意载荷，让网络安全人员更快发现和溯源 APT 攻击，提高 APT 攻击威胁感知系统的效率与精确性[24]。

智能 APT 攻击检测技术的工作原理如图 8-41 所示，具体如下。

（1）构建模型：运用机器学习，选用基于行为特征的浅层学习模型构建 DNS 隧道检测模型。

（2）特征挖掘：以 DNS 协议标准中各字段的统计分析、DNS 隧道实现原理为基础，对 DNS 隧道流量进行特征挖掘分析。

（3）攻击检测：结合安全专家知识模型特征，实现 APT 攻击检测。

图 8-41　智能 APT 攻击检测技术的工作原理

8.5.6　智能后门攻击防御技术

智能后门攻击防御技术应用深度学习等算法，尽可能减少网络自身后门，提升系统整体防御能力，涉及的关键技术主要有输入预处理、模型剪枝、隐私聚合、差分隐私、模型水印等[25]。

1. 输入预处理技术

输入预处理技术主要是在数据输入网络之前进行去噪、随机化、重构、缩放、变换、增强等操作，实现过滤触发后门的输入信号，降低输入触发后门、改变模型判断风险的目的。该技术可以使威胁风险在进入网络系统之前被处理，增强了人工智能模型的健壮性及系统安全防御能力。

以图像输入信号为例，输入预处理技术的工作原理如图 8-42 所示，具体如下。

（1）数字化：利用卷积神经网络对自然图像的噪声健壮性进行分析，通过图像识别技术随机将一些像素替换为一个空间数组单元。

（2）几何变换：基于模糊梯度原则，利用位深度缩减、小波去噪、均值滤波等技术进行图像变换。

（3）归一化：结合机器学习，利用归一化方法，对图像进行一系列标准处理变换，使之具有一固定标准形式。

（4）复原和增强：消除图像中的无关信息，恢复有用的真实信息，增强有关信息的可检测性和最大限度地简化数据，进而改进特征抽取、图像分割、匹配和识别的可靠性。

（5）危险识别：对识别出的风险信息进行过滤，降低输入触发后门的阈值。

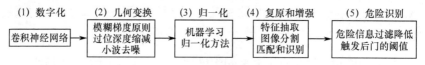

图 8-42　图像输入预处理技术的工作原理

2. 模型剪枝技术

模型剪枝技术是在保证神经网络输出和预测正常功能一致的情况下，适当剪除原模型神经元，以减小后门神经元起作用的可能性，防御后门攻击。该技术可实现紧凑的模型表示，通过去除冗余神经元，释放大量计算、内存和电能，节约了计算资源。

模型剪枝技术的工作原理如图 8-43 所示，具体如下。

（1）模型训练：借助机器学习方法，按照标准分类训练步骤训练未经剪枝的大规模网络，并将其训练到收敛，保存权重。

（2）模型剪枝：设定一个权重阈值，通过数据挖掘技术，自动检测网络系统内所有超过该阈值的神经节点。

（3）训练调优：对网络中经权重分配和量化后的神经节点重新进行训练，调优输出，以补偿其性能下降。

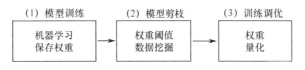

图 8-43　模型剪枝技术的工作原理

3．隐私聚合技术

隐私聚合技术主要应用在模型训练阶段，基于神经网络算法，将数据拆解为多个数据集合，在任一数据集合独立完成训练后，通过聚合算法还原原数据。该技术能够有效保证训练模型不会泄露某个特定训练数据的详细信息，以确保训练数据的隐私性。

隐私聚合技术的工作原理如图 8-44 所示，具体如下。

（1）确立集合：将训练数据拆解为多个集合，每一集合都可训练出一个独立的深度神经网络模型。

（2）投票表决：使用这些独立的深度神经网络模型进行投票，通过机器学习共同训练出一个新模型，通过聚合算法还原原始数据。

图 8-44　隐私聚合技术的工作原理

4．差分隐私技术

差分隐私技术主要用于对数据或模型训练步骤进行加密处理，以保护模型数据的隐私。

差分隐私技术的工作原理如图 8-45 所示，具体如下。

（1）确定参数：根据数据和查询函数，基于深度学习算法确定敏感度、计算隐私预算参数。通过隐私预算参数来调节添加噪声量，权衡数据可用性。

（2）添加噪声：在模型或统计查询的输入层或输出层中，添加符合拉普拉斯、高斯、指数分布等的噪声数据。

（3）发布数据：将添加噪声后的数据发布，从而有效保护数据隐私。

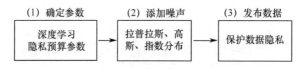

图 8-45　差分隐私技术的工作原理

5．模型水印技术

模型水印技术指的是将隐藏在数字信号中、不影响信号使用价值的特定信息与网络入侵信号进行比对，来识别网络后门攻击，水印包含信号拥有者和来源等信息，通过在信号中重构水印可确定信号版权。

模型水印技术的工作原理如图 8-46 所示，具体如下。

（1）水印标记：通过在原模型中嵌入特殊识别神经元，形成模型水印数据标记。

（2）模型比对：用模型水印对网络入侵的后门攻击输入样本进行比对查找，基于数据挖掘与统计方法识别出相似模型。

（3）危险识别：通过遗传算法、神经网络等人工智能技术对信号数据进行分析，判断可能发生风险的概率，并给出发现未知应用的风险警报。

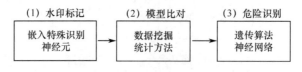

图 8-46　模型水印技术的工作原理

8.5.7　人工免疫入侵检测技术

人工免疫入侵检测技术是借鉴生物免疫系统设计的网络安全新机制，实现检测并阻止系统内外部非法用户的攻击，实现对危险"非我"的识别和清除。该技术的主要优势在于可自适应、自学习，且具有分布式自组织和轻量级特性等[26]。

人工免疫入侵检测技术的工作原理如图 8-47 所示，具体如下。

（1）规则制定（规则库）：对训练数据进行处理，生成自我规则库和非自我规则库作为有效疫苗，规则库中的数据将为检测器提供原始数据。

（2）检测检验（检测器）：包括自我检测器和非自我检测器，实现异常检测和误用检测的相结合。抗原（基于人工免疫的入侵检测模型，从网络中收集到关键信息，并将该信息经过预处理，补全缺失特征，约简冗余属性，最后作为输入信息进行检测）经过自我检测器进行异常检测，排除"自体"成分，传递到非自我检测器进行误用检测，以提高误用检测的检测速度。

（3）数据分析（分析器）：包含未成熟检测器、成熟检测器与记忆检测器，这三个检测器分别是未成熟抗体细胞、成熟抗体细胞和记忆抗体细胞的集合。未成熟细胞通过自我耐受变成成熟细胞，进入成熟检测器参与入侵检测；成熟抗体细胞达到成熟条件后将转化为记忆抗体细胞，进入记忆抗体检测器参与入侵检测。成熟检测器与记忆检测器以多匹配方式对抗原进行检测，极大地降低了误报率。

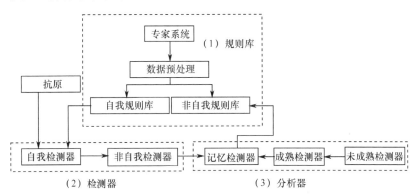

图 8-47　人工免疫入侵检测技术的工作原理

8.5.8　典型网络层智能防御技术——拟态防御

为应对网络空间基于未知漏洞、后门或病毒、木马等"已知的未知风险"或"未知的未知威胁"，受某些生物基于拟态现象伪装防御的启发，2016

年邬江兴院士研究团队提出了拟态防御技术（Cyber Mimic Defense，CMD），是一种针对路由器攻击的主动防御理论。

拟态防御技术是在可靠性领域的非相似余度架构基础上，导入多维动态重构机制，即在功能不变的条件下，通过深度学习推理应用，实现元素始终在数量、类型、时间和空间维度上的策略性变化或自动部署、变换，基于神经网络算法精准感知网络风险，提前预警预报，用不确定防御原理来对抗网络空间的存在的确定或不确定性威胁。

1. 拟态防御机制

拟态防御机制是针对攻击者对不同路由器的各个功能执行体的攻击步骤提出的，功能执行体出现漏洞或后门后，可以被攻击者扫描探测并利用。

拟态防御机制架构的核心是路由器的控制软件功能执行体和管理软件功能执行体组成的执行体集，控制软件功能执行体包含进行消息处理的边界网关协议（Border Gateway Protocol，BGP）、开放最优路径协议（Open Shortest Path Firs，OSPF）、路由信息协议（Routing Information Protocol，RIP）等，管理软件功能执行体包含命令行界面（Command-Line Interface，CLI）、简单网络管理协议（Simple Network Management Protocol，SNMP）、超文本传输协议（HyperText Transfer Protocol，HTTP）等。

2. 拟态防御技术工作原理

拟态防御技术的工作原理可概括为"输入—处理—输出"模型，主要由异构构件集合、动态选择算法、输入代理、执行体集合、表决器等组成，如图 8-48 所示，具体如下。

（1）通过广义动态化技术，形成异构构件集合。

（2）将内部架构、冗余资源、运行机制、核心算法等结构单元整合，形成动态选择算法库。

（3）输入代理将输入数据，复制、转发给执行体集合中的各执行体。

（4）执行体集合运用动态选择算法，从异构构件集合中选出 m 个构件体，结合输入数据形成执行体 $E_1 \sim E_m$（输入数据）。

（5）表决器对形成的不同功能执行体 $A_1 \sim A_n$（输入数据）执行不同逻辑运算，并将运算结果进行多数表决，从而输出最终结果。

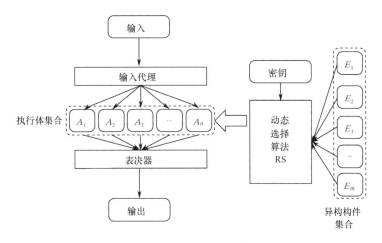

图 8-48　拟态防御技术的工作原理

3．拟态防御关键技术

1）异构构件集合技术

异构构件集合技术主要运用到软硬件模块重组、重构、虚拟化、策略调度等广义动态化技术。

（1）软硬件模块重组技术。

软硬件模块重组技术是指通过深度整合软硬件解决方案等核心技术，进行资源重组，并推出差异化产品与解决方案。

（2）软硬件模块重构技术。

软硬件模块重构技术是指通过软硬件资源重新配置，实现同一软硬件模型执行不同任务，最大限度地挖掘网络潜能。其中，硬件可重构主要基于可编程逻辑门阵列、内存和芯片的可重构；软件可重构主要基于模块代理与模块实现相分离和基于控制计划程序的可重构。

（3）软硬件模块虚拟化技术。

软硬件虚拟化技术是指将有限、固定的计算机软硬件资源根据不同需求重新进行规划，使计算机相关软硬件模块在虚拟的基础上运行，最终实现简化管理、资源优化等目的。

（4）软硬件模块策略调度技术。

软硬件模块策略调度技术是指综合考虑计算机系统软硬件任务划分和任

务调度，结合软硬件任务各自的优势，通过高效启发式算法，实现操作系统控制软件任务与硬件任务的灵活切换。

2）动态选择算法

动态选择算法是指依靠网络当前状态信息来选择节点路由，能较好适应网络流量、拓扑结构的变化，有利于改善网络性能，主要包括独立路由选择、集中式路由选择和分布式路由选择三种算法。

（1）独立路由选择算法。

独立路由选择算法也称局部延时路径选择算法，是指各节点根据本节点所搜集到的有关信息做路由选择决定，与其他节点不交换路由选择信息。其中，最简单的独立路由选择算法是 Baran 在 1964 年提出的热土豆（Hot Potato）算法，其核心思想是当一个分组到来时，节点必须尽快脱手，其在输出队列长度最短方向上排队，而不管该方向通向何方。

（2）集中式路由选择算法。

集中式路由选择算法是指由路由控制中心定时根据网络状态计算路由，并将生成的存储路由表分发到各相应节点。由于路由控制中心利用整个网络信息，所以得到的路由选择较为完整，同时也减轻了各节点计算路由选择的负担。

（3）分布式路由选择算法。

分布式路由选择算法是指所有节点定期与其每个相邻节点交换路由选择信息，每个节点都存储一张路由表，此路由表保持与其他节点路由信息的同步。网络中每个节点都拥有表中的一项，每项又分为两部分：一是所希望使用到达目的节点的输出链路，二是估计到达目的节点所需要的延时或距离。

3）表决逻辑运算模型

表决器是把从执行体收集到的所有结果整合并进行判决，把判决结果作为系统结果进行输出。表决逻辑运算模型主要有全体一致表决、大数表决、最大近似表决和基于历史信息的加强表决模型等。

（1）全体一致表决模型。

全体一致表决模型是指判决结果需由表决器全体成员一致同意方可生

效，若有任一表决器否决则决议无效。

（2）大数表决模型。

大数表决模型是指表决器依据大数定理对执行体收集到的所有结果进行判别。

（3）最大近似表决模型。

最大近似表决模型是指表决器依据最大似然法对执行体收集到的所有结果进行判别。

（4）基于历史信息的加强表决模型。

基于历史信息加强表决模型是指根据表决器的历史表决结果，通过数据挖掘技术，对历史信息进行深度数据分析，并把表决结果作为系统结果输出。

4．拟态防御技术优势分析

拟态防御技术的优势主要是能够大幅度减小由漏洞、后门造成攻击的可能性，对异构执行体也没有非常严苛的安全性要求。

1）大幅度减小漏洞被利用和后门攻击的可能性

执行体集表决机制和异构构件集合的策略调度机制，一方面使攻击者需要通过变化输入激励和输出响应方式才能分析掌控系统漏洞，另一方面使通过输出矢量与攻击者进行信息交互的这种漏洞难以被发现。

2）对异构执行体没有苛刻的安全性要求

拟态防御技术允许各执行体"有毒带菌"，只要执行体不在时空维度中表现出多数或完全一致的错误，就不会危及系统的整体安全。因此，拟态防御技术可以使动态性、多样性和随机性等不确定性集约化，最大限度地发挥这些主动防御技术的综合效果。

8.6 应用层智能防御技术

应用层智能防御技术主要有智能未知应用风险发现技术、智能账号安全检测技术、智能风险电子邮件识别技术等。

8.6.1 智能未知应用风险发现技术

智能未知应用安全发现技术是运用人工智能神经网络算法构建分析模型，对分析模型进行大量训练，从而发现未知应用的安全风险。其主要优势在于提前感知风险，提高系统的主动安全防御能力。

智能未知应用风险发现技术的工作原理如图 8-49 所示，具体如下。

（1）样本采集：通过数据挖掘、机器学习等方法，采集网络应用行为样本和网络访问样本。

（2）模型建立：对采集到的网络应用行为样本、网络访问样本进行聚类，建立初次判断模型。

（3）风险警报：通过遗传算法、神经网络算法等对大量样本数据进行分析，对可能发生风险的概率做出判断，并给出发现未知应用的风险警报。

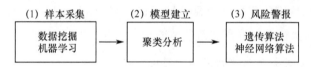

图 8-49　智能未知应用风险发现技术的工作原理

8.6.2 智能账号安全检测技术

基于人工智能技术的社交网络异常账号检测应用，根据检测特征的不同，分为基于账号行为的检测方法和基于消息内容的检测方法[27]。

1．基于账号行为的检测方法

基于账号行为的检测方法是指通过机器学习、数据挖掘等人工智能技术，对安全日志、网络流量及身份访问相关日志行为进行分析，获取账号行为特征，实现网络安全的主动防御。该技术的主要优势在于计算能力强，处理数据量大，检测速度快、精度高。

基于账号行为的检测方法的工作原理如图 8-50 所示，具体如下。

（1）建立账号行为信息库：通过数据挖掘、深度包检测等技术，在网络中获取当前账号原始用户登录 VPN 设备的记录日志等数据集。

（2）建立训练模型：依据原始数据集，应用虚拟现实、系统仿真等人工智能技术来构建训练、验证、测试模型；

（3）用户资产画像：通过机器学习方法从原始数据集中提取当前账号信息、账号行为、账号创建时间、发布消息数量、账号好友关系等特征。

（4）账号确权：针对当前账号与正常账号信息，通过大数据分析、神经网络算法等对发送消息频率、添加好友请求等行为进行比对，当当前账号与正常账号行为不符时，判断当前账号为异常账号，不准予接入系统。

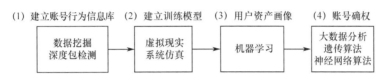

图 8-50　基于账号行为的检测方法的工作原理

2．基于消息内容的检测方法

基于消息内容的检测方法主要是将异常账号消息文本中的统一资源定位符、消息内容等信息，与正常账号所发布内容进行相似程度检测。其主要优势在于处理量大、速度快、分类精度高。

基于消息内容的检测方法的工作原理如图 8-51 所示，具体如下。

（1）电子邮件文本预处理：通过基于字符串、统计语言和人工智能分词算法，将电子邮件语料库分为训练集和测试集两部分。

（2）特征降维：通过智能识别、文本自动分类等技术，将向量空间矩阵的训练集和测试集从高纬向量空间变换成低维向量空间。

（3）文本分类：将特征降维输出的结果，输入通过机器学习方法训练好的分类器进行分类，对内容进行检测。

图 8-51　基于消息内容的检测方法的工作原理

8.6.3 智能风险电子邮件识别技术

智能风险电子邮件识别技术是指应用数据挖掘、机器学习等人工智能技术，对各类有安全风险的电子邮件进行有效识别，为后续舍弃或拦截风险电子邮件提供行为依据。

智能风险电子邮件识别技术主要有智能垃圾电子邮件识别、智能钓鱼电子邮件识别等。

1. 智能垃圾电子邮件识别技术

网络中存在海量垃圾电子邮件，网络攻击者通过电子邮件滥发、非法、匿名、伪造等垃圾电子邮件渗透方式，破坏网络终端，但由于垃圾电子邮件和非垃圾电子邮件之间并没有明显的可识别物理界限，因此需要垃圾电子邮件的识别、管理和处理技术，以不断升级网络空间安全防御能力。

传统垃圾电子邮件检测方法是一种基于规则的过滤技术，主要以在服务器端手动设置电子邮件传输协议、发送或接收规则、黑白名单等方式完成垃圾电子邮件过滤。这种方法检测效率低、规则更新不及时，且只能屏蔽已知类型的垃圾电子邮件。

智能垃圾电子邮件识别技术基于人工智能的机器学习，通过在服务器端或客户端部署垃圾电子邮件检测系统，通过分析大量网络信息来学习识别垃圾电子邮件信息，是一种有效的自动化垃圾电子邮件检测方法，主要有基于内容的过滤技术和基于行为的过滤技术。

1）基于内容的过滤技术

基于内容的过滤技术分析电子邮件本身内容，将垃圾电子邮件识别问题转换为一个文本分类任务，通过神经网络算法等有效判断其是否为垃圾电子邮件。该技术运算速度快、分类精度高。

基于内容的过滤技术的工作原理如图 8-52 所示，具体如下。

（1）文本预处理：运用贝叶斯算法、K 近邻法、神经网络算法等概率论方法，对邮件内容倾向性进行判断。

（2）文本分类：依据电子邮件内容倾向性，对电子邮件是否是垃圾电子邮件进行分类，统计垃圾电子邮件分类，实现垃圾电子邮件过滤。

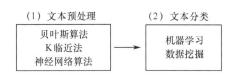

图 8-52　基于内容的过滤技术的工作原理

2）基于行为的过滤技术

基于行为的过滤技术是指分析电子邮件发送过程中的时间、频度、发送 IP、协议声明特征、发送指纹等各类行为要素，依据这些行为的特征过滤垃圾电子邮件，主要有分布协作指纹分析技术、源头认证技术、智能日志统计分析技术等。

（1）分布协作指纹分析技术。

分布协作指纹分析技术主要是指提取电子邮件内容中一些字符串的组合等指纹数据，并用这些指纹数据来表征电子邮件内容。该技术对图片垃圾电子邮件的识别精确度较高，对内容相同的垃圾电子邮件处理速度快，节省了计算资源。

分布协作指纹分析技术的工作原理如图 8-53 所示，具体如下。

①特征识别：通过特定算法模型、类似识别技术，将电子邮件中的字符串组合等一系列共同特征提取为指纹特征。

②电子邮件判别：通过统计方法，将获取的指纹信息与指纹数据库进行匹配，计算出一个综合数值，来识别该电子邮件是否为垃圾电子邮件。

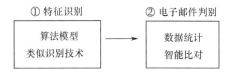

图 8-53　分布协作指纹分析技术的工作原理

（2）源头认证技术。

源头认证技术是指运用机器学习、数据挖掘等人工智能技术，通过主动比对电子邮件的发送端与数据库，识别伪造电子邮件行为。该技术可有效判别发件人是不是伪装的，从而断绝垃圾电子邮件发送者躲避法律制裁的后路。

源头认证技术的工作原理如图 8-54 所示，具体如下。

① 建立电子邮件发件人的域名数据库。

② 在接收电子邮件时增加域名解析功能。

③ 通过机器学习，对实际发件人安全隐患进行分析，若发现具有安全隐患则拒收电子邮件。

④ 将实际发件人域名与域名库进行对比，如果不匹配则拒收电子邮件。

图 8-54　源头认证技术的工作原理

（3）智能日志统计分析技术。

智能日志统计分析技术是指通对电子邮件日志进行统计、分析和计算来识别垃圾电子邮件。该技术不需要接收全部电子邮件数据进行内容匹配，大大提高电子邮件过滤的处理速度，减少网络延迟和网络负载。

智能日志统计分析技术的工作原理如图 8-55 所示，具体如下。

① 模型构建：通过深度学习、数据挖掘、机器学习等人工智能技术，对垃圾电子邮件的网络日志进行系统性统计、分析和计算，建立发送垃圾电子邮件的行为识别模型。

② 模型比对：将建立的行为识别模型与模型数据进行比对，在电子邮件通信阶段的传输代理过程中判断电子邮件是否为垃圾电子邮件。

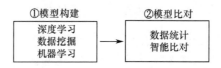

图 8-55　智能日志统计分析技术的工作原理

2. 智能钓鱼电子邮件识别技术

智能钓鱼电子邮件识别技术主要包括钓鱼电子邮件中的智能恶意网页识别技术和智能恶意文档识别技术。

1）智能恶意网页识别技术

智能恶意网页识别技术是指运用贝叶斯网络等人工智能技术，有效识别钓鱼电子邮件中的恶意网页。该技术检测效率高、准确率高、漏报率低。

智能恶意网页识别技术的工作原理如图 8-56 所示，具体如下。

（1）特征提取：通过基于特征融合的静态/动态检测技术、数据挖掘技术等对网页进行检测，提取主机信息、统一资源定位符信息、网页信息、浏览器行为、统一资源定位符的重定向信息、网页跳转关系等关键特征。

（2）构造分类器：选择贝叶斯网络、支持向量机算法、逻辑回归算法等构造分类器。

（3）代码检测：构造的分类器通过机器学习、数据挖掘和决策树分类等人工智能技术对未知类型统一资源定位符进行有效识别。

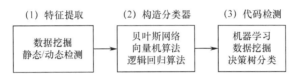

图 8-56　智能恶意网页识别技术的工作原理

2）智能恶意文档识别技术

智能恶意文档识别技术指的是运用机器学习技术，实现对钓鱼电子邮件中恶意文档的有效识别。该技术识别速度快、准确率高。

以在正常的 PDF 文件中嵌入恶意代码为例，智能恶意文档识别技术的工作原理如图 8-57 所示，具体如下。

（1）通过图像识别等人工智能技术，提取 PDF 文档内容特征、PDF 文档结构特征等。

（2）运用神经网络算法、遗传算法等人工智能技术，结合随机森林、支持向量机、决策树算法等构造分类器。

（3）构造的分类器对恶意 PDF 进行检测。

图 8-57 智能恶意文档识别技术的工作原理

8.7　管理层智能防御技术

传统的管理层防御技术依据国际标准化组织（OSI）的网络管理标准，通过配置管理、性能管理、故障管理、安全管理和计费管理五大功能，切实有效地落实网络安全技术要求。

除了采取网络安全防范管理、建立网络安全机制、加强网络安全人员培训的措施，管理层的智能防御技术主要有智能网络安全风险评估、智能网络安全审计、专家数据库系统。智能态势感知是典型的管理层智能防御技术。

8.7.1　智能网络安全风险评估技术

智能网络安全风险评估技术是指应用机器学习、智能算法、神经网络等人工智能技术，对网络安全风险进行有效控制，将网络安全风险控制在可接受范围之内，即当风险发生时，不会影响网络系统的正常业务运行。通过该技术可以及时防范风险危害和调整网络安全内容，以保障网络安全运行，提高危险预防和网络安全防御能力。

智能网络安全风险评估技术的工作原理如图 8-58 所示，具体如下。

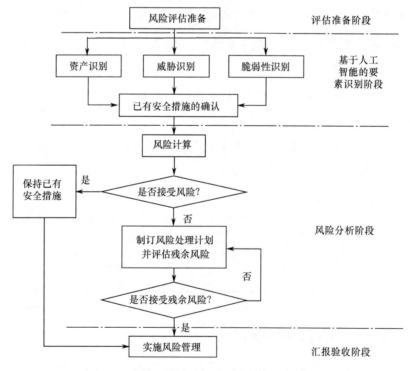

图 8-58　智能网络安全风险评估技术的工作原理

（1）评估准备阶段：主要确定风险评估目标，明确风险评估范围，组建适当的评估管理与实施团队，为整个风险评估过程有效性提供保障。

（2）基于人工智能的要素识别阶段：运用模糊综合评判法、熵理论、遗传算法、神经网络、证据理论、贝叶斯网络等人工智能方法对信息系统的资产、威胁、脆弱性和已有安全措施的信息安全风险进行评估。

（3）风险分析阶段：对风险发生的可能性、风险性质、风险发生后可能造成的后果和影响进行计算和判定，制订风险处理计划并评估残余风险。通过对风险涉及的各个要素（资产、脆弱性、威胁、已有安全措施等）的度量进行计算，通过一定方法得到风险发生的可能性及其后果，通过风险计算明确风险大小。

（4）汇报验收阶段：完成风险计算和判定后，对不可接受的风险应根据导致该风险的脆弱性制订风险处理计划。

8.7.2　智能网络安全审计技术

智能网络安全审计技术是指运用机器识别、深度学习等人工智能技术，将主体对客体访问和使用的情况进行记录和审查，保证网络安全规则被正确执行，并帮助分析安全事故的发生原因。该技术对潜在攻击者起到震慑或警告作用，对已经发生的系统破坏行为提供有效追究证据，同时能够发现系统性能的不足或需要改进与加强的地方，还可以提供系统运行统计日志。

智能网络安全审计技术的核心思想是通过实施审计网络数据流，根据用户设定的安全控制策略，对受控对象的活动进行审计。其工作原理如图 8-59 所示，具体如下。

（1）数据流采集：从传感器和其他待测设备等模拟和数字被测单元自动采集非电量信号或电信号，送到上位机进行分析处理。

（2）数据流分析：采用大数据分析、机器学习、深度学习和数据挖掘等方法对数据流深度分析。

（3）数据流识别：综合运用机器学习算法、数据挖掘等多种识别方法，希望能识别更多的流量，为控制流量、网络管理提供安全保障。

（4）资源设计封锁：对访问者的使用资源情况进行记录和审查，保证网络安全规则被正确执行。

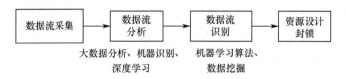

图 8-59　智能网络安全审计技术的工作原理

8.7.3　专家数据库系统

专家数据库系统是人工智能和数据库技术相结合的产物，兼有专家系统和数据库系统功能。该系统为整个大数据网络安全防御提供重要理论与实践经验，提高人工智能系统在大数据网络安全防御应用过程中的可行性与稳定性。

专家数据库系统主要由数据和用户间的四层结构组成，其工作原理如图 8-60 所示，具体如下。

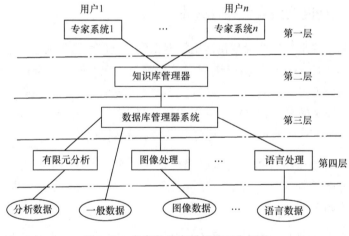

图 8-60　专家数据库系统的工作原理

（1）系统在运行过程中不断产生不同类型数据（分析数据、一般数据、图像数据和语言数据）。

（2）第四层为专用处理器，通过有限元分析、图像处理和语言处理等不同人工智能处理方法对数据进行分类、加工和处理。

（3）第三层为数据库管理系统，将输入信息与知识库中各规则、条件进行匹配，并把被匹配规则的结论存放到第二层知识库管理器。

（4）第一层专家系统得出最终结论并进行呈现。

8.7.4　典型管理层智能防御技术——智能态势感知

网络态势感知技术以网络风险分析为主，从海量网络数据中提取信息，并对这些信息进行预处理和融合，然后进行网络资源的识别、设施运行状态的监测和对抗性攻防事件的分析、感知、理解和预测，从而找到网络系统中各种潜在威胁和安全隐患。另外，还可以对防护措施的有效性进行检验，对整个网络空间中各种网络攻击行为的影响和发展趋势进行预测评估，为网络防御提供决策支撑。

智能态势感知技术将人工智能技术与网络态势感知技术融合，对网络系统检测到的网络数据进行智能化统计、汇总、过滤、融合和学习，自动对网络攻击进行全面分析、预测、检验和评估，并生成网络防御和反击策略，实现全域化的态势感知，为深层次行动决策提供策略实施建议。

1. 智能态势感知技术结构

智能态势感知技术架构主要由信息提取、信息预处理、信息融合、态势感知和态势评估五部分组成，如图 8-61 所示。

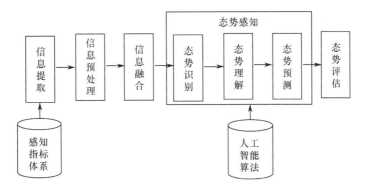

图 8-61　智能态势感知技术架构

1）信息提取

信息提取的主要功能是完成信息获取、信息采集后事件标准化制定、修订，以及事件基本特征的扩展等，而数据来源于网络中的安全设备（如防火墙、IDS/IPS 等）、网络设备（如路由器、交换机）、服务和应用（数据库、应用程序）等不同的感知指标体系。

2）信息预处理

信息预处理是对信息提取获取的数据进行降噪、用户分布式处理、杂质过滤等预处理。

3）信息融合

信息融合将来自网络设备、安全设备服务和应用等不同来源的信息融合，以提高网络空间态势感知效率。

4）态势感知

态势感知是智能态势感知技术最重要的组成部分，借助深度学习、神经网络等人工智能算法对空间态势进行全面、综合的汇总和分析，分为态势识别、态势理解和态势预测三部分。

态势感知的工作原理如图 8-62 所示，具体如下。

（1）态势识别：通过数据融合、数据清洗和数据挖掘技术，实现网络资料重点要素的数据采集和数据预处理。数据融合将来自不同网络设备，具备不同格式、内容、质量的通过数据进行归一化融合处理；数据清洗从海量数据中通过深度学习技术挖掘出有用信息；数据挖掘通过关联分析法、序列模式分析法、分类分析法等方法，深度挖掘数据间的联系，分析数据间的因果关系，建立数据分析模型，对数据进行归类。

（2）态势理解：通过一系列数学方法处理，将大规模网络安全信息归并融合成一组或几组在一定值域范围内的数值，这些数值具有表现网络实时运行状况的一系列特征，可反映网络安全状况和受威胁程度等。

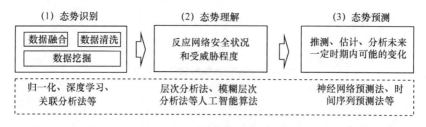

图 8-62　态势感知的工作原理

（3）态势预测：根据网络运行状况发展变化的实际数据和历史资料，运用神经网络预测法、时间序列预测法、基于灰色理论预测法等多种算法

和各种经验、判断、知识去推测、估计、分析其在未来一定时期内可能的
变化。

5）态势评估

态势评估包括关联分析和态势分析，以形成态势分析报告和网络综合态
势图的方式，提供态势评估结果，实现整体态势影响评估功能，提供辅助决
策信息。

2．智能态势感知系统修复技术

态势感知系统修复技术是指在网络遭到破坏后，采取各种措施使网络
系统迅速恢复到原来的状态，或者比原来更安全的状态。传统的修复工作主
要通过被动的人工操作来完成，通常存在工作量大、耗时长、修复不及时等
问题。

以发现漏洞为例，智能态势感知系统修复技术可分为两类修复方案，一
类是根据"漏洞唯一 ID"，在修补方案库中查找对应修补方案，并自动安装
专门针对漏洞的更新补丁，完成对系统漏洞的修补；另一类是根据实际情况
自动使用主动性、及时性更强的插件，停止软件的某些功能、关闭相应服
务，从而停止存在漏洞的某种功能，或者阻止和切断存在漏洞的端口等。

智能态势感知系统修复技术具有两方面优势：一是能够预防性地对网络
系统自身存在的漏洞或其他异常漏洞进行扫描，主动发现问题并对其进行修
复和完善；二是能够在遭到攻击后，迅速查明攻击方式和原理，并对损毁情
况进行评估。

8.7.5　典型管理层智能防御技术——人工免疫

人工免疫技术在管理层的应用主要有数据分析、故障诊断和决策支持。

1．数据分析

结合分类器、神经网络和数据挖掘技术，人工免疫技术相当于一个高性
能信息处理器，采用并行、分布式的方式，以较少网络资源来处理大量网络
信息的分类、聚类和关联，并以动态网络形式展示信息处理结果。

2．故障诊断

结合免疫网络和分布式诊断系统，人工免疫技术可准确地检测出网络中

发生故障的设备。另外，人工免疫技术的自学习能力还被用于网络设备的监控系统，一旦网络设备发生故障，监控系统就会将故障区域标记出来，并采取相应的恢复措施。

3．决策支持

基于免疫系统动态平衡原理，人工免疫技术预先设计出多个不同的基本行动体，每个行动体都可根据周围环境做出自己的行动决策，并将控制指令发给免疫系统，由免疫系统评估协助和竞争状态，动态决定机器行动。

8.8 对抗人工智能的防御方法

本质上，对抗人工智能的防御方法和对抗人工智能的攻击方法类似，都是通过技术方法去对抗对方使用的人工智能模型，同样有两种情况，一是让攻击端使用的人工智能模型出现错误或失效，无法完成攻击；二是利用攻击端的人工智能模型漏洞植入后门，从防变攻，进行反制。

干扰攻击防御、生成对抗防御、智能靶场演练等是常用的对抗人工智能的防御方法[28]。

8.8.1 干扰攻击防御方法

干扰攻击防御方法是指利用机器学习模型中的漏洞，将干扰样本放入攻击端的人工智能模型进行训练，促使模型出错，干扰攻击进程并减弱攻击效果。

干扰攻击防御方法的工作原理如图 8-63 所示，具体如下。

（1）数据集分类：将数据集按照实际训练需求分类，把攻击端的数据集作为攻击样本。

（2）数据集干扰：在数据集上叠加触发器，将其处理为干扰样本。

（3）模型训练：将干扰样本和攻击样本组成新的训练集并进行模型训练。

（4）结果输出：当模型将干扰样本判断成攻击样本、将攻击样本判断成干扰样本时，即可化解人工智能攻击。

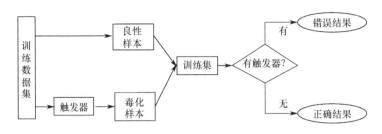

图 8-63 干扰攻击防御方法的工作原理

干扰防御方法的优势在于可以对攻击端进行有效反制,用对攻击者的攻击完成防御;劣势在于攻击者总是处于比较隐蔽的地方,很难提前检测到其使用的人工智能技术中的漏洞,也就无法实施后续反制措施。

8.8.2 生成对抗防御方法

生成对抗防御方法是指利用生成对抗技术,对网络攻击行为进行分析,并借鉴蜜罐思想制造虚假的正常流量来转移攻击行为[29]。

生成对抗防御方法的工作原理如图 8-64 所示,具体如下。

(1)生成器对频繁发起的网络攻击事件进行特征参数提取。

(2)判别器将这些攻击事件及所提炼的特征数据作为智能模型输入,不断对攻击事件行为进行分析模拟训练。

(3)在训练过程中,生成器不断输出网络攻击事件特征参数,判别器努力分析网络攻击事件,两者形成对抗关系,最终判别器不断模仿并形成虚假的正常流量。

(4)这些虚假的正常流量吸引攻击者进行攻击,从而有效防止真正的正常流量被攻击。

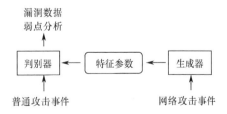

图 8-64 生成对抗防御方法的工作原理

生成对抗防御方法的优势在于判别模型目标清晰、逻辑相对简单，实现容易，处理结果更加准确；劣势在于可解释性差，通过神经网络训练较难得到理想结果。

8.8.3　智能靶场演练方法

智能靶场演练方法是指通过虚拟环境与真实设备相结合，构建网络空间攻防实战演练场景，通过攻防演练制定有针对性的防御策略[30]。

智能靶场演练方法的工作原理如图 8-65 所示，具体如下。

（1）构建靶场：通过网络复现、多维度测试、靶场资源动态管理等一系列关键支撑技术，基于虚拟化和蜜罐技术，通过将虚拟环境与真实设备相结合，构建虚拟化靶场。

（2）攻击能力评估：对基于人工智能网络的攻击方法、手段进行综合性分析，跟踪攻击者活动，挖掘可以被防御技术反制、利用的后门、漏洞等信息。

（3）防御能力检测：对网络防御系统安全状态和防御能力进行体系化评估，保障现有防御系统安全性。

（4）防御策略制定：分析、总结对抗攻防演练经验，基于在靶场演练过程中发现的智能网络攻击暴露的弱点，及时制定动态自我学习演化的体系化防护策略。

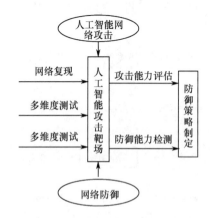

图 8-65　智能靶场演练方法的工作原理

智能靶场演练方法的优势在于通过构建虚拟化的网络空间环境，将安全风险暴露前置，提前发现和适应不断升级、多变的新型攻击和高级威胁；劣势在于初始投资成本较大，技术难度较高，不方便规模化部署。

8.9　本章小结

　　互联网上每天都会发生数以兆亿计的网络攻击，这增加了网络安全工程师的工作任务，同时也为深度学习型人工智能技术提供了源源不断的数据。传统的安全程序需要人工将病毒特征添加到数据库中，再将目标程序和数据库中的现有病毒特征进行比对，来判断其是否安全。人工智能技术能够通过深度学习发现过去网络攻击中的共同点和特殊点，分析恶意程序和攻击手段的演化方向，因此能够更加迅速和精确地防御网络攻击。

　　第 6 章介绍了网络攻击者运用人工智能技术绕过传统网络防御技术，会造成更为严重的破坏，因此在防御端要掌握智能网络攻击的机理，同时要充分运用神经网络、深度学习等人工智能技术，去增强传统的网络安全防御技术，快速实现智能主动防御。人工智能用于网络防御，可形成集安全监控、攻击分析、智能防御、应用扫描、云端加固、防御告警于一体的系统性综合服务解决方案，能够精准地预先发现攻击、拦截攻击，并修补漏洞。

本章参考文献

[1] 肖美娜，谢康. 大数据下的高效教学设计研究[J]. 天津电大学报，2015，19（4）：57-60.

[2] 科技日报社. 斯诺登再曝美国情报机构内幕[N]. 科技日报，2014-08-25.

[3] POELL R A，SZKLRZ P C. R3-getting the right information to the right people，right in time[C]. Proc of Concepts and Implementations for Innovative Military Communications and Information Technologies. Warsaw：Military University of Technology Publisher，2010：23-31.

[4] 赵先刚. 智能化网络防御"智"在哪[N]. 解放军报，2021-03-02（007）.

[5] 罗术通，郝鹏. 人工智能技术在网络空间安全防御中的应用分析[J]. 数字通信世界，2017（11）：107-108.

[6] 吴京京. 人工智能技术在网络安全防御中的应用探析[J]. 计算机与网络，2017，43（14）：2.

[7] 秦利娟，张娴静. 人工智能技术在网络安全防御中的应用研究[J]. 赤峰学院学报（自然科学版），2018，34（8）：2.

[8] 刘玉明. 人工智能技术在网络空间安全防御中的构建探析[J]. 科技创新导报，2019，16（36）：2.

[9] 奇安信 CERT. 2021 年度漏洞态势观察报告[R]. 2022.

[10] 刘玉标. 计算机网络入侵检测中人工智能技术的应用[J]. 科技风，2019，11（32）：7-9.

[11] 吴元立，司光亚，罗批. 人工智能技术在网络空间安全防御中的应用[J]. 计算机应用研究，2015，32（8）：5-7.

[12] 于微伟. 网络准入控制系统关键技术研究与实现[D]. 长沙：国防科学技术大学，2010.

[13] 王光杰. 浅析身份认证技术的应用[J]. CAD/CAM 与制造业信息化. 2012（5）：17-20.

[14] 黄敏. 融合智能技术的人工免疫主动防御体系研究[D]. 北京：中国石油大学，2009.

[15] 武岳风. 网络入侵防御系统中攻击防逃逸关键技术研究[D]. 北京：华北电力大学，2010.

[16] 甘刚，陈运，李飞. 网络对抗训练模拟系统的设计与实现[J]. 电子科技大学学报，2007，36（3）：604-607.

[17] 余双波，李春燕，周吉，等. 零信任架构在网络信任体系中的应用[J]. 通信技术，2020，53（10）：189-193.

[18] 常俊. 一种基于大数据的网络安全防御系统研究[J]. 网络安全技术与应用，2018，8（12）：2-5.

[19] CIRESAN D C，MEIER U，GAMBARDELLA L M，et al. Deep，Big，Simple Neural Nets for Handwritten Digit Recognition[J]. Neural Computation，2010，22(12)：3207-3220.

[20] 章璠. 基于数据挖掘的垃圾邮件行为识别关键技术研究[D]. 北京：北京邮电大学，2007.

[21] 张达. 第三代防垃圾邮件技术行为识别诞生[J]. 数码世界 A，2005，4（21）：15-16.

[22] 张涂，传唐. 基于行为识别的反垃圾邮件技术的探讨[D]. 上海：华东师范大学，2010.

[23] 耀龙. 行为识别技术在反垃圾邮件系统中的研究与应用[D]. 北京：北京邮电大学，2006.

[24] 罗术通，郝鹏. 人工智能技术在网络空间安全防御中的应用分析[J]. 数字通信世界，2017，8（11）：107-108.

[25] 吴元立，司光亚，罗批. 人工智能技术在网络空间安全防御中的应用[J]. 计算机应用研究，2015，32（8）：2241-2244.

[26] 辛壮. 基于人工免疫的入侵检测方法的研究[D]. 贵阳：贵州大学. 2019.

[27] 颖昌，孙刚，管桐. 新基建背景下工业互联网平台技术发展新图景[J]. 网络安全和信息化，2020，49（5）：32-34.

[28] 郭敏，曾颖明，于然，等. 基于对抗训练和 VAE 样本修复的对抗攻击防御技术研究[J]. 信息网络安全，2019，8（9）：5-7.

[29] 易平，王科迪，黄程，等. 人工智能对抗攻击研究综述[J]. 上海交通大学学报，2018（10）：9-10.

[30] 张宝全. 网络攻防靶场实战核心系统研究及应用[D]. 昆明：昆明理工大学，2018.

第 5 篇

应 用 篇

产品的最终目的是应用。本篇构建人工智能基础产品和人工智能网络安全产品体系，对人工智能在网络空间中的攻击和防御应用进行分析，结合具体场景，全面研究人工智能在政务、能源、交通、金融、医疗、教育等关键基础设施领域的安全应用。

第 9 章　智能网络安全产品体系

本章从人工智能的软硬件基础产品开始，分别从产品形态、应用部署、主流厂商、市场规模等维度进行分析；在此基础上，介绍防御类、生产运维类和大数据类人工智能网络安全产品。

9.1　人工智能基础产品

软硬件一体化的产品是当前主流趋势，本章主要从产品的功效角度把人工智能基础产品分为硬件产品和软件产品两大类。实际上，这些产品不是单纯的硬件或软件产品，而是软硬件融合的产品。

人工智能硬件产品主要有人工智能芯片、无人机和智能机器人。人工智能软件产品更侧重于人工智能的应用场景，这些软件产品之间可以相互借鉴和融合，即一个产品可以同时拥有多种功能，主要有自然语言处理、计算机视觉、专家系统、推荐系统等。其中，计算机视觉产品可分为图像识别和生物特征识别两类，而这两者也具有融合关系，如图 9-1 所示。

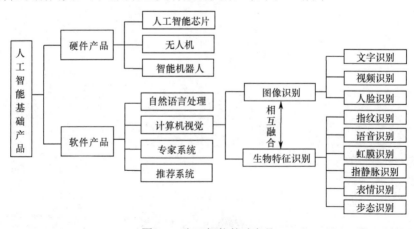

图 9-1　人工智能基础产品

9.1.1　人工智能硬件产品

人工智能硬件产品主要有人工智能芯片、无人机、智能机器人等。

1．人工智能芯片

人工智能芯片也称人工智能加速器或计算卡，广义上是指能够运行人工智能算法的芯片，一般指对人工智能算法做了特殊加速设计的芯片，即为人工智能提供算力资源的专用计算硬件，可对大量原始数据进行运算处理的训练，也可对这些训练后的数据进行预测和推断。人工智能芯片的算力主要取决于硬件的算力、计算精度、数据存储、带宽等。

人工智能芯片的硬件呈现形式主要有中央处理器（Central Processing Unit，CPU）、图形处理器（Graphics Processing Unit，GPU）、专用集成电路（Application Specific Integrated Circuit，ASIC）、可编程逻辑门阵列（Field-Programmable Gate Array，FPGA）、数字信号处理器（Digital Signal Process，DSP）和类脑芯片，如图 9-2 所示。

图 9-2　人工智能芯片产品

CPU 和 GPU 都是常见的通用芯片，主要用于处理人工智能算法中复杂的逻辑运算、不同的数据类型及图像的加速。CPU 用于人工智能的预测和推断，GPU 因其超强的并行计算能力被全面用于人工智能的训练。

FPGA 属于半定制化芯片，用硬件实现软件算法，适用于多指令、单数据流的分析，在人工智能中主要用于处理海量数据后的预测和推断，是深度学习发展初期使用的计算芯片。

ASIC 属于定制化芯片，依据特定应用场景预先写入计算算法，在人工智能中主要用于专业的智能算法软件，进行人工智能的预测、推断和训练。

DSP 用来快速实现各种数字信号处理的算法，在人工智能中主要用于音频处理、虚拟现实、增强现实、视频处理等。

类脑芯片可模拟人脑神经信号传递，具有自主性和认知能力，当前还处于初步的研究阶段，但是人工智能芯片的发展路径和方向。

以上人工智能芯片可以部署于云端、终端和边缘端，能够应用在数据中心、移动终端、自动驾驶、安防、智能家居、计算机视觉设备、虚拟现实设备、语音交互设备等中。表 9-1 从不同维度对人工智能芯片进行了全面分析。

表 9-1 人工智能芯片全面分析

项目	CPU	GPU	FPGA	ASIC	DSP	类脑芯片
架构	冯·诺依曼计算架构				哈佛架构	人脑神经元架构
优势	通用性最强，功耗低	通用性较强，性能高、速度快	通用性一般，能耗低、性能高、可编程	性能高、面积小、功耗低，可定制	运算能力强，实时性好，程序员控制力强	学习效率是传统架构的100万倍、功耗极低、面积小
劣势	延迟严重，散热高，效率最低	不能单独运行，功耗高	价格高，对使用者要求高	通用性差，开发周期长、成本高	成本高、功耗较大	初步阶段，难度极大，小规模研究
应用	云端/终端/边缘端预测和推断	云端/终端/边缘端训练	云端/终端/边缘端预测和推断	终端/边缘端预测、推断和训练	云端/边缘端训练	终端预测和推断
主要厂商	Intel、AMD	Intel、AMD	Xilinx、Intel	Google、寒武纪	高通、TI	IBM、Intel、西井科技
主流人工智能芯片	酷睿11代、EPYC	Xe-HPG、Navi	Everest、Nervana	TPU、NPU	Hexagon、TDA4VM	TrueNorth、Loihi、DeepSouth

据 Gartner 预测，全球人工智能芯片市场规模将迅速扩大，2023 年将达108 亿美元，复合年均增长率达到 53.6%。人工智能产品的发展趋势主要有以下四个方面。

（1）人工智能芯片与人工智能算法的融合态势明显。当前存在人工智能芯片迭代速度慢和人工智能算法更新速度快的矛盾，未来两者将融合到一起进行升级迭代，从而形成统一的人工智能平台。

（2）人工智能芯片朝着计算和存储一体化方向演进。通过使用新型非易失性存储（如 ReRAM）器件，在存储阵列中加上神经网络计算功能，省去了数据搬移操作，在功耗、性能方面可以获得显著提升。

（3）人工智能芯片将向可重构芯片演化。可重构芯片也就是软件定义芯片，人工智能芯片将依据所关联的软件需求进行适应与调整，不是传统芯片设计的刚性架构，而是让人工智能应用去适应架构。

（4）人工智能芯片会加速向类脑芯片发展。人脑相对于计算机具有能耗低、容错性高、可自主决策等优势。2020 和 2021 年，清华大学、三星电子等的研究人员纷纷在 *Nature* 上发表类脑计算的理论研究成果。类脑芯片最终会赋予机器真正的智能，让人类逐步进入强人工智能，甚至超人工智能时代成为可能。

2．无人机

无人机广义上是无人驾驶飞行器的统称，指的是利用无线电遥控设备和自备程序控制装置操纵的不载人飞机，也可由车载计算机完全或间歇地自主地操作。相对于有人驾驶飞机，无人机在执行高危、高温、高强度等极端恶劣任务时更具优势。

随着无人机技术的飞速发展，无人机产品种类日益繁多，产品形式呈现多样性。按照尺度分类，无人机可分为微型无人机、轻型无人机、小型无人机及大型无人机，如图 9-3 所示。

微型无人机　　　　　轻型无人机　　　　　小型无人机　　　　　大型无人机

图 9-3　无人机产品

微型无人机更擅长执行监视任务，已在多国研发成功并得到广泛应用。

轻型无人机主要以消费级无人机和工业级无人机为主。消费级无人机可满足人们娱乐、航拍等需求。随着科学技术的发展，工业级无人机会在更高风险职业的领域中发挥更大优势，如解决行业问题、提升工作效率，可应用于农业植保、电力线巡检、安检安防、森林防火、航空测绘、警用和消防等方面。

小型无人机较为成熟，可携带各种激光照射/测距、电子对抗设备等。小型无人机广泛应用于民用和科学研究领域，如灾情监视、缉私查毒、环境保护、大气研究，以及地质勘探、气象观测、大地测量、农药喷洒和森林防火等。

　　大型无人机具有高空、高速、隐身、长航时的特点，通常应用于在高危环境中执行警戒探测、防空压制、发射等任务。

　　无人机产品全面分析见表 9-2。

表 9-2　无人机产品全面分析

项目	微型无人机	轻型无人机	小型无人机	大型无人机
质量/kg	＜7	7～116	116～5700	≥5700
优势	费用低，轻、小、灵活，机动性更突出	工业三防（防火、防雨、防尘），在雨雪天、高寒地区、高温火场、电磁干扰等多种复杂环境中可正常工作；根据不同使用领域可定制化	可原地垂直起飞和悬停，操纵简单，机动性好，成本较低	续航时间长，具有较强的实时能力，性价比高
劣势	发动机动力不足、飞行控制难、通信系统和传感器均受限	飞行速度慢、飞行距离较短、避障能力较差、通信能力不足	生存能力差、在极端天气下难以保持平稳的飞行姿态，应变能力不足，抗干扰弱	通信系统抗干扰能力弱，避障技术仍需提升，定位精度和稳定性不足
应用	目标识别、通信中继	消费级无人机主要用于航拍、跟拍、灯光展等娱乐场景；工业级无人机主要用于农林植保、物流、安保巡防及油气开采等众多行业	边境巡逻、反恐、线路巡逻、农业植保、地理调查和交通监控	航空物探、海事巡查、海上应急搜寻、中继通信、海洋环境监测与评价、海洋生态灾害监测、海洋溢油监测、海洋动植物保护等领域
主要厂商	美国洛马公司、以色列飞机工业公司、中国航天科技集团公司	大疆公司、极飞科技、臻迪科技	美国诺斯罗普·格鲁曼公司、美国通用电子技术公司、英国 BAE 系统公司、以色列航空工业公司、中航工业公司	美国洛克希德·马丁公司、英国航太系统、法国达索公司、俄罗斯米格公司、中国航天科技集团公司
主流产品	"蚊"式无人机、CH 系列无人机	极飞农业 P20 植保无人机系统、无人直升机	捕食者、翼龙无人机	"神经元"无人机、彩虹-7 无人机

前瞻产业研究院预测，全球无人机市场规模在 2025 年将达到 428 亿美元；河马销售百科分析，预计到 2030 年，全球无人机市场规模将超过 1500 亿美元。

当前，我国无人机产业仍处于新兴阶段，发展过程中的各种问题严重制约了行业前进的步伐，如成本过高、渗透率偏低、续航性不足、专业人才匮乏、安全事故多发等。未来无人机将在以下三个方面着重发力[1]。

（1）无人机应用中的隐私与安全问题：近年来，不管是黑飞扰航、隐私窃取，还是坠机伤人、非法运输，无人机因为相关法律不够完善、行业监管不足所导致的问题频发。这些问题不仅威胁人身和财产安全，而且给社会的稳定与发展带来诸多隐患。

（2）行业配套设施不足：无人机产业发展不局限于本体技术，还包括配套系统、零部件和基础设备设施等。目前，这些配套行业还处于初级阶段，发展跟不上需求。同时，在无人机售后服务市场中，培训教育、保险维修、租赁经纪等的发展刚刚起步，还有待进一步的提速与完善。总之，针对行业配套设施，还需政府、行业合作发力，不断完善。

（3）无人机领域人才短缺：相关数据显示，2020 年我国无人机领域人才缺口高达 25 万人，不仅人才数量缺口大，而且人才质量也无法满足需求。

3．智能机器人

智能机器人是一类典型的自动化机器，是专用自动机器、数控机器的延伸与发展，集成了运动学与动力学、机械设计与制造、计算机硬件与软件、控制与传感器、模式识别与人工智能等学科领域的先进理论与技术。一般而言，智能机器人需要具备三个要素：一是感觉要素，用来认识周围环境状态；二是运动要素，对外界做出反应性动作；三是思考要素，根据感觉要素所得到的信息，思考采用什么样的动作。

智能机器人在家庭和各种场所都有广泛应用，如家庭智能机器人、陪伴型机器人、智慧酒店服务机器人等。根据智能程度不同，智能机器人可分为工业机器人、初级智能机器人和高级智能机器人。典型的智能机器人如图 9-4 所示。

工业机器人类似于外部受控机器人，只能利用既定的传感信息处理、实现控制与操作能力。其自身没有智能单元，只有执行机构和感应机构，受控于外部计算机，在外部计算机上有智能处理单元，来处理由受控机器人采集的各种信息，以及机器人本身的各种姿态和轨迹等的信息，然后发出控制指令指挥机器人的动作。

| 工业机器人 | 初级智能机器人 | 高级智能机器人 |

图 9-4　典型的智能机器人产品

初级智能机器人类似于交互型机器人，具有像人类的感受、识别、推理和判断能力，如能够独立地实现一些诸如轨迹规划、简单的避障等功能；可以根据外界条件的变化，在一定范围内自行修改程序，通过相应调整适应外界条件变化，但是修改程序的原则是由外部预先控制来实现的。目前，初级智能机器人已经进入实际应用阶段。

高级智能机器人也称高级自律机器人，无须人工干预，能够在各种环境中自动完成各项拟人任务。自主型机器人的本体具有感知、处理、决策、执行等模块，可以像自主人类一样独立地活动和处理问题，目前已研制出多种样机。高级智能机器人涉及诸如驱动器控制、传感器数据融合、图像处理、模式识别、神经网络等许多方面的研究，是多国都非常重视的研究方向。

智能机器人的全面分析见表 9-3。

表 9-3　智能机器人全景分析

项目	工业机器人	初级智能机器人	高级智能机器人
智能化程度	低	中	高
优势	自动化程度高、稳定，可提高产品质量、生产效率，改善劳动条件，便于监管	具有强大的适应能力和数据收集能力，能和人类进行交流和沟通	能够应对各类环境，在无人工干预情况下长时间工作，无须人工协助即可在整个操作环境中移动全部或部分身体

（续表）

项目	工业机器人	初级智能机器人	高级智能机器人
劣势	不具备创造能力，易用性不如人工，作业平稳性有待提高	人类情感理解欠缺	成本高，需定期维护
应用	多品种、变批量的柔性生产	工业应用、公共服务领域（如银行、商场等）、家庭、医院、养老中心等	航空航天、家庭维护（如清洁）、废水处理，以及交付货物和服务等领域
主要厂商	科大智能、中科新松、斯坦德机器人公司	中国科学技术大学、百度、波士顿动力公司、优必选科技、美国 iRobot 公司	日本村田集团、麻省理工学院、日本软银集团
主流产品	智能巡检机器人、新松机器人、工业搬运机器人	"佳佳"、小度机器人、机器狗 Spot、优必选 JIMU 机器人、iRobot 机器人	骑自行车的机器人、达芬奇手术机器人、paper 机器人

面向未来，社会需求和技术进步都要求机器人向智能化发展，主要体现在以下三个方面[2]。

（1）关键部件和核心技术。应用于智能机器人的智能传感设备的功能及各项性能指标还需进一步提升。此外，信息融合量的增加得益于集成技术的发展，因此，今后需专注于对关键部件开发和集成技术的研究，精细化部件的检测内容和指标，促进机器人行业核心技术的标准化和网络化发展，纵向深入研究与归纳仿真功能、方向感知、心情管理、生物神经系统相关的理论与方法。

（2）机器人网络化。人工智能技术可以看作机器人的"大脑"，可以实现在非结构环境中进行识别、思考和决策；而云计算技术则是机器人的"平台"，可将机器人联网，实现与移动互联网端海量数据的连接，完成信息搜索和提取，并通过网络对计算机进行有效控制。在一些相对较为复杂的环境条件下，智能机器人难以完成全部项目，因此如何远程控制机器人，也是未来机器人技术研究的重点、难点之一。

（3）更好的交互方式。市场上现有的机器人依旧需要依赖相关的知识去实现相关理论与方法，因此需要加载机器人需要完成的任务。需要研究设计自然语言、文字语言、图像语言、手写字识别等方式，将人类与机器人的交互变得简单化、多样化、人性化、智能化，以保证人与机器人之间信息交流的协调性。

9.1.2 人工智能软件产品

人工智能软件产品主要有自然语言处理系统、计算机视觉产品、推荐系统、专家系统等。

1. 自然语言处理系统

自然语言处理是计算机科学领域与人工智能领域的重要发展方向之一，旨在实现人与计算机用自然语言进行有效通信的各种理论和方法，主要分为自然语言理解和自然语言生成两部分。

自然语言理解是指使计算机理解自然语言文本的意义，自然语言生成是指以自然语言文本来表达给定的意图、思想等。自然语言处理主要应用于机器翻译、舆情监测、自动摘要、观点提取、文本分类、问题回答、文本语义对比、中文光学字符识别（OCR）等方面[3]。

目前，针对具有相当自然语言处理能力的实用系统已经出现，有些已商品化，甚至开始产业化，典型的例子有多语种数据库和专家系统的自然语言接口、各种机器翻译系统、全文信息检索系统、自动文摘系统等。随着各类电子数据库、电子图书馆收录的数据量呈几何级数上升，自然语言处理系统可以准确、高效地获取和处理所需信息，已成为帮助用户快速获取价值信息的有效工具。自然语言处理在系统评价中的应用研究和推广，也可加速整个循证医学领域的证据合成，为临床决策提供大量真实可靠的医学信息，促进医疗卫生决策的科学化。

近年来，自然语言处理虽然取得了长足发展，但是在诸多领域的应用仍然存在一些问题。自然语言处理今后的发展趋势主要有以下三点。

（1）自然语言处理应用工具的开发。现有的自然语言算法逐渐成熟，然而欠缺成熟的包含自然语言处理语义识别功能的工具，应加强自然语言算法在更多领域的成果转化，让算法具有操作简易的自然语言处理工具形式，有利于自然语言处理的应用和推广。

（2）建立大型语料库。构建的自然语言处理模型具有更强的泛化能力，可以降低自然语言处理对单次项目数据质量的依赖。

（3）增强语义理解的能力。融合深度学习和其他认知科学、语言学等学科，实现通用的、高质量的自然语言处理系统，将是自然语言处理发展的必然趋势和要求。

2. 计算机视觉产品

视觉识别是指用摄像机、计算机代替人眼对目标进行识别、跟踪和测量等，通过对文字、图像、语音、视频等进行再处理，使其成为更适合人眼观察或传送给仪器检测的图像。计算机视觉产品可以理解为从图像或多维数据中获取"信息"的人工智能系统。

计算机视觉从识别性质上可分为图像识别和生物特征识别，也存在具同时兼具两种属性的情形，比如人脸识别，既属于图像识别，也属于生物特征识别。图像识别主要以静态图像为主，如文字识别、图形识别、图片识别、人脸识别等。视频是连续的图像，因此视频识别属于图像识别的一种特殊形式。生物特征识别通常以生物特征为主，如指纹识别、语音识别、虹膜识别、步态识别等。计算机视觉产品广泛应用于制造业、检验、文档分析、医疗诊断等领域，是各种智能/自主系统中不可或缺的组成部分。

1）图像识别产品

图像识别是指利用计算机通过深度学习算法对图像进行处理、分析和理解，以识别各种不同模式的目标和对象的技术，一般分为文字识别、人脸识别、视频识别等。

（1）文字识别。

文字识别是图像识别的一个分支，指对图像文件中的字符进行检测识别，将图像中的字符转换成可编辑的文本格式，以 JSON 格式返回识别结果。

文字识别按照功能可分为通用类文字识别、证件类文字识别、票据类文字识别等。

通用类文字识别可应用于许多领域，如阅读、翻译、文献资料的检索、文档检索、信件和包裹的分拣、稿件的编辑和校对、大量统计报表和卡片的汇总与分析、商品编码的识别、商品仓库管理等。

证件类文字识别应用于水、电、煤气、房租、保险等费用的征收业务中信用卡片的自动处理，网上办事大厅需提供的各类证件识别（如营业执照、驾驶证、身份证），办公室打字员工作的局部自动化等。

票据类文字识别应用于银行支票的处理、商品发票的统计汇总等。

文字识别技术诞生 20 余年来，随着我国信息化建设的全面开展，经历了从实验室技术到产品的转变，已经进入行业应用开发的成熟阶段，可方便用户快速录入信息，提高了各行各业的工作效率。

相比于发达国家广泛应用的情况，文字识别技术在国内各行各业的应用还有着广阔空间。文字识别技术的发展趋势主要有两方面，一是文字编码库将更加精准，利用精准的文字编码库与识别结果进行比对，选择最优的文字识别结果；二是将从一种算法向多种算法转变，还可以将利用多种算法得到的文字识别结果进行比对，最终选择最优文字识别结果，大大提升文字识别率。

（2）人脸识别。

人脸识别是一种生物特征识别，也是图像识别的分支之一。除安防、金融两大领域外，人脸识别还在交通、教育、医疗、警务、电子商务等诸多场景中实现了广泛应用，应用价值较高。

人脸识别的具体应用领域主要包含公共安全领域的刑侦追逃、罪犯识别及边防安全等，信息安全领域的计算机和网络登录、文件加/解密等，政务领域的电子政务、户籍管理、社会福利和保险等，商业领域的电子商务、电子货币和支付、考勤、市场营销，场所进出领域的机要部门、金融机构的门禁控制和进出管理等。近年来，人脸识别在更多领域得到广泛应用，如物流、零售、智能手机、汽车、教育、地产、文娱广告等领域。

人脸识别技术的发展趋势主要有如下三方面[4]。

① 基于大数据领域的重要发展方向：当前公安部门引入了大数据，这弥补了传统技术的不足，通过人脸识别技术使照片等数据再度存储利用，能够大大提升公安信息化的管理和统筹，成为未来人脸识别的主要发展趋势之一。

② 智能家居与人脸识别技术的融合：智能家居的人脸识别系统是结合嵌入式操作系统和嵌入式硬件平台建立的，加强了人脸识别技术与智能家居应用的结合度，具有概念新、实用性强等特点，是未来发展的重点方向之一。

③ 人脸识别精度提升：在复杂环境中，如人脸旋转、遮挡、相似等，人脸识别精度将进一步提升。预计人脸识别有望快速替代指纹识别成为市场大规模应用的主流识别技术。

（3）视频识别。

视频识别是一种基于目标行为的监控产品，主要包括视频信息的采集及传输、视频检测和分析处理三个环节。

目前视频检测的主流产品为智能视频分析系统。该产品是一种涉及图像处理、模式识别、人工智能等多个领域的智能视频分析产品。它能够对视频区域内出现的警戒区/警戒线闯入、物品遗留或丢失、逆行、人群密度异常等异常情况进行分析，及时向综合监控平台或后台管理人员通过声音、视频等发出报警。区别于传统的移动侦测技术和产品，智能视频分析首先将场景中背景和目标分离，识别出真正的目标，去除背景干扰（如树叶抖动、水面波浪、灯光变化），进而分析并追踪在摄像机场景内出现的目标行为。

智能视频分析系统在一定的受检区域范围内具备各种较强的检测功能，被推广应用于公共安全系统、建筑智能化、智能交通等相关领域，具体如下。

① 在入侵检测方面，通过对监控图像序列的处理和分析，识别物体入侵的行为，并且对有潜在危险的行为进行报警，以避免危险事故的发生，从而有效地保障安全，叠加综合成本低、人员需求少、检测率高、误报率低等优势，普遍应用在机场周边、监狱、党政机关等场所。

② 在人脸识别方面，可利用手机等终端设备进行人脸识别，读取相关信息，用于查验人员身份、协助抓捕和寻找目标人物，主要应用于电子警察、机场、海关。

③ 在物体识别方面，可以识别出刀具、枪支等危险品，主要应用在银行、商场、超市等场所，协助安保人员提前预防危险事件的发生，保障人员和商场的安全。

④ 在车辆识别方面，可通过自动追踪对逆行、违停等行为进行分析识别，主要应用于警戒区、商场、交通、景点流量统计，道路禁停禁放、违章逆行、场景跟踪等。

面向未来，智能视频识别需要解决以下问题。

① 由于智能视频分析系统是基于建模技术形成的产品，目前行业中还没有开发出一种可以涵盖所有使用情况的背景模型，所以该系统还存在一定的误报率，这是智能视频分析系统需要进一步攻克的难题。

② 遮挡也是目标跟踪中必须解决的难点问题。运动目标被部分或完全遮挡，或多个目标相互遮挡时，目标部分不可见会造成目标信息缺失，影响跟踪的稳定性。为了减少遮挡带来的歧义性问题，必须正确处理在遮挡时，特征与目标间的对应关系。

③ 健壮性是目标跟踪的一个重要性能，使算法对复杂背景、光照变化和遮挡等情况有较强的适应性，研发先进的运算规则以加强算法的健壮性是发展的必然要求。

2）生物特性识别产品

语音识别、指纹识别、虹膜识别、指静脉识别、表情识别、步态识别是基于相应的智能认证技术而形成的生物特性识别产品。

（1）语音识别。

目前的主流语音识别模型以深度神经网络为主导，它为语音识别准确率的提升起到了重要作用。

语音识别的应用领域非常广泛，常见的应用系统如下。

① 语音输入系统：相比于键盘输入系统，语音输入系统更符合人们的日常习惯，也更自然、更高效。

② 语音控制系统：即用语音来控制设备的运行。相对于手动控制，它更加快捷、方便，可应用在工业控制、语音拨号系统、智能家电、声控智能玩具等许多领域。

③ 智能对话查询系统：根据用户的语音进行操作，为用户提供自然、友好的数据库检索服务，如家庭服务、宾馆服务、旅行社服务系统，订票系统，医疗服务，银行服务，股票查询服务等。

从应用领域来看，目前语音识别的消费级市场主要应用于智能硬件、智能家居、智慧教育、车载系统等领域，专业级市场主要应用于医疗、公检法、教育、客服、语音审核等领域。

语音识别系统主要有以下两方面的发展趋势。

① 健壮性还需要进一步增强。目前，针对中文的语音识别还存在明显不足，语言模型需要进一步完善。环境噪声和杂音对语音识别的效果影响最大，需要研发特殊抗噪技术来提高识别率、提升识别效果。另外，语音识别系统的语言模型比较单一、核心算法基础较弱，今后需要运用更多的模型和算法来提升识别率和识别效果，如文法模型、搜索算法、特征提取和自适应算法等。

② 多语言混合识别和无限词汇识别有待改善。现在使用的语音模型和声学模型有很多局限性，如从英语转为俄语、输入"吉布斯自由能函数"等信息，计算机可能会给出答非所问的结果。未来随着声学模型的逐步改善和以语义学为基础的语言模型的改进，可实现多语言混合识别和无限词汇识别。

（2）指纹识别。

指纹识别产品与现实生活紧密相关，如信用卡、医疗卡、考勤卡、储蓄卡、驾驶证、准考证等均可通过指纹识别进行身份认证。近几年，指纹识别产品广泛应用于智能手机，成为支持手机解锁、在线支付的重要基础产品和落地的应用场景。未来基于在线快速身份验证（Fast Identity Online，FIDO）等协议，指纹识别等将全面取代现有的密码体系。

由于指纹容易因遗留而被盗用，或者因为容易被仿照而造成不良后果，未来将采用多种生物特征相结合的方式提高识别结果的准确性，如"活体检测+指纹识别""人脸识别+指纹识别""虹膜识别+指纹识别"等。

随着可穿戴设备与互联网的迅猛发展，指纹识别技术在可穿戴设备中的应用将更为广泛[5]。未来通过指纹识别与信息登记一体化的实现，即建立与指纹信息关联的登记信息的庞大数据库，如学生信息、公民信息、获奖信息等，可进行门锁、车锁等的开锁操作，这样的一体化信息产品会给人们的生产生活带来极大便利。

（3）虹膜识别。

虹膜识别是人体生物特征识别之一。虹膜由于具有高度独特性、稳定性及不可更改的特点，是可用作身份鉴别的物质基础。虹膜识别产品是当前最为方便和精确的一种应用产品。虹膜识别的错误率为 1/1500000，高于指纹识别的 1/50000，安全程度高，更适合作为"密码"。

美国得克萨斯州联合银行已经将虹膜识别系统应用于储户辨识，用户办理银行业务无须银行卡和密码，首先通过 ATM 机上的一台摄像机对用户的虹膜进行扫描，然后将扫描图像转化成数字信息并与数据库中的资料核对，即可实现对用户的身份认证。

美国新泽西州肯尼迪国际机场和纽约奥尔巴尼国际机场均安装了虹膜识别仪，用于工作人员安检，只有通过虹膜识别系统的检测才能进入停机坪和行李提取处等受限制场所。

德国柏林的法兰克福机场、荷兰史基浦机场及日本成田机场也安装了虹膜出入境管理系统，用于乘客通关。

中国研发的虹膜产品识别速度快、设备运行稳定，已经赶超国外同类产品，但由于成本过高，普及尚需时间，目前主要应用于银行金库加密等。

虹膜识别技术被广泛认为是 21 世纪最具有发展前途的生物认证技术，未来安防、电子商务等多个领域的应用，必然会以虹膜识别技术为重点。这种趋势已经在全球的各种应用中逐渐显现，市场应用前景非常广阔。

（4）指静脉识别。

指静脉识别利用手指静脉血管的纹理进行身份验证，对人体无害，具有不易被盗取、伪造等特点，是具有高精度、高速度的活体生物特征识别技术。在各种生物特征识别产品中，指静脉识别产品因利用外部看不到的生物内部特征进行识别，作为具有高防伪性的第二代生物特征识别产品备受瞩目。

指静脉识别产品广泛应用于各领域的门禁系统，主要有以下两种典型应用场景[6]。

① 公司、工厂门禁：员工不需要使用或携带额外的标志（如密码、IC卡等），应用指静脉识别的门禁系统更加方便、卫生，更加人性化。另外，指静脉识别系统具备双重功能，如只有不同两人的不同手指先后通过验证，才有权限进入安全级别要求更高的场所。

② 智能楼宇系统：住户通过指静脉识别系统即可进行有效性验证，并记录出入日志，能够给住户带来更加方便和安全的居住体验。更先进的指静脉

识别系统能够和智能楼宇系统中的电梯联动，住户在智能楼宇身份识别认证通过的同时，电梯自动启动，停降在一层，并在住户进入电梯时，根据指静脉系统数据库的记录，自动运行到住户所在楼层。而整个过程中，住户不用按任何按钮，能够方便快捷地回家，这将是一种全新的生活体验。

指静脉识别拥有安全性、稳定性、唯一性三重优势，未来不仅在专业领域有越来越多的应用，而且会逐步应用于人们的日常生活。

（5）表情识别。

表情识别是一种新兴的生物特征识别，是指从给定的静态图像或动态视频序列中分离出特定的表情状态，从而确定被识别对象的心理和情绪。

表情识别主要应用领域包括人机交互、智能控制、安全、医疗、通信等，典型应用主要有以下两种[7]。

① Polygram App：Polygram 是一个人工智能动力社会网络，基于人脸识别的表情包，对面部的真实表情进行检测，从而搜索到相应表情，并发送该表情。当用户在 Polygram 上发布图片或视频时，它可以使用面部识别技术和摄像头，自动捕获用户在社交平台上浏览朋友分享的照片、文字、视频等信息时，脸部出现的真实表情。

② Emo App：它是一款可以识别情绪的音乐 App，通过前置摄像头扫描人脸来推算其心情状态，判断结果具有较高准确度，不仅能识别愉快、悲伤的表情，还能"看"出平静、困惑、惊讶、愤怒等其他心情。

由于面部表情的多样性和复杂性，并且涉及生理学及心理学，表情识别具有较大难度，因此当前的发展相对较慢，应用还不广泛，但是随着人机交互需求的不断提升，表情识别在心理学、智能机器人、智能监控、虚拟现实及合成动画等领域有很大的潜在应用价值。实现计算机对人脸表情的理解与识别，从根本上改变人与计算机的关系是表情识别的发展趋势。

（6）步态识别。

步态识别是一种新兴的生物特征识别技术，旨在通过人们走路的姿态进行身份识别，具有非接触、远距离和不易伪装的优势。使用高清摄像头时，全视角步态识别的识别距离可达 50m，且无须识别对象主动配合。

步态识别的输入是一段行走的视频图像序列，其数据采集与人脸识别类似，具有非侵犯性和可接受性，但是由于序列图像的数据量较大，其计算复杂度较高，处理也比较困难。尽管生物力学中对步态进行了大量研究工作，但基于步态的身份识别的研究工作才开始起步，当前还没有商业化的基于步态的身份鉴别系统。

未来的步态识别产品需要解决识别和检验两类问题。对于识别问题，给出未知身份人的步态，在数据库中搜寻与之匹配的人的步态，从而确认人的身份；对于检验问题，需要步态识别算法对已假定的某人的身份做出判定，即接受或拒绝所假定的身份。例如，在防止贵重物品被人偷走的场景中，在手机等物品上装上传感器，把传感器的频率调整为物主步行时的典型频率，此时该手机仅识别物主，当有人盗窃手机又不能模仿物主步态时，传感器就会报警。利用"人脸+步态"双模式识别，可最大化地辨识可疑人员，提高安全等级，也可以在公共交通领域实现安防布控、无卡出行，人群密度、超流量预警等[8]。

3. 推荐系统

推荐系统建立在海量用户数据基础上，通过深度学习算法挖掘用户的商品偏好，进而将相关信息推送至用户。

经过 20 多年的积累和沉淀，推荐系统成功应用到了诸多领域，如在线视频、社交网络、在线音乐、电子商务、互联网广告等。这些领域是推荐系统大展身手的舞台，也是近年来业界研究和应用推荐系统的重要场景。

伴随推荐系统的发展，科研工作者不局限于基于用户的历史行为对用户建模，而是研究混合推荐模型，致力于通过不同推荐方法来解决冷启动、数据极度稀疏等问题。国内知名新闻客户端"今日头条"采用内容分析、用户标签、评估分析等方法打造了推荐引擎。同时，移动互联网的崛起为推荐系统提供了更多数据，如移动电商数据[9]、移动社交数据、地理数据[10]等，成为社交推荐的新尝试。

推荐系统的发展主要有三方面，一是在满足个性化、多元化推荐的同时，着力解决用户隐私及推荐系统健壮性等相关问题；二是传统的推荐算法将与深度神经网络结合，通过深度神经网络提供的新的特征提取、排序方法解决数据稀疏、推荐排序等相关问题；三是推荐系统将与业务系统、日志系统、网络安全、数据挖掘等多个研究领域紧密结合。

4．专家系统

专家系统将某领域中人类专家的知识和思考解决问题的方法、经验和诀窍组织整理并存储在计算机中，不但能模拟领域专家的思维过程，而且能让计算机如人类专家那样智能地解决实际问题，是一种具有大量专业知识与经验的智能计算机系统。

专家系统已经在各个领域得到广泛应用，并取得了一定的经济效益，如个人理财专家系统、寻找油田专家系统、贷款损失评估专家系统、各类教学专家系统等，最主要的典型应用是在金融业务中的两种场景。

（1）针对员工在实际工作中对某项业务操作流程产生的疑惑，专家系统通过自身强大的知识库和推理引擎，及时提供专家级别的解答，有利于业务发展，同时方便员工快速提高业务知识和技能水平。

（2）对于金融业持续推出的新产品和服务，专家系统可以很方便地解答客户提出的相关问题，并为客户提供全面的讲解和展示，大大增强客户的信任度，并更大范围内地获取客户资源。

现阶段，国内外专家系统应用停留在相对狭义的以规则推理为基础的阶段，应用主要集中在实验室研究及一些轻量级应用，与满足大型商业应用需求、实现实时智能推理及大数据处理还有一段距离。

专家系统未来将以模型推理为主，以规则推理为辅，并结合商业应用，满足对实时及大数据处理的需求。同时，将朝着更专业的方向发展，面向具体方向性的需求提供针对性模型与产品，如基于因果有向图（Causal Diagram，CDG）的故障诊断模型、流程处理模型等。

9.2 人工智能网络安全产品

将人工智能技术或人工智能产品应用到网络安全领域，就形成了人工智能网络安全产品。本节只列出防御端主要的人工智能网络安全产品，可分为基于智能的防御类安全产品、生产运维安全平台和大数据安全平台三大类，如图 9-5 所示。

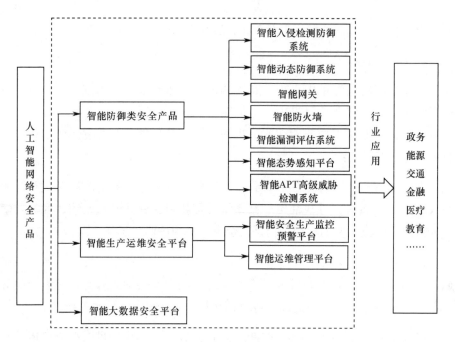

图 9-5　人工智能网络安全产品

9.2.1　智能防御类安全产品

智能防御类安全产品主要应对网络空间中存在的安全隐患和安全攻击，尤其在涉及智能攻击时，需要建立事前、事中与事后安全的智能化防护体系，打造安全免疫系统，实现即时数据共享，持续不断地监控与分析各类数据资料，化被动防御为主动防御。

1．智能入侵检测防御系统

智能入侵检测防御系统采用智能算法、资产关联、代码优化和可视化等技术手段，达到快速定位网络威胁、提高检测处理性能、降低管理难度的目标，从而实现抵御内部攻击、外部攻击和误操作的实时保护。该系统可以根据不同需求，灵活部署在网络核心、网络边界、分支机构等不同位置。

智能入侵检测防御系统广泛应用于各行业、各领域，提供等保合规、统一安全管理、安全风险评估、账户安全保护、主动安全防御、黑客入侵检测等功能，具体如下。

（1）为主机安全服务提供入侵检测功能，协助保障企业云服务器账户、系统安全。为主机安全服务提供统一的主机安全管理，以方便管理云服务器的安全配置和安全事件，降低安全风险和管理成本。

（2）对主机系统进行安全评估，将系统存在的各种风险（账户、端口、软件漏洞、弱口令等）进行展示，提示及时加固，消除安全隐患。

（3）提供覆盖事前、事中和事后的账户安全保护功能，支持双因子认证登录，防止云服务器上的账户遭受暴力破解攻击，提高云服务器的安全性。

（4）通过清点主机安全资产，管理主机漏洞与不安全配置，预防安全风险；通过网络、应用、文件主动防护引擎主动防御安全风险。

（5）提供主机全攻击路径检测能力，能够实时、准确地感知攻击事件，并提供攻击事件的响应手段，保证业务系统的正常运行使用，有效应对 APT 攻击等高级威胁。

2．智能动态防御系统

智能动态防御系统是在不依赖病毒库的情况下，以嵌入式软件的方式自动识别和清除绝大多数新木马、病毒、蠕虫、间谍程序、游戏盗号、密码窃取、黑客程序及未知木马、病毒等各种恶意程序，使得计算机变得更加安全。

智能动态防御系统广泛应用于各行业、各领域，即使在低资源占用率、低配置的计算机环境中，也能保证运行效果，主要具备以下功能。

（1）配备解疑式在线扫描系统，可以对检测出的可疑程序进行在线诊断扫描。

（2）具有对已知壳/未知壳的识别能力，可以扫描出经过常见加壳程序加密的文件，可有效防加壳木马病毒。

（3）病毒库的在线增量升级和自动升级可以提升计算机对新木马、新病毒的快速抵御能力。

（4）采用 Windows 信任验证技术，在大幅提升未知木马、病毒识别率的同时，有效防范误判。

（5）配备计算机病毒免疫功能，让计算机对新木马、新病毒具有自我保护和预警能力。

（6）具有在线病毒举报、在线误报举报、提交有害程序等功能。

3．智能网关

智能网关属于无线传感器网络产品，是连接感知层与网络层的纽带，运用人工智能的深度神经网络等技术能够具备数据采集和交互管理、协议解析和转发、边缘计算等功能；通过"无线+有线"传输通道为用户提供长距离大数据传输，并能够保证数据传输的稳定性，可以作为可编程逻辑控制器（Programmable Logic Controller，PLC）、传感器、仪器仪表和各种控制器这些大规模分布式设备的接入节点。常见的智能网关主要有工业物联网智能网关、智能家庭网关、车载智能网关等。

智能网关广泛应用于交通、能源、矿产、电力、气象、工业自动化、金融、水利、环保、医疗、农林等领域，同时还应用于智能交通、智能家居、智能车联网等智能领域，如工业现场 PLC、变频器、机器人等设备的远程维护，工程机械远程维护和管理，车间设备与工艺系统的远程维护和管理，小区二次供水水泵远程监测及控制，油气田和油井等现场的监测和控制，蒸汽管道和供暖管道的远程监测，智能楼宇、智慧工厂等领域的应用。

4．智能防火墙

智能防火墙属于网络边界的安全保护设备，是在传统防火墙产品中加入人工智能识别、机器学习等技术，不断提高安全防范能力以防范来自网络的新型攻击，用于解决拒绝服务攻击 DDoS、病毒传播和高级应用入侵三大问题，这也代表防火墙的主流发展方向。其主要的功能体现在以下三点。

（1）智能防火墙在特权最小化、系统最小化、内核安全、系统加固、系统优化和网络性能最大化方面，性能比传统防火墙均有质的提升，如具备未知威胁检测、恶意文件检测、异常流量检测、加密流量检测、隐蔽通道检测等多方面能力，从而有效发现复杂攻击与新威胁，感知全网威胁。

（2）智能防火墙除具备应用识别、入侵防御、防病毒、URL 过滤、数据过滤、文件过滤、流量管理、VPN 等功能外，还增加了针对 Web 攻击、僵尸蠕虫、DDoS、HTTPS 加密流量等安全威胁的防护能力。

（3）智能防火墙通过与威胁情报系统、风险感知系统、大数据分析平台、终端安全系统、沙箱系统及其他安全检测和防护系统交互信息、共享情报，能够快速发现安全威胁，构建协同防御的安全防护体系等。

智能防火墙在保护网络和站点免受黑客攻击、阻断病毒恶意传播、有效监控和管理内部局域网、保护必需的应用安全、提供新型身份认证授权和审计管理等方面，都有着广泛的应用价值。

智能防火墙应用于政府机构、各类企业和组织的业务网络边界，可实现网络安全域隔离、精准访问控制、高效的威胁防护和高级威胁检测等功能，并可集成威胁情报、大数据分析和安全可视化等创新安全技术。

5. 智能漏洞评估系统

智能漏洞评估系统是结合威胁情报、高级分析、机器学习等分析技术，关联漏洞严重性、资产优先级、攻击者手段等因素，提供基于漏洞的识别、分类、优先级排序和协调修复等相关能力的产品或服务。

智能漏洞评估系统涵盖从主机系统、系统配置、Web 应用到工业控制系统的全面脆弱性评估，具有自动化程度高、性能更全面、检测时间更快捷等突出优势，常见的有基于云/SaaS 的扫描、Web 应用扫描、基于代理商代理的扫描、被动扫描和基于 API 的扫描等多种有效部署模型。

智能漏洞评估系统应用于大型和超大型网络，构建"智能识别—主动扫描—深度发现—用例验证—综合审计"体系化解决方案，通过 Web 漏洞扫描、系统漏洞扫描、弱口令扫描、安全基线检测、数据库扫描对网络环境中的各种元素进行安全性检查。

其中，Web 漏洞扫描可自动获取网站包含的所有资源，并全面模拟网站访问的各种行为（如按钮点击、鼠标移动、表单复杂填充等），通过内建安全模型检测 Web 应用系统潜在的各种漏洞，形成漏洞自动修补机制和有效分析报告，能够有效解决网站安全管理面临挑战，也能较好满足安全检查工作中所需要的高效性和准确性，提升网站安全管理水平。

6. 智能态势感知平台

智能态势感知平台通过自动化的手段实现网络设备、安全设备、终端及网络流量分析中安全信息的获取，结合云端威胁情报联动技术进行安全事件的关联分析和溯源，将大数据分析、机器学习等技术嵌入态势感知众多功能组件中，可以显著提升安全防护的主动性、准确性、及时性。目前，智能态势感知平台安全运营服务以本地托管为主，未来将实现 SaaS 化和远程托管。

智能态势感知平台能够实现网络整体运行态势监控、内部资产识别监控、内外部入侵行为定位、行为分析建模、高级持续威胁判定、失陷主机态势分布、政企侧漏洞闭环管理、攻击链还原、威胁情报管理、终端管控等高价值业务和场景的管理。

智能态势感知平台应用于监管机构，可构建集网络安全事件分级分类、通报处置、攻击反制、应急指挥为一体的综合平台，及时掌握辖区内网络安全状况，减少网络威胁，打击网络违法犯罪，提升应急响应的综合能力。

智能态势感知平台应用于金融行业，可构建多层次自适应安全体系，通过全流量全数据采集模型，汇聚金融领域网络安全事件的信息，通过数据治理方案，提供在线分析、离线分析、就地分析功能，辅助管理者掌握全局安全状态，给出网络状态、趋势、预判。

7. 智能 APT 高级威胁检测系统

智能 APT 高级威胁检测系统综合威胁情报、行为模型、机器学习、虚拟沙箱、反逃逸行为和安全特征库等检测技术，可覆盖式发现木马程序类、蠕虫程序类、恶意广告类、病毒程序类、后门程序类、勒索软件类、漏洞利用类、攻击工具类、恶意程序类、复合型病毒等恶意代码类的未知恶意程序威胁，形成从检测、关联、溯源，到统计分析的安全服务能力，具有检测强、速度快、结果准等优势。其主要功能有如下四方面。

（1）检测通过内部电子邮件或文件进行渗透传播的各类恶意代码攻击，防范常见的 APT 入侵，分析其中的高级攻击行为。

（2）运用数据模型、安全模型、感知算法模型判定各类木马、蠕虫、间谍软件等，深度分析 APT 攻击中的高级恶意代码。

（3）通过网络流量检测已知/未知恶意文件攻击、钓鱼电子邮件/网站攻击、Web 渗透攻击、已知/未知恶意代码活跃行为、异常访问和通信行为等威胁。

（4）创新人机协同模式，即由机器解决在海量数据中筛选异常和可疑行为，并推荐给有经验的威胁分析人员；从已知元数据集中挖掘相关碎片，由分析人员最终将碎片化的证据形成证据链，从而还原真实的攻击场景，完成知识库更新。

智能 APT 高级威胁检测系统主要应用于目标针对性强的重点领域,如政务(包括党政、选举等)、能源(包括石油、天然气、电力、核工业等)、金融(包括银行、证券、数字货币等)等。

9.2.2 智能生产运维安全平台

1. 智能安全生产监控预警平台

智能安全生产监控预警平台通过终端侧智能设备,接入视频、图片、结构化数据,基于边缘侧或中心侧的人工智能引擎进行实时分析,在云端进行设备、人工智能技能、预警、监控的集中管理及可视化;针对企业生产过程中人的不安全行为、物的不安全状态和环境的不安全因素,提供快速感知、实时监测、综合分析、超前预警、辅助决策和应急联动的一体化安全生产监测预警能力和服务,用于提升生产企业本质安全水平和安全监管效率,实现安全生产监管信息化、智能化。

智能安全生产监控预警平台主要面向电力、石油/石化/化工、铁路、港口、工地、水务等行业。

在输电线路智能巡检方面,智能安全生产监控预警平台通过安装于杆塔上的可视化智能监测装置,采集输电通道全景环境信息,实时分析通道隐患,并将预警信息和全景实况数据回传到云端智能巡检平台,实现输电线路无人化、智能化的安全巡检。

在智慧工地绿色施工方面,智能安全生产监控预警平台提供智慧工地绿色施工识别人工智能能力,利用人工智能盒子等边缘计算设备,对各个工地进行安全施工与绿色施工的自动监测预警,提高工地智能化水平。

在厂区安全生产监控预警方面,智能安全生产监控预警平台通过接入摄像头、传感器等感知设备,实时对视频流进行人工智能分析,实现工厂安全生产全覆盖,将事后追溯转为事前预防,大大降低了安全事故发生率。

2. 智能运维管理平台

智能运维管理平台融合了机器学习、大数据先进技术,打通了底层基础设施到上层应用的监控和运维,能够进行智能化故障预测、通知及处置,同时具有多场景联动的智能运维能力,可实现机器智能化 IT 运维服务。

智能运维管理平台应用于电力行业,可作为连接运维单位和用电企业的纽带，全方位监视用户配电系统的运行状态和电量数据，为用户提供更好的运维服务，可提供系统总览、电力数据监测、电能质量分析、用电统计分析和日/月/年电能统计报表、异常预警、事故报警和事件记录、运行环境监测、运维巡检派单等功能，并支持多平台、多终端数据访问。

智能运维管理平台应用于公安系统，可对平台服务器、服务软件模型、数字视频设备、监控摄像头和图像质量进行定时巡检诊断、故障记录、告警、统计分析、故障旁路等。

智能运维管理平台应用于金融行业，可通过关联分析、建模预测等方式发现日志、告警信息中潜在的联系，并构建监控历史数据分析、监控告警智能分析及日志智能检索分析等大数据运维应用场景，实现事前智能预警、事后快速定位故障的安全管理服务等。

9.2.3　智能大数据安全平台

智能大数据安全平台以人工智能驱动安全为核心，具备全网流量处理、异构日志集成、核心数据安全分析、办公应用安全威胁挖掘等安全威胁挖掘分析与预警管控能力，可提供全局态势感知和业务不间断稳定运行安全保障，可采用集中式和分布式部署两种方式。

智能大数据安全平台广泛应用于教育、政务、医疗、交通、金融等行业，能够统一采集海量异构日志信息，结合日志模型库执行标准化编译，经过处理分析，过滤掉无效数据和日志，最终筛选出真正有效的安全信息，实现快速定位网络安全问题、安全策略管理、安全组织管理和安全运作管理。对于云上数据安全，智能大数据安全平台提供数据分级分类、数据安全风险识别、数据水印溯源和数据静态脱敏等基础数据安全保障能力，整合数据安全生命周期各阶段状态，整体呈现云上数据安全态势，实现数据全生命周期管理。

9.3　本章小结

人工智能产品可以是一个具体形态的实体，也可以是系统、平台这样的整体方案，这些产品属于应用的重要载体，因此本章对现有主流人工智能基础产品和人工智能网络安全产品做了深入分析和研究，为其在网络空间和各行业的具体应用起到"引子"作用。

本章参考文献

[1]　智能制造网. 我国无人机迈入新阶段，成熟化发展还需过三关[EB/OL]. 浙江兴旺宝明通网络有限公司，[2021-10-11].

[2]　一财网头条. 智能机器人的发展趋势是什么？[EB/OL]. 百度网站，[2021-08-18].

[3]　李长云，王志兵. 智能感知技术及在电气工程中的应用[M]. 北京：电子科技大学出版社，2017.

[4]　最新科技推荐. 人脸识别应用领域以及未来的行业发展趋势[EB/OL]. 搜狐网站，[2010-04-17].

[5]　鲁琦文，刘斯佳，张艺凡，等. 国内外便携式智能可穿戴健康监测设备在健康管理中的应用进展研究[J]. 医学信息学杂志，2021，42（9）：34-38.

[6]　指静脉识别技术特点及应用前景[EB/OL]. CSDN 网站，[2019-02-15].

[7]　李振东，言有三. 人脸表情识别研究[EB/OL]. 简书，[2019-08-12].

[8]　新京报社. 北京人工智能 2020 年达世界先进水平[N]. 新京报，2018-01-03.

[9]　CREMONESI P，TRIPODI A，TURRIN R. Cross-DomainRecommender Systems[C]. International Conference on Data Mining Workshops. IEEE，2012：496-503.

[10]　YANG D，ZHANG D，YU Z，et al. A sentiment-enhanced personalized location recommendation system[C]. Proceedings of the 24th ACM Conference on Hypertext and Social Media，2013.

第 10 章　人工智能在网络空间中的应用

在前述人工智能在网络空间中的攻防两端的体系、架构和技术的基础上，本章仍然按照网络攻击和网络防御两个维度，分别分析人工智能在典型场景中的应用情况。

10.1　人工智能在网络攻击中的应用

基于 2011 年由洛克希德·马丁公司提出的网络杀伤链（Cyber Kill Chain，CKC）模型[1]的侦查跟踪、武器构建、载荷投递、漏洞利用、安装植入、命令与控制、目标达成七个攻击阶段，可把这七个攻击阶段理解成七个攻击场景。

10.1.1　侦查跟踪场景中的应用

侦查跟踪主要指攻击者通过探测、扫描等手段，搜寻发现目标信息和识别目标潜在漏洞、弱点的过程。攻击者的主要目的是从外部收集目标网络中的个人信息、组织信息和与网络设备有关的软硬件信息。

在该场景中，人工智能经常被攻击者用于对目标实体进行渗透摸索。例如，攻击者利用谱聚类算法、支持向量机等机器学习方法，对物理层边信道数据展开分析，通过能耗数据或电流波动数据将能耗和目标网络中的设备转化成一个监督学习任务，从而训练出目标网络中的设备能耗模型，达到了解掌握目标网络关系、确定攻击对象的目的。

10.1.2　武器构建场景中的应用

武器构建主要指基于由侦查跟踪获取的大量情报信息、网络系统信息和攻击目标信息，制定攻击策略，准备攻击武器的过程。攻击者根据掌握的目标网络或设备的漏洞和后门制作一个可发送的武器载体。

攻击者可利用人工智能方法编写带有自动化攻击、自动化伪装功能的恶意软件工具。这些恶意软件通常有两个特点，一是具有很强的潜伏伪装能力，在病毒投送的初级阶段不需要与攻击者进行任何通信，如蠕虫病毒；二是主要抓取目标网络的口令密码，为进一步控制目标网络窃取有价值信息并发送回攻击者做准备，如远程访问木马等。

10.1.3　载荷投递场景中的应用

载荷投递是指攻击者要将生成的恶意软件发送给目标系统，或者通过其他方式在目标网络中建立初步立足点。攻击者的目的是设计合适的载荷或搭建伪装的网络环境，通过引诱或强迫目标与恶意软件进行交互，全面侵入目标网络。

攻击者常用人工智能的方法生成经过自然语言处理的钓鱼电子邮件、高度伪装的恶意网站等以欺骗用户，还会利用目标人物的社交账户对人物进行精准画像，精准推送受害者感兴趣的主题链接，使其认为电子邮件、网站、链接是真实的、安全的，从而下载附件中的恶意软件。入侵成功后，攻击者会在被控主机上为自己创建合法账号并设置较高访问权限，以提升攻击者非法的操作权限，进而窃取服务器中的保密数据。

10.1.4　漏洞利用场景中的应用

漏洞利用是指在恶意软件的有效载荷成功交付给目标计算机后，并不直接安装，而是对扫描出的漏洞进行渗透，以提升对目标主机的操作权限的过程。攻击者的主要目的是准备恶意软件安装所需的环境，比如获取目标计算机所需的访问权限、躲过安全防御软件的检测。

攻击者可将人工智能技术中的神经网络与密码学相结合，来编写窃取用户账户密码信息的恶意脚本，当脚本被执行时搜集用户信息发送给攻击者，造成信息的泄露；攻击者还可以利用人工智能技术进行漏洞挖掘，如对服务器进行木马上传、结构化查询语言（Structured Query Language，SQL）注入跨站脚本攻击（Cross Site Scripting，CSS）等。

为了获取更多的情报信息，攻击者会进行长期潜伏，寻找机会潜入更多主机，搜集更有价值的情报。攻击者也会植入更多的攻击模块，或者通过远程访问工具，和目标主机建立连接后对目标系统进行监听，当目标系统的环境发生变化时，攻击者会及时采取相应措施。

10.1.5　安装植入场景中的应用

　　安装植入是指恶意软件在目标网络中扩展行动，攻击者在漏洞利用阶段已经获取到了一些终端和服务器的操作权限，此后会继续在内部侦查，访问存放网络信息、账户信息的文件，获取网络的拓扑结构和重要情报。

　　在该场景中，人工智能能够帮助攻击者开发智能蠕虫病毒攻击，攻击者向一台主机植入蠕虫后，会自动寻找及攻击网络中其他高价值目标，进而扩散并破坏网络中的其他主机。当恶意软件在目标网络中安装后，人工智能技术还可帮助攻击者伪造内部来往的恶意电子邮件，模仿被控用户行为，利用被控用户的合法证书来连接其他主机，绕过防御检测，使更多网络用户瘫痪。

10.1.6　命令与控制场景中的应用

　　命令与控制是指攻击者在长期潜伏之后开始大规模执行攻击任务，此时被攻击者与攻击者已经建立了命令控制（Command and Control，C&C）信道，该通道既可用于窃取目标计算机上的信息，也可以向恶意软件发送远程指令。

　　攻击者的攻击目的大致分为两种，一种是以控制系统作为攻击跳板，进一步渗透；另一种是获取系统的数据资源或对控制系统发起攻击。此时，人工智能技术被广泛应用于建立攻击者与被攻击者的 C&C 信道。比如，新型智能化僵尸网络体系结构，会利用多中心或去中心区块链技术来提高攻击行为的隐蔽性和抗检测性。

10.1.7　目标达成场景中的应用

　　目标达成是指攻击者可能会实施破坏，消除攻击痕迹，使取证者难以查证攻击。在数据传输过程中，常常会用一些常见的公开加密协议对数据进行加密，以逃避网络中安全设备的检测。

攻击者通常利用一些前期已在系统中植入的后门长期控制被控主机与之进行通信，向被控主机发出命令进行相应的数据窃取操作或木马后门升级销毁命令。攻击者利用人工智能方法进行伪装拟态逃逸，借助模仿常用用户、程序、常用协议或正常系统调用、销毁行为日志，进行 Rootkit 隐匿等，使取证者无法取证或获取伪证。

10.2　人工智能在网络防御中的应用

人工智能的网络防御能够发现、抵御、分析高级持续威胁等，在检测、预防、评估等安全功能上有着广泛应用。

10.2.1　网络威胁检测场景中的应用

在网络威胁检测场景中，运用人工智能中的模糊信息识别、规则产生式专家系统、数据挖掘和神经网络等技术，可提升网络威胁的检测效率，并且可以最大限度地抵御病毒入侵所带来的潜在威胁。目前，神经网络、分布式 Agent 系统、专家系统等都是网络威胁检测场景中的人工智能应用。

麻省理工学院计算机科学与人工智能实验室（CSAIL）与从事机器学习技术的新兴公司 PatternEx 联合推出的人工智能网络安全系统（Artificial Intelligence & Analyst Intuition，AI2）。研究团队结合分析员经验与机器学习技术，构建了"人机持续交互，机器不断学习演进"的网络攻击检测系统。

美国 Vectra 公司的主打产品 Cognito 是使用人工智能技术对网络攻击者进行追踪的威胁检测和响应平台。Cognito 利用机器学习、行为分析等方式，发现未知攻击者及其隐藏的恶意行为，如远程访问工具、隐藏隧道、后门、凭证滥用和泄露，同时监视和检测授权用户对关键资产的可疑访问，以及与使用云存储、USB 存储和其他隐藏方法将数据转移的违规行为[2]。

10.2.2　预防恶意软件场景中的应用

在预防恶意软件场景中，通过人工智能的机器学习和统计模型，可寻找恶意软件家族特征，预测进化方向，提前进行防御。目前，市场上的认知防病毒系统、人工智能驱动恶意软件识别产品等都是预防恶意软件场景中的人工智能应用。

Spark Cognition 公司的"认知"防病毒系统 Deep Armor 是一种预测性安全模型，带有用于恶意软件攻击代理和机器学习检测引擎，可准确发现和删除恶意文件，抵御恶意软件、脚本和武器化文档的攻击。

Cylance PROTECT 是一款恶意软件防范软件，它利用数学模型为文件给出其风险因素，基于该风险因素，通过机器学习算法辨别"好"文件与"坏"文件，使用可扩展的大数据架构，从中识别文件模式。

10.2.3　网络安全态势感知场景中的应用

在网络安全动态感知场景中，利用人工智能的机器学习、深度学习等算法，可发现并识别网络攻击数据中的潜在规律，并输出所需的预测信息，进而评估这些网络攻击的危害和潜在威胁[3]。目前，智能专家系统、神经网络预测等都是网络安全态势感知场景中的人工智能应用。

蓝盾公司推出的态势感知平台结合机器学习、关联分析、失陷主机等技术，实现网络安全的感知、预测和响应。华为公司的态势感知（Situation Awareness，SA）是一个云安全管理与态势分析平台，利用人工智能技术将海量云安全数据进行分析并分类，通过综合大屏幕将数据进行可视化展示，集中呈现云上实时动态。

10.2.4　漏洞挖掘场景中的应用

在漏洞挖掘场景中，运用人工智能的深度学习、自然语言处理技术，可主动挖掘未知漏洞、探测与发现漏洞，增强管理漏洞和修复漏洞能力，实现从漏洞发现到漏洞修复的闭环。目前的自动化安全漏洞挖掘、智能安全漏洞程序分析、自动化漏洞利用等都是漏洞挖掘场景中的人工智能应用。

极光无限推出的基于图神经网络的人工智能自动化漏洞挖掘系统——"维阵"，能够对二进制文件的控制流图（Control Flow Graph，CFG）进行漏洞挖掘分析，着眼于目标文件中的函数、库函数及各种间接跳转，获得程序的控制流图的节点，结合反汇编的代码或脚本语言，识别出可疑的汇编代码序列，从而发现未知漏洞。

10.2.5 自身安全评估场景中的应用

在自身安全评估场景中，主要验证人工智能自身的安全性、人工智能攻击和防御算法的有效性。微软的人工智能安全风险评估工具 Counterfit，可以帮助开发者测试人工智能和机器学习系统的安全性，确保使用的算法可靠和可信。

基于 GitHub 开源的算法库（Adversarial Robustness Evaluation for Safety，ARES），清华大学联合阿里安全、Real 人工智能发布的人工智能攻防对抗基准平台，能够对人工智能算法的攻击结果和防御结果进行排名，比较不同算法的性能，从而可以自动评估人工智能防御和攻击算法。

10.2.6 工业互联网场景中的应用

在工业互联网场景中，将人工智能的语音识别、图像识别、知识图谱和自然语言等与工业场景、机理、知识相结合，可促使工业互联网形成数据优化闭环，实现设计模式创新、生产智能决策、资源优化配置等多场景系统化的创新应用[3]。目前，预测性维护、智能质量检测、智能安全监管、智能助手、产品质量回溯等是工业互联网场景中的人工智能应用。

德国 KONUX 公司结合智能传感器及机器学习算法拟合设备运行的复杂非线性关系，进而构建能够提升工业设备故障预测准确率的运行模型。创新奇智的 ManuVision 工业视觉平台，将传统视觉技术和深度学习视觉技术相结合，具备 2D/3D 视觉引导定位、缺陷检测、缺陷分类、有无检测、微米级尺寸测量、ID 字符读取等多种功能。

10.3 本章小结

人工智能技术被广泛应用于网络空间中的攻防两端，都发挥出重要的作用。本章将经典网络杀伤链中的七个阶段转化成七个攻击的应用场景，分别描述了第 3 篇中人工智能网络攻击技术的应用情况，又结合威胁检测、恶意软件、漏洞挖掘等常用的网络安全场景，分别描述了第 4 篇中人工智能防御技术的应用情况。

本章参考文献

[1] SHAIK SALMA T R. Intelligence Driven Computer Network Defence by Intrusion Kill Chain[J]. International Journal of Computer Trends & Technology，2013，4（4）：18-21.

[2] 单垚，姚羽. 基于机器学习的工业互联网安全及动态防御方法研究[J]. 保密科学技术，2020（5）：32-37.

[3] 刘伟，王赛涵，辛益博，等. 深度态势感知与智能化战争[J]. 国防科技，2021，42（3）：9-17.

[4] 宋颖昌. 人工智能在工业互联网平台的四大应用场景[J]. 网络安全和信息化，2020（8）：54-57.

第 11 章　人工智能在各领域的安全应用

人工智能除在网络空间中的应用外，在国家重点行业领域也得到了创新性和革命性的应用，不断推动各行各业朝着"行业+智能"的方向快速发展，尤其在解决安全问题方面发挥了重要作用。本章主要介绍人工智能在政务、能源、交通、金融、医疗、教育领域的安全应用。

11.1　人工智能在政务领域的安全应用

2021 年 3 月，国家发布的"十四五"规划中指出要加强"数字政府建设"，作者认为这有两方面的含义，一是政府通过全国一体化在线政务服务平台——国家政务服务平台来处理政务事项；二是政府要建设数字城市，数字城市的具体载体可以是利用城市空间信息资源构筑虚拟化的政务信息平台，通过该平台为社会和民众提供广泛的服务。

在安全方面，既要保障政务服务平台和政务信息平台自身的安全，也要保障公共领域的安全。

对于保障政务平台的安全，验证识别、检测防护等是人工智能的主要应用，主要采用人工智能中的机器学习、深度学习等技术实现。

公共领域中的安全主要包括社会治安、生活安全、生产安全、食品安全、生态安全等。公众活动安全、犯罪侦查、灾害监测预警等是人工智能的主要应用，主要采用人工智能中的深度学习、计算机视觉、音视频/人脸等识别技术实现。

11.1.1　在政务平台的安全应用

当前高级持续性威胁（Advanced Persistent Threat，APT）攻击是网络攻

击中破坏程度较高，也是非常频繁的攻击之一。依据腾讯安全的研究报告，政府是 APT 攻击的重灾区，占比 17% 以上。

现有传统安全系统存在产品堆砌、防御失效、响应缓慢、联动性差等问题，因此需要借助人工智能技术来保障政务平台的安全，针对 0Day、APT 攻击等各个环节实现全面感知、检测、分析、研判、防御，预测、降低、消除网络攻击行为。

1. 人工智能验证识别的安全应用

身份验证、异常行为识别等是人工智能在验证识别中的主要安全应用。

1）身份验证

身份验证向使用政务平台的用户提供动作、模式和生物识别技术的身份验证方式，确定不同用户的访问权限。其中，生物识别技术就运用了人工智能技术，指的是利用虹膜、指纹等人体特征进入政务平台。

广东省"数字政府"移动民生服务平台"粤省事"，运用人工智能技术的"实名＋实人"身份核验登录，为政务平台的合法用户提供多重智能安全接入，有效阻止了黑客和攻击者的入侵。

2）异常行为识别

异常行为识别运用人工智能中的人脸识别、语音识别、指纹识别等技术对使用政务平台的用户的照片、语音、指纹等进行分离，结合深度网络、聚类算法对海量背景信息聚类，可以自动识别疑似不法用户。

异常行为识别应用深度学习技术对政务平台用户的使用行为进行大数据分析，通过深度卷积网络、基于熵的特征权重算法凝练用户模型特征，使用基于两层注意力机制的深度学习模型，对海量用户行为数据建模，使用深度神经网络挖掘用户行为模式，识别不法用户。

在深圳南山区智能视频大数据汇聚共享平台上，政府各部门可运用视频资源进行全面实时智能化管理，第一时间掌握区域内人员的各种异常风险行为，可将危险消灭于萌芽之中。

2. 人工智能检测防护的安全应用

威胁预测与检测、智能安全威胁分析与预警等是人工智能检测防护的主要安全应用。

1）威胁预测与检测

威胁预测与检测主要有以下六方面的应用。

（1）威胁预测：基于人工智能的自动化软件在攻击威胁发生之前进行预测并创建特定防御，时刻保持高度警惕。

（2）入侵与内部威胁检测：面对新型攻击的入侵行为和内部威胁，人工智能的自动检测对这些行为数据进行有效分析，查找模式并识别网络中的异常行为，实时检测动态威胁，阻止和防御新型攻击。

（3）恶意软件检测：人工智能可以实现高效、健壮和可扩展的恶意软件识别框架，从而识别恶意软件的各种变体并及时阻止其在网络中传播。

（4）垃圾电子邮件检测：可靠、强大的人工智能反垃圾电子邮件筛选器对大量网络钓鱼、尼日利亚王子病毒等电子邮件进自动学习、识别和生成新规则后，实现对各类垃圾电子邮件的检测。

（5）0Day 检测：通过机器学习技术的人工智能系统能够自动识别、检测、预防 0Day 攻击和漏洞的异常行为。

（6）代码漏洞检测：采用人工智能框架扫描、检测、分类和报告成千上万的新软件漏洞或不良编码，并在威胁参与者采取行动之前自动识别潜在漏洞。例如，通过机器学习、NLP（自然语言处理）等技术有效解决由僵尸主机、DGA 攻击、流量基因图谱、恶意外联流量、未知的病毒木马等引起的网络安全问题，实现对网络的威胁检测、安全监测、发现预警、通报处置及追踪溯源。

上海市政府的网络安全监测与应急处置网络平台全天候、全方位监测城域互联网交互节点、区政务外网出入口、重要信息系统互联网出入口等重要网络节点，在不影响正常连接、不读取通信数据的前提下，运用多种统计及机器学习算法捕捉病毒、恶意代码、异常行为等威胁。

2）智能安全威胁分析与预警

智能安全威胁分析与预警作为政务平台的运维管理子平台，通过人工智能的机器学习、自然语言处理等技术实现政务平台安全威胁的发现、分析预警、通报处置、追踪溯源及可视化呈现。

湖南省政府建设的"城市大脑"，利用公共安全智能化监测预警与控制体系、立体可视化智慧城市管理平台等，对在公共网络中存在的各种安全威胁行为数据进行全量采集、智能分析和实时预警。

11.1.2　在公共领域的安全应用

借助人工智能技术对多源异构大数据进行耦合汇聚，将使公共领域的安全问题数字化、模型化，提高其行业性、系统性、区域性安全风险因素的甄别、感知能力，以及在安全风险发生时的分析、预测、预警能力，由"事后诸葛"决策模式向"事先预测"决策模式转型升级。

1．大型公众活动场景

在大型公众活动中，由于参与人员众多，容易出现踩踏等群体性事件。运用人工智能中的计算机视觉技术，在公众活动现场部署摄像头，后台智能监控系统可以根据活动现场的大数据智能监控人流拥挤程度及突发事件，在第一时间调配警力维持秩序，保护人民群众的生命财产安全[1]。

百度研发出一种算法，将百度地图路径搜索数据进行汇总，再与目标地点的人口密度进行关联后，可以预测特定时间、特定地点的人群聚集，当达到规模阈值时向旅游部门、当地政府和体育及娱乐场所经营者发送预警信息，以避免大规模人群聚集可能引发的公共安全威胁。

除了可以预防大型公众活动的"人挤人"安全问题，人工智能识别系统在公众场合的打架斗殴暴力事件、网络主播的监管等方面也发挥了重要作用。

2．犯罪侦查场景

身份核验、视频监控、视频分析是犯罪侦查场景中主要的人工智能安全应用。

1）身份核验

身份核验主要有以下两种应用。

（1）对可疑人员的位置进行定位和轨迹跟踪。人工智能的人脸识别技术可通过将预先输入的可疑人员目标参数信息与画面中所出现的人员信息进行实时比对，当相关性达到一定程度时将该人员列为可疑目标，后台获取该人员的位置定位并实现轨迹跟踪。另外，可以运用智能机器人对犯罪嫌疑人的现场足迹进行勘查提取和检验，警务人员能够依据这些数据进行案件侦查，进而最终完成人身认定[2]。例如，厦门警方通过智能大数据系统发现在商场有人和某通缉犯的相似度达到 97.33%，并显示其位置和行动轨迹，于是实施抓捕行动。

（2）对可疑人员的身份证进行验证。人工智能的图像识别系统将采集的人像图片与其所持有效身份证件的照片进行比对，不仅可有效核对人、证是否一致，还可将核对的身份信息与后台数据库碰撞比对，实现向公安机关发送可疑人员的实时报警，从而有效助力公安机关的身份核查、刑事侦查、安全检查等工作，极大地提升了工作效率，并减少了警力投入。例如，2017 年，一名涉嫌 5 亿元金融诈骗案、潜逃 2 年多的犯罪嫌疑人持假身份证进入某省，在人员密集处被智能安防预警系统比对成功，警方在 10 分钟之内将其抓获。

2）视频监控

运用人工智能的视频监控系统已经在我国的公安领域全面部署，尤其适用于多地区、多部门联合抓捕的场景，能够通过计算机对重点区域的目标人员进行监控，警方依据视频内人员的特征可在短时间内实施抓捕。

视频监控系统一般由在机场、火车站、公共道路等公共场所的视频监控摄像头、后台视频数据存储和分析设备组成。摄像头将监控视频实时传送至后台数据中心，数据中心运用人工智能的机器学习、深度学习等技术对视频范围内人员的特征进行比对，并发出报警信息。

2018 年，警方在某演唱会现场，通过智能视频监控系统的人脸识别功能，抓获 6 名逃犯和其他违法犯罪人员 13 人。另外，在海关稽查方面，人工智能视频监控系统可以帮助识别重点人员及重点物品，提高打击走私及携带违禁物品的效率。

3）视频分析

运用人工智能中的计算机图像视觉处理、模式识别和机器学习等算法，对视频内容进行结构化处理，识别、分析目标信息，提供基于分析结果的以图搜图、画图搜索、实时轨迹追踪等功能，可帮助警方更快发现关键事件，进而更快采取行动。

借助视频分析，采用工智能步态识别技术，通过对连续运动影像解析空间位置、身高体态、运动模式、衣着特点等特征，可以识别并锁定犯罪嫌疑人。

例如，河南公安部门调取一起抢劫案发前 15 天的监控录像，对 3000 多小时的视频进行分析，33 小时后通过步态识别算法系统提取出一名可疑人员，数天后成功将其抓获。

3．自然灾害场景

自然灾害主要包括气象灾害、火灾灾害、洪水灾害、地震灾害及滑坡、泥石流灾害等。

1）气象灾害场景

人工智能算法可把计算机的预报结果自动修正到与实际观测数据更接近，对突发灾害性天气强化实时监测分析和进行短时临近预报预警，推动天气预报数据计算结果精准度和计算速度提升，提高气象服务保障水平，有助于为政府、行业的重大活动和重大保障提供决策参考。

IBM 为加拿大 Hydro One 电力公司开发的风暴智能预测工具，可以通过分析气象实时数据，预测风暴灾害的严重程度和严重区域，从而帮助该公司提前部署电工，以帮助受灾城市快速恢复供电。

中国气象局公共气象服务中心运用机器学习、深度学等人工智能方法，在强对流概率预报、0～2 小时降水临近预报、台风路径预报等方面处于世界领先地位。

2）火灾灾害场景

火灾灾害场景中的人工智能安全应用主要有如下三方面。

（1）火灾预警机器人采用深度学习、卷积神经网络检测技术实现烟雾检测，能够对场所进行自动巡检。例如，中信重工研发的消防灭火侦查机器人，可实时检测环境中的有毒气体、可燃性气体的浓度，通过红外成像仪对周围温度异常的热源进行检测，以及时排除火灾隐患。

（2）将带有自适应功能的智能机器人放入火场，对火场内部的实际情况进行拍照、录像，从而帮助消防人员探明火场内部情况，为后续灭火工作提供支持[3]。例如，日本东京消防厅的带红外图像监测设备、烟气浓度检测设备、温度探测设备的智能机器人，可传输现场图像，探测环境温度、烟雾浓度、着火点位置等。

（3）消防员配备便携式定位设备和各种智能传感器，既能让消防员在火灾现场自主定位并按照最优路线进行救援，也能将火场信息通过无线网络传送至远程控制终端，由后台采用机器学习算法进行火灾预判分析及选择最佳灭火点，指导消防员科学开展救援工作。例如，美国 Qwake Technologies 的增强现实（Augmented Reality，AR）消防头盔，包含热成像摄像头、毒性传感器、边缘检测器和 AR 显示屏，同时具备实时导航功能，可帮助消防员实现资源的快速调动和管理，有效提升救援速度。

3）洪水灾害场景

运用人工智能中的深度学习、卷积神经网络、粒子群、遗传算法等，可实现河流洪水风险识别、动态模拟、灾情评估预报与资源调度。

英国邓迪大学的研究人员利用自然语言理解等人工智能技术，分析从 Twitter 中提取的社交数据，来判断洪水灾害侵袭的重点区域和受灾程度，以为政府救灾部门提供支持。

欧洲洪水意识系统（Europ Flood Alam System，EFAS）基于社交媒体洪水风险指数（Social Media Flood Risk Index，SMFRI），同时通过 Twitter 用户的实时报告做出反应预测。

4）地震灾害场景

采用深度学习、神经网络、机器学习方法检测预测地震，识别深部孕震构造特征、快速获取震源机制解和震源谱等震源深处信息、探索地震破裂规律、揭示地震孕育的动力来源，能够显著减少人员伤亡和经济损失。

2021 年，云南漾濞发生 $M_S6.4$ 地震，人工智能实时地震处理系统在震后 $2\sim4\text{min}$ 内列出地震目录，检测出的地震数量比人工多 $2\sim3$ 倍，定位精度与人工处理结果相当，震级测量误差小，震级处理下限可达 $M_L0.0$ 级左右[4]。

5）滑坡、泥石流灾害场景

通过对滑坡、泥石流等地质灾害相关的地形变化、降雨量等数据进行深度学习训练，预测山体倾斜趋势，在滑坡、泥石流发生前就能及时发出明确预警信号，辅助应急救灾。

日本大阪大学的预测泥石流发生的人工智能系统，主要利用天气预报信息，分析降水量和降水时间，再结合安置在山体、河流中的传感器数据，可计算出泥石流发生的概率并预警。这种人工智能系统将泥石流灾害的预报时间，从提前几分钟提升到提前几小时[5]。

2021 年，长安大学的地质灾害监测预警平台运用人工智能的深度学习算法对陕西某山区居民聚居点在 10 万立方米黄土坡滑坡之前 6～7 小时发出了红色预警，避免了人员伤亡。

11.2　人工智能在能源领域的安全应用

随着物联网、大数据、人工智能等新技术发展及应用场景不断拓展，能源领域的数字化转型加速推进。能源企业通过使用新兴信息技术，充分挖掘和利用能源全生命周期数据价值，优化自身决策输出，提升能源生产、传输、交易与消费的运营效率，最终提升经营效益、资源利用率和安全性。

在安全方面，主要借助人工智能技术和产品打造更为完善的安全管控体系，搭建能源领域立体、智能的风控运营管理体系，为建设能源互联网提供安全基础，实现"安全状态可感知，安全问题可发现，安全策略智能化"。

11.2.1　在电力行业的安全应用

在电力行业的输、变、配、用、调等安全生产过程中，运用计算机视觉、知识图谱、自然语言处理、语音识别、文字识别等人工智能技术，是实现电力行业智能 2.0 的关键。

在安全方面，安全生产、安全运维和安全管理是人工智能的主要应用。

1. 电力生产场景

设备安全运行、态势感知和紧急控制及电力系统安全运行控制是电力生产场景中的典型人工智能安全应用。

1）设备安全运行

通过深度学习建立设备运行数据与状态间的关联模型，采用云模型给出可切换时变设备停运模型。基于大数据深度学习的人工智能计算机，根据线路巡视的视频和图片，可自动识别损坏的绝缘子，结合 GPS 系统还可知道故障设备位置，可用于识别故障电力设备（外观破损、龟裂、变色、变形）。

采用机器学习方法，适应不同设备类型、不同电压等级、不同运行年限、不同运行环境、不同运行季节等的输变电装备评估模型。

以国家电网继电保护设备为例，目前 220 kV 及以上继电保护设备已达18.7 万套，电网第一道防线较为完备；构建了保护设备状态评价、智能整定与在线校核、在线监视与智能预警三大支撑平台，实现电网信息的自动采集和智能诊断，具备电网故障快速分析处置能力。

2）态势感知和紧急控制

通过专家系统建立相应知识库，利用深度学习技术实现海量数据分布式实时流处理。

南方电网的电力监控网络安全态势感知主站系统和分布式采集装置，可实现网络安全实践可发现、可控制、可溯源，并大规模工程化应用，投入试运行后辨识并处置了多起网络安全异常事件，提升了电力监控系统网络安全防护技术水平。

国家电网山东电力公司基于灾害链情景的耦合驱动，分析研判、智能调拨、协同标绘，实现协同处置进程的智能分析和动态修正。电网防灾减灾综合监测预警系统，可实现电网突发事件"综合感知→智能预警→动态标绘→辅助决策→科学指挥→跨域协同"的全链条标准化管理，为保护电网安全、维护电网连续运行提供了技术支撑。

3）电力系统安全运行控制

利用人工神经网络的非线性拟合、深度学习的数据挖掘和特征提取等技术实现智能电网安全运行控制目标。

国家电网的智能电网调度控制系统，在各级调控机构部署主站系统，接入厂站的实时监控数据，实现 35 kV 以上厂站实时监控；接入广域相量测量装置，实现 500 kV 主网及 220 kV 枢纽变电站故障动态感知[6]。

2．电力运维场景

智能安全巡检、实时状态监测与网络视频监控是人工智能在电力运维场景中的典型安全应用。

1）智能安全巡检

智能安全巡检主要通过机器人、在线检测装置、带电检测仪器等智能设备，实现复杂设备部件、运行状态实时动态监测，并将监测数据上传，然后通过图像识别、声纹识别、人脸识别等人工智能技术对检测数据进行实时分析，实现缺陷异常智能识别，提供设备安全诊断、人员管控。

巡检机器人利用安装的可见光摄像头、红外热像仪、温湿度计、测振仪等传感器，在规定时间和路径范围内采集设备的图像、温度、湿度、振动等信号，以此判断设备健康状况、环境监测等，实现变电站综合状态全息感知、多源数据联动分析、故障缺陷智能研判、全局安全主动防御，可缓解变电站运维压力，提高巡检工作效率和质量，推进变电站实现无人值守。

美国 Spark Cognition 公司将解析学、传感器和操作中产生的数据相结合，利用人工智能方法分析燃煤电厂的发电量，提前预警电力系统的最大负荷。

深圳供电局应用的人工智能边侧视频巡检系统，改变了传统的人工巡检模式，有效保证了输电线路安全稳定运行，巡检效率比人工提升 80 倍，并能及时发现传统人工地面巡检不易发现的隐患点，识别准确率大大提高。

2）实时状态监测与网络视频监控

实时状态监测与网络视频监控主要运用机器学习和大数据分析等实现无人值守、云端化存储、故障检修、隐患保修、危险预警等安全运维管理。

辽宁电力有限公司构建的调度运行监控中心，实现了信息安全一体化联合防御和应急处置、信息通信资源的统一调度、信息通信系统的实时运行监控等，以确保信息通信系统安全运行。

3．电力管理场景

人员安全管理、智能安防是电力管理场景中的典型人工智能安全应用。

1）人员安全管理

人员安全管理主要利用无人机或地面系统的闪光激光雷达（也称 ToF 照相机传感器）的物体扫描、测量距离、室内导航、避障、手势识别、跟踪物体、测量体积、反应式高度计、3D 摄影等功能，精准定位人员实时位置。

通过实时位置信息、巡检路线规划、轨迹回放、电子围栏、SOS 告警、人员数量统计等功能，实现对电厂区域作业管理、高风险作业监控、到岗到位管理、巡检过程管理等，保证现场人员行为可控、位置可视，有效提升了电厂区域人员安全管理水平及生产管理效率。

国家能源谏壁发电厂的高精度人员安全管理系统，通过在电厂生产区内布设有限数量定位基站，实时精确地定位现场人员位置，实时发现现场人员位置错误报警、心率突变报警、人员呼救报警，可零延时地将人员位置信息和上述报警信息显示在集控中心，实时向现场人员发送各种提示信息，进行安全区域管控、目标对象在岗监控。该系统成功应用于锅炉炉膛内部和脱硫吸收塔内部检修时的人员安全监控，电厂管理者可实时在线监控现场人员生命体征异常、跌落事故、走错区域等风险，实时收到人员的呼救信息，从而大幅预防和减少人员伤害事故的发生，也可以预防和减少误操作等原因造成的设备事故，使生产经营活动得以顺利进行[7]。

2）智能安防

智能安防采用人员身份识别、可穿戴设备和生物识别、视频和图像处理、人员和车辆定位、三维数字化建模等技术，对电厂各个区域实行分类授权管理、重要设备定位、人员及车辆管控、各类作业过程视频监控等，实现对电力生产中密切相关的人员、车辆和各类工/器具的全方位集中管控，整体提升电力行业的安全管理水平。

回钦波提出的生产现场智能安防系统[8]，基于物联网、互联网、人脸识别、人员车辆定位等技术，探索出一种安全智能安防管理体系，可用于火力发电行业安全措施业务、检修作业业务、缺陷汇报与提醒业务、危险源上报与智能提醒业务、人员进出厂防尾随需求、车辆进出厂管理等，实现对火力发电各厂全过程操作的风险预防、事件控制、监督管理。

11.2.2　在煤炭行业的安全应用

煤炭行业属于高危行业，煤炭开采的生产设备、安全防护措施和环境安全监测防控均是影响安全生产的重要因素。人工智能技术的兴起给煤炭行业带来了新活力，大大提高了行业的安全性和高效性，为煤炭行业的转型升级提供了技术支持。

1. 煤矿安全设备及仪器仪表

将微处理器等微型芯片技术应用到煤矿安全设备及仪器仪表中，通过设置特定程序，利用模糊控制技术对机械设备进行精细控制，即可实现满足要求的精确度的效果。

传统控制技术需要手动输入各项数据，以建立清晰的数据模型，利用新兴模糊控制技术，工作人员只需确保输入正确数据，就能得出准确调查数据，并且数据误差一般不会超出提前确定的合理范围。

通过计算机构建一个覆盖全井的信息网络，可以快速高效计算各处的相关参数，实时掌握机器运动状态。利用网络连接，可实现远距离精准操控，并可以指挥多个机器共同工作，减轻劳动，也降低了人员发生危险的可能性；而利用其收集井下数据建立模型和数据库，可供其他矿井参考学习和借鉴经验，为更高效的开采打下基础。

国家能源集团神东煤炭集团投入使用的超大流量乳化液泵站，加装了乳化液浓度精确配比和在线监测系统，应用乳化液泵智能保护系统，能够监测曲轴箱油温和油位、润滑系统油压和流量、乳化液浓度、温度和液位、系统压力、爆管、冷却水通断、管路阀门开闭等状态，实现系统智能联动和实时监测。

2. 5G 煤矿安全态势感知

基于云、边、端架构和人工智能技术的"煤矿大脑"平台，为煤矿高危行业形成安全生产智能感知网络，可对煤矿企业安全生产的各个环节、各类应用场景进行智能感知，实时读取并上报各项风险数据；同时以机器代替人在高危作业区工作，让作业人员远离危险区域；通过监控感知人员不规范行为，杜绝人为风险因素。

阳煤集团新元煤矿是"5G 智慧煤矿"，目前实现了国内地下 534 m"超千兆上行"煤矿 5G 专用网和煤矿智慧化管理。

陕煤集团张家峁公司进行 5G 基站的布置和应用组网，实现了煤矿矿井无人化、自动化、可视化运行，降低了工作人员的劳动强度和风险，提高了巡检质量、效率与远程安全操控的精准性，有效降低了危险作业区域的安全事故发生率，同时也节省了大量人力、物力[9]。

3. 煤矿综合监测系统

煤矿综合监测系统通过专家系统、神经网络学习、图像识别、无人机巡检等先进技术，集通风在线监测、顶板压力状态监测、火灾瓦斯等灾害监测、电网情况监测、生产监控和信息管理等多系统为一体，实现安全系统和矿井生产控制监测与诊断，以及智能手机和网上报警对生产系统全程监控的分布式预警系统。

司马煤业公司的 KJ95N 型煤矿综合监控系统，主要用于监测甲烷、风速、负压、CO、温度、风门开关等环境参数，也可监测煤仓煤位、水仓水位、各种机电设备的开/停和电压、电流、功率等电量参数，系统具有瓦斯超限报警、故障闭锁、风电闭锁等功能。环网自动化综合平台以千兆工业环网为依托，集主扇系统、压风系统、皮带秤系统、6 kV 变电所系统、35 kV 变电所系统、工业电视系统、皮带集控系统、井下电力系统、人员定位系统、矿压监测系统、水泵房集控系统、水文监测系统为一体，采用通信与控制领域的人工智能新技术，实现统一控制管理，使整个系统配置合理、信息共享、安全可靠，提高了生产指挥效率[10]。

4. 智能无人化综采工作面

利用机器人、文字识别、深度学习等人工智能技术，融合精确感知、远程遥控、视频监控、采煤机记忆截割、全工作面跟机自动化等技术手段，可实现工作面无人操作、监控中心或地面远程操控的采煤模式，解决了综采工作面生产设备效率低、生产人员安全系数低的行业问题。

陕煤黄陵一矿 1001 综采工作面内只有 1～2 人巡视，减少了 80%的一线作业人员，改善了回采工作面的安全生产条件，降低了操作工人的劳动强度，提高了生产效率，在同等地质、生产技术条件下提高了产量。

11.2.3　在核电行业的安全应用

核电具备发电效率高、清洁无污染的特点，成为替代化石能源发电的重要选择。以"数字矿山、智能制造、数字（智能）核电、智慧经营"为主线的行业科技发展路径成为必然，在核能领域全产业链建设实现铀矿勘察开采的全数字化、可视化平台，核燃料智能生产与元件智能制造平台，核电设计与建造一体化、数字化、全寿期平台。核电站危险性较高，一旦发生事故将导致极其严重的后果，在核电站应用人工智能技术，能够最大限度地保障核电站的安全。

1. 人员不可达区域

在高辐射区域，人员不可达，使用专用工业机器人、空中无人机、水下小型无人航空器或地面无人驾驶等技术手段，可实现危险环境信息探测、信息采集、监测及安全运营等，主要应用如下。

（1）利用专业工业机器人，可完成诸如环境检测、水下焊接、筒体内壁爬行视频检测、应急救援等操作。多旋翼小型无人飞行器，可应用于高辐射区域的近距离、多角度视频传输，辐射剂量实时探测及特殊情况下的全厂鸟瞰图像收集、网络信号中继等服务，可提高特殊情况下的协同处理效率，保障核安全。

（2）利用水下小型无人航行器、水下焊接机器人等无人智能设备，可在大量人员不宜到达区域、水域完成精细操作，提升核电运行安全水平。使用视觉传感器、毫米波雷达、激光雷达、超声波多传感器及全球定位系统、高精度地图等构建融合技术体系，陆地无人自动驾驶车辆可以应用在露天铀矿开采区，承担人类无法完成的危险运输任务[11]。

（3）日本福岛核事故发生后，抗辐射机器人发挥了重要作用。其中，美国 iRobot 公司的 PackBot 机器人用于现场辐射量检测，通过光纤传回现场情况和辐射数据；英国 QinetiQ 公司的 Talon 机器人利用搭载的 GPS 全球定位系统绘制福岛现场放射线强度图；日本的紧凑型双臂重型清洁机器 ASTACO-SoRa 成功移除了核电站上带有辐射的碎石。

2. 人员和设备安全监测

基于深度学习的图像识别技术，可探查核电站中各个机组的运行情况，对放射性物质进行监控，有效保障核电站员工的生命安全。即在一些危险区域内，安装人工智能系统对危险区域内的核辐射量、机械运转情况进行分析监控，实现 24 小时运转，进行快速、高于人类准确率的核级焊缝 X 射线探伤识别，并为维修人员的养护维修工作提供相关依据，提高核电站维护效率。工作人员可以穿戴人工智能设备，通过对放射性矿物的有效监测发出危险预警，且人工智能系统对这些放射性物质使用寿命进行预测，使核电站能够有充足的时间准备后续核能发电材料，以提高核电站运转效率。其主要应用如下。

（1）美国西屋公司的可扩展开放智能技术平台，通过传感器对单个部件、多个核电机组监测，将监测到的数据传输到后台服务器上，利用大数据技术实现故障预测与策略制定。

（2）美电力科学研究院使用故障预测与健康管理系统，对本国多座核电站进行实时监测。

（3）法国电力集团实施"利用永久性状态监测实现状态检修"计划，为核电站关键部件进行实时故障检测、利用专家系统进行故障评估、向分析中心实时推送监测数据等。

（4）中国核动力研究设计院的反应堆远程智能诊断平台，通过随机森林算法和机器学习的松脱部件触发信号性质智能分类程序，通过人工智能诊断的分析专家系统，实现核电站关键设备故障识别，对松脱部件进行远程监控和故障诊断分析，大大提高了系统诊断分析的质量和效率[12]。

11.2.4　在油气行业的安全应用

油气行业属于典型流程工业，工程质量管理难度很大。在石化行业的大型工程项目管理过程中，基于 5G 专网、物联网、人工智能和边缘计算等技术融合进行管理，可以很好地解决人员合规、行为识别、生产安全管控、环境风险感知、风险预警、实时告警等痛点问题，有广阔应用前景和价值。

1. 设备预测维护

将机器学习、计算机视觉、自然语言处理技术广泛应用于设备预测维护、智能巡检设备、能耗监测等场景，可提升石化企业工程质量标准化管理水平。

壳牌公司运用实时传感器数据、大数据分析和机器学习进行设备预测维护。

英国石油公司（BP）与通用电气联合开发的工厂运营顾问，对设备运行数据进行智能化分析，可实现对设备故障的提前预警。

道达尔的钻井风险实时预测分析系统，可提前预测钻井故障，减少非生产时间；自主巡检机器人可进行自主巡检、智能识别和管理异常事件，在恶劣环境中运行和监测运行环境。

九江石化与石化盈科、清华大学合作，应用人工智能技术对催化裂化装置进行报警合理化和预警辅助决策，可在关键报警发生前数分钟内，向生产人员发送预警信息，对异常工况进行原因诊断，并提供排除异常工况的建议措施，对预防重大事故或非计划停车起到了关键作用[13]。

2. 勘测开发

运用知识图谱、机器学习等技术建立智能协同研究环境，实现人工智能在数字化转型中的实践。

道达尔与谷歌签署战略协议，重点开展油气田地质数据分析、快速地震成像和技术文件分析自动化等方面的应用建设，辅助专家更快、更准确地评估油气田[14]。

贝尔蒙特科技（Belmont Technology）有限公司融合物理、地质、历史和油藏信息的地球科学云平台，为英国石油公司（BP）提供独特的"地下资产图谱"。

中国长庆油田苏里格气田，运用智能巡检机器人实现远程成像和参数采集，并结合智能排采模块和系统软件进行智能化分析。

3. 安全预警

采用知识图谱、专家系统等技术融合应用形成智慧安全监管解决方案，可有效解决传统方案在排查和控制风险方面力度不足的问题，可防患于未然，显著提升安全监管效能。

贝克休斯公司的 Lumen 甲烷监测预警平台，由地面太阳能无线传感器网络和无人机空中监测系统连接组成，这些系统能够将实时数据从传感器传输到基于云的软件仪表盘，准确高效地监测甲烷排放和泄露，同时在搜索引擎中使用机器学习和算法实时提供甲烷浓度数据，以及任何泄漏的速率和位置。

Seadrill 公司的海上安全预测预警系统，结合激光雷达、人工智能与先进边缘计算技术，监控潜在危险并提供预警，实现更安全、更高效的作业，不仅可以持续监视钻台，还可以临时监视平台上的任何区域，以提高安全性。

11.3　人工智能在交通领域的安全应用

人工智能在交通领域也有广泛应用，如通过深度学习、自然语言、生物读取等人工智能技术实现无人驾驶。在安全领域，人工智能技术与交通产业深度融合，大幅提升了城市交通运营效率、服务水平和安全保障能力。

11.3.1　路面交通场景中的安全应用

违章/交通事故抓拍、危险预警、自动安全驾驶等是路面交通场景下的典型人工智能安全应用。

1. 违章/交通事故

利用图像处理、车牌识别、违章行为识别、抓拍等人工智能技术，可实现对肇事逃逸车辆和人员的有效识别，帮助警方处理交通事故。

2018 年 12 月 18 日在重庆市奉节县朱衣镇发生的交通肇事逃逸案件、2019 年 7 月 12 日在长沙市开福区发生的"7.12"马栏山交通肇事逃逸案件、2020 年 9 月 20 在泰安市宁阳县磁窑镇南王家庄村附近发生的交通肇事逃逸案件等均被公安机关侦破。

2. 危险预警

人工智能通过在车和公路上安装各种传感器实现车路协同，可随时将危险预警信息传送至行驶的车辆，避免由自然灾害带来的交通重大事故。

使用智能交通系统，交通管理人员可查询道路天气数据，对道路使用者发出警告信息，并采取交通控制措施。当洪水、龙卷风、飓风或火灾影响道路安全时，交通和应急管理人员可以限制车辆进入受影响的桥梁、特定车道或整个路段，还可在匝道、车道使用控制标志、闪光警示灯等控制车辆运行。

3. 自动安全驾驶

通过在汽车上配置全球定位系统、陀螺仪、激光雷达扫描仪、全方位照相机、激光标定器、热红外线照相机等，可以有效防止汽车前后方被撞。

美国卡内基梅隆大学的 Navlab 11 自主智能车，车上装有工业计算机，可处理各传感器传来的信息并传输至对象侦测器、路肩侦测器、防撞子单元、控制子单元等。

德国大众汽车公司的"特定车道障碍物预警系统"，由激光测距传感器和影响系统共同监视车辆前方道路情况，在测量车辆前部至障碍物距离的基础上，车载计算机计算出相对于接近车辆的行驶速度，进而预报危险。

11.3.2 海上运输场景中的安全应用

海上交通出行、海上安全监测和无人船舶驾驶是海上运输场景中的典型人工智能安全应用。

1. 海上交通出行

在海上交通管制中使用智能船舶交通服务系统，可预防船舶事故风险，保障海上交通安全。

富士通研究院的 Fujitsu Human Centric AI Zinrai 技术，能够在较短时间内预测在东京湾区域多艘船只之间的碰撞风险。

2. 海上安全监测

利用分布式数据治理、船舶模型训练等智能技术，基于订阅分发的多进程协同处理能力，能够对万艘船只的秒级异常行为进行监测判断。

烟台海事局搜救中心和船舶交通服务系统（VTS）的船舶异常行为自动监测系统，可辅助海事值班员发现并排除船舶交通事故隐患。

3. 无人船舶驾驶

在兼顾航行安全及运营效率优化前提下，采用远程测控技术、互联网技术、大数据分析等智能技术可提升船舶的无人驾驶能力，改进船舶自主控制功能。

英国、挪威、日本等陆续拥有了可国际航行的智能无人驾驶船舶。

11.3.3　航空航天场景中的安全应用

航空气象服务、多传感器融合是航空航天场景中的典型人工智能安全应用。

1. 航空气象服务

在智能机场、无人塔台等运用人工智能技术可有效克服航空气象中的低能见度、临近预报等难点，可提供分钟级别的精准气象预报，提升预报准确率。

华东空管局的智能预报指导系统，基于丰富数据源进行初期算法模型训练，形成航空气象知识库的专家系统，当输入数据更新时会对原有模型不断训练和完善。

2. 多传感器融合

采用专家推理思想确定融合路线与区域，处理相似或不同特征模式的多源信息，获取相关和集成特性的融合信息，建立信息融合性能评估机制，可使多传感信息互补集成，改善不确定环境中的决策过程，提高航空飞行安全。

F-22 综合航空电子系统使用光纤、高速集成电路技术，将飞行相关数据融合并转换为战场情况图像，减小了飞行工作载荷，使飞行员能够全力集中执行指定任务。

11.4　人工智能在金融领域的安全应用

机器学习、生物识别、自然语言处理、语音识别和知识图谱等人工智能技术被应用在金融领域，虽然当前大都属于人机结合形式，但具有非常好的应用前景。金融反欺诈、人员信用评估、支付清算等是典型的人工智能安全应用场景。

11.4.1　金融反欺诈场景中的安全应用

用深度学习、孤立森林（Isolation Forest，iForest）等人工智能技术代替以人工规则为主的体系，可以有效识别已有和未知的金融欺诈行为。

美国费埃哲（Fico）公司的猎鹰网络安全（Falcon Cybersecurity）反欺诈模型系统，能够使各金融机构共享欺诈名单库。

中国银行的"网御"实时反欺诈平台，可覆盖事前、事中、事后全流程，对线上线下高风险交易进行实时监测与处置。

11.4.2　人员信用评估场景中的安全应用

金融机构运用机器学习等人工智能技术，可对用户网络行为数据、授权数据、交易数据等行为建模和画像分析，开展风险评估分析和跟踪，推测融资风险点，实时监控贷款人还贷能力，助力减少坏账损失。

采用机器学习模型的平台和资方，审贷速度普遍由原来的 3～5 天缩短到 1 小时以内，模型区分度得到提升，可帮助贷款人快速完成资金周转，同时辅助贷款方安全高效发放贷款。

11.4.3　支付清算场景中的安全应用

利用人脸识别、指纹识别、语音识别等人工智能技术，可对金融客户完成身份验证，增加多重安全保护，提升金融服务效率和支付运营效能。

支付宝平台的智能风控系统的交易资损率低于千万分之五。

11.5　人工智能在医疗领域的安全应用

人工智能技术应用于医疗领域，可实现更好的诊断、更安全的微创手术、更短的等待时间、更低的感染率，提高患者长期存活率。智能诊疗、医学影像智能识别、医疗机器人、智能药物研发、智能健康管理等是典型的人工智能安全应用场景。

11.5.1　智能诊疗场景中的安全应用

运用机器学习、专家系统等人工智能技术，对病人病理、体检报告等医疗数据进行分析和挖掘，可自动识别病人的临床变量和指标。另外，还可模拟医生思维和诊断推理，给出可靠的诊断和治疗方案。

依图科技的电子计算机断层扫描（CT）智能四维（4D）影像系统，可给出斑片、条索、囊状影、胸腔积液等多种病灶的实时影像；癌症筛查智能诊疗平台基于人工智能影像、自然语言处理（NLP）技术，能够对高危高发的肺癌、乳腺癌、宫颈癌、结/直肠癌、胃癌等进行鉴别诊断。

11.5.2　医学影像智能识别场景中的安全应用

运用人工智能技术改进医学影像的成像质量和有效解读影像信息，可帮助医生进行病灶区域定位，部分解决人工主观性大、信息利用不足、容易出现漏诊误诊等问题。

人工智能辅助诊断系统 QuantX 可帮助放射科医生做出更好的诊断，为患者提供更好的病患护理；能够减少 39%的乳腺癌漏诊率，改善 20%的诊断结果。未来人工智能将侧重于提高成像速度和降低使用成本。

11.5.3　医疗机器人场景中的安全应用

根据功能不同，医疗机器人主要有外科手术机器人、康复机器人、护理机器人、服务机器人等。

日本赛博坦（Cyberdyne）公司设计的外骨骼装置"混合辅助肢体"，利用人工智能收集正常人肢体在运动过程中产生的大量电生理信号数据，再以这些数据控制患肢外骨骼装置的"信号接收器"，让患肢完成指令性动作，达到使患者康复的目的。

外科手术机器人通过机器收集物联网数据、机器学习收集患者身体数据，辅助人工智能，可拥有高工作精度，使手术小型化，切口更小、失血更少、疼痛更少。在人工监督情况下，外科手术机器人可以让外科医生更好地控制器械和场地，避免长时间站立产生疲劳。另外，机器学习技术可对患者全身图像进行评估和分析，根据评估提前制定有针对性的医疗方案，从而缩短病患的康复时间。

11.5.4　智能药物研发场景中的安全应用

运用人工智能算法能够挖掘出药物、疾病和基因之间不易发现的隐性关系，对药物的各种化合物进行虚拟筛选，从而更快地筛选出具有较高活性的化合物，也可以提升挖掘药物新适应证、分析中药有效成分及挖掘替代性药物等的效率。

美国 Atomwise 公司在现有的候选药物中，应用人工智能算法在 1 天内寻找出能控制埃博拉病毒的两种候选药物。在对这两种候选药物进行研发时，应用图像识别、文本识别等人工智能技术辅助靶点确认、筛选化合物/生物标志物、预测药物性能、预测药物晶型优化工艺开发流程等。

11.5.5　智能健康管理场景中的安全应用

通过人工智能设备监测人类身体健康指数、睡眠等基本身体特征，可对身体素质进行评估并提供个性健康管理方案，及时识别疾病发生的风险。

人工智能 Keep 平台，利用体测计划掌握个人身体的运动能力，如心肺能力、有氧能力、体能情况、柔韧性、平衡性、肌肉耐力等的相关数据，再依据这些数据设定个人目标并生成个性化的训练计划。

在 3D 人体数据检测应用中，Keep 通过小程序启动手机摄像头拍摄个人正面、侧面照，使用深度学习算法在云端计算，从而检测出头部前引、O 形腿、脊柱侧倾弯、头部侧倾、骨盆倾斜、高低肩、膝盖过伸等体态风险及风险等级，最后给出风险解决方案。

11.6　人工智能在教育领域的安全应用

我国陆续发布了《新一代人工智能发展规划》《高等学校人工智能创新行动计划》《中国教育现代化 2035》等一系列文件，智慧校园、智慧教育等是人工智能在教育领域的典型应用场景。在安全方面，教育内容安全审查、教育大数据安全、校园安防等是其主要应用。

11.6.1　教育内容安全审查

教育内容是教学信息传递基本组成要素，是价值观承载，因此有效阻断不符合社会主义核心价值观的教学材料，包括文本、音频、视频、图片等传播，对保护我国教育和文化不受侵蚀意义重大。利用计算机视觉、图像识别、文字识别、音频识别等人工智能技术手段，可根据标准内容要求对教育内容进行安全审查，为用户适当使用提供保障。

喜马拉雅 FM 平台采用"天净"智能内容过滤引擎，通过深度融合卷积神经网络、循环神经网络、卷积循环神经网络等模型进行视频识别、图片识别和文本识别，帮助教育平台识别文本、图片、音频、视频、网页中出现的涉政、低俗、导流广告等内容违规。

11.6.2　教育大数据安全

教育大数据中包含大量学习者的学习过程、学习爱好、学习评价等隐私信息，这些信息一旦泄露、丢失，不管对是教育产业，还是学习者本身都会造成巨大损失，甚至影响整个国家教育产业的竞争力。

人工智能 Land 数据安全岛平台针对就近入学的场景，通过隐私计算等人工智能技术，在保证不泄露敏感原始数据情况下，实现教育数据信息的共享安全。

11.6.3　校园安防

公安部、教育部、中央综治办等部门联合制定了一系列安全防范措施，"平安校园""数字校园"等建设相继展开。

通过图像识别、身份识别等人工智能技术，建设"学校治安防控体系+报警视频监控防范体系"，可有效保障校园人身安全，防止恶意群体性聚集、校园暴力等安全事件发生，维护校园正常教学和生活秩序。

FOCUS 校园报警监控解决方案，运用深度学习、身份识别等人工智能技术打造报警防范体系，集防盗报警技术与视频监控技术于一体，对整个校园，尤其是出入口进行安全布控，具备现场报警、紧急救助、火警、医疗救护等能力。

11.7　本章小结

本章对政务、能源、交通、金融、医疗、教育等领域中存在的安全问题进行了深入分析，用具体的实践事件证明了人工智能技术在解决这些安全问题方面发挥的重要作用。总体来看，人工智能中的机器学习、深度学习、生物识别、知识图谱等技术能够实现行业的危险预警、身份认证/识别、人工安全替代、安全运维、安全防护等。

本章参考文献

[1] 李姝，朱琳，李贵强，等. 人工智能技术在公共安全领域的应用前景[J]. 电子技术与软件工程，2019（4）：236.

[2] 刘一文，金益锋，胡书良，等. 人工智能在足迹检验技术中的应用探讨[J]. 刑事技术，2020，45（1）：81-84.

[3] 富帝淳. 人工智能技术在社会公共安全领域的应用研究[J]. 论述. 2019（1）：303-304.

[4] 廖诗荣，张红才，范莉苹，等. 实时智能地震处理系统研发及其在 2021 年云南漾濞 MS6.4 地震中的应用[J]. 地球物理学报，2021（10）：3632-3645.

[5] 颜媚，张涛，石霖. 人工智能在公共安全领域应用探析[R]. 北京：中国信息通信研究院，2018.

[6] 李明节，陶洪铸，许洪强，等. 电网调控领域人工智能技术框架与应用展望[J]. 电网技术，2020，44（2）：393-400.

[7] 石祥文，睦华军，丰国林，等. 基于可穿戴设备的电厂人员安全管理的研究与应用[J]. 仪器仪表用户，2020，27（2）：70-74.

[8] 回钦波. 生产现场智能安防系统设计与应用[D]. 北京：北京工业大学，2018.

[9] 刘晓嫣. 5G 技术下的智能煤矿及智能感知系统[J]. 广播电视网络，2020，27（10）：71-73.

[10] 亓校岳. 煤矿安全监测监控系统现状及发展趋势[J]. 现代矿业，2019，35（9）：217-219.

[11] 肖心民，沙睿. 人工智能在核能行业发展应用初探[J]. 中国信息化，2017（12）：10-12.

[12] 杨笑千，郭捷，唐华，等. 大数据、人工智能在核工业领域的应用前景分析[J]. 信息通信，2020（2）：266-268.

[13] 王同良. 中国海油人工智能技术探索与应用[J]. 信息系统工程，2020（3）：93-94.

[14] 亚洲油气决策者俱乐部. 道达尔在人工智能方面的布局与落地[EB/OL]. 搜狐网站，2019.

第 6 篇

思 考 篇

人工智能的研究范围广泛，不仅包括自然语言处理、语言识别，而且包括图像识别、专家系统，以及机器人等自然科学领域，还包括思维科学、伦理、教育、法律等社会科学领域，是庞大的系统性、综合性学科。

本书第 3～5 篇从人工智能对人类带来的技术进步、生活便利方面论述了人工智能的赋能能力（包括第 3 篇对攻击带来的赋能，虽然本质上是一种负面能力，但是对于攻击者本身，是一种很好的赋能）。

本篇解读人工智能带来的各种问题，主要包括网络空间当前存在的安全风险挑战、人工智能技术的局限性、人工智能在网络攻防两端的局限性、人工智能本身的安全性和衍生安全性，最后给出一些对人工智能的哲学思考和对人工智能安全治理路径的探讨。

第 12 章　人工智能的局限性与安全性

人工智能不仅为社会进步带来显著推动效应，而且在网络空间、各行业发挥了越来越重要的作用。任何技术都有两面性，本章从局限性和安全性两个维度深入分析人工智能存在或将带来的问题。

12.1　人工智能的局限性

运用各种人工智能技术的网络攻击方式是造成不断出现的网络空间安全风险和事件的重要因素，人工智能技术和其他技术一样并不完美，也处于不断的发展过程中，因此本身就具有局限性，而被赋能于网络攻防两端时同样存在不足和问题。

12.1.1　网络空间安全风险挑战

当前网络空间安全形势日趋复杂，网络战成为新的战争形式，尤其是运用人工智能技术发动的网络攻击事件越来越多，造成的安全危害也越发严重。

1. 网络空间安全形势日趋严峻

网络空间是继陆、海、空、天之后的第五个国家竞争区域，互联网技术的快速发展和网络空间错综复杂的特性，伴随着新一代信息技术的深入应用，使依托互联网实现的功能、应用越来越多，其中涉及人、物等各种海量数据信息的汇集、分析与处理等过程，网络空间的安全漏洞也越来越多并长期存在，网络空间存在的风险也越来越大。这些网络空间中的安全风险严重影响到国家安全、地缘冲突和大国战略安全。

数据泄漏、勒索攻击、黑客活动等全球性网络安全事件频发，针对国家级的关键基础设施的网络攻击事件不断增加，甚至有些国家公开使用网络攻击作为报复手段以应对国家间的冲突，引发了世界各方的高度关注。

2. 智能网络安全攻击呈现快速发展态势

当前人工智能技术在安全领域的应用需求日益迫切，在大数据、高性能计算机等关联技术的辅助下，智能网络攻击由被动式利用人工智能以绕过防御引擎，转变为主动利用深度学习模型作为攻击组件，越发呈现大规模、自动化、实时化等新特点，威胁网络空间安全，渗透虚拟世界和物理世界，"攻防不对等"形势更为严峻。人工智能网络攻击给各国的政治、经济、社会等带来了新型安全威胁和挑战。

美国黑帽大会展示了运用人工智能进行攻击的研究成果，部分如下：

（1）2016 年，网络安全公司 ZeroFOX 的安全研究员展示了一种带有侦查功能的社交网络自动钓鱼攻击方法，利用机器学习算法，通过网络大数据挖掘个人的出生年月、电话、亲属关系、位置等关键信息，自动生成定制化、高仿真的恶意网站/电子邮件/链接[1]。

（2）2018 年，国际商业机器公司（IBM）研究院展示了一种人工智能赋能的恶意代码 DeepLocker，借助卷积神经网络模型实现了对特定目标的精准定位与打击[1]。

（3）2019 年，ZeroFOX 给出在网上创建和使用深度伪造视频的方法[2]。

（4）2020 年，人们探索了如何设计有效的学习算法来学习对手 agent 或机器人，从而自动发现并利用受强化学习算法驱动的主游戏机器人的弱点[3]。

（5）2021 年，美国旧金山的人工智能研究实验室 Open 人工智能开发的生成式预训练变换 3（Generative Pre-trained Transformer 3，GPT-3）使用深度学习生成类人文本，这是一种自回归语言模型。GPT-3 擅长在极少的指令下生成推文，它的速度和准确性使得用一个社交媒体账户传播大量虚假信息成为可能[4]。

12.1.2 人工智能技术的局限性

人工智能技术需要在各种不同的应用场景中不断地优化迭代，其在标准、算法、应用、商业等方面存在一定的局限性。

1. 技术标准不统一且应用范围单一

在某些特定领域，人工智能制定了相关技术标准，但还没有建立一套统一、完整的技术标准体系。技术标准不统一的局限性如下。

（1）容易造成信息收集处理标准不一致：无法形成全面人工智能信息网，降低了人工智能信息准确性和信息数据广度，破坏了人工智能应用过程中的安全性及可控性，影响了人工智能执行效果，可导致责任划分冲突等。

（2）导致信息通信标准不一致：目前，人工智能只有基于同一技术系统人工智能进行有限信息传输的信息通信标准，缺乏与不同技术系统的人工智能进行信息通信的统一标准，这影响了人工智能彼此间进行正确信息交换及信息共享，甚至破坏了人工智能通信安全性，使非法分子可利用安全漏洞窃取社会成员的隐私数据，从而造成社会成员隐私泄露。

目前，人工智能还无法超出固有场景或理解特定语境，在下棋或游戏等有固定规则的范围内一般不会暴露其脆弱性，当环境数据与智能系统训练的环境大相径庭，或者实际的应用场景发生变化，或者这种变化超出机器可理解的范围时，人工智能系统就可能立刻失去判断能力。

2. 机器学习技术存在不同问题

机器学习是人工智能最基础也是最重要的技术，其包含的技术有很多，主要有支持向量机、决策树、K-最近邻、集成学习、回归分析、神经网络、强化学习、聚类分析、关联规则学习、推荐系统等。

支持向量机（Support Vector Machines，SVM）的应用包括手写数字识别、目标识别、预测金融时间序列和蛋白质分类等。SVM 存在的问题在于不易被解释、对噪声敏感、算法复杂度高、内存要求多、训练速度慢、只能解决二元分类问题。

决策树主要包括 ID3、CHAID、CART、QUEST、C5.0，可应用于用户分级评估、贷款风险评估、产品推广预测等，存在的问题在于随着树规模增长，树可能会变得无法被解释，同时因为存在状态之间的方向问题，模型在使用时可能会出现无限循环。

K-最近邻可应用于文本自动分类、文本内容挖掘、字符识别、图像识别等，存在的问题在于选择合适的 K 值不容易控制、距离计算方法的选择难以确定、高维空间中效果不佳、模型扩展性能不够，计算负载也较多，另外对不相关特征的敏感性可能会导致结果不准确。

集成学习可应用于人脸识别、图像分类、目标感知、检测、跟踪、自动检测等，存在的问题在于算法耗时多、成本高。

回归分析主要用于风险评估、疾病自动诊断人脸识别等方面，存在的问题在于针对一些问题不太容易选择合适/适当的回归模型，寻找影响因变量的所有变量非常困难，如果忽略一些因素或存在太多异常，整个分析过程就可能会有偏差或不合理结果。

神经网络可应用于语音识别、计算机视觉、图像识别、文本统计等，存在的问题在于其工作机制类似黑盒，难以确定它学习了什么，不佳的计算能力和没有规模化的数据量会直接导致神经网络表现水平变差，另外，训练成本也很高。

强化学习可应用于机器人、自动驾驶、自然语言处理等，存在的问题在于训练需要大量样本作为基础，训练速度慢，大都在自有规则虚拟环境中进行，不能够体现复杂的现实世界，还处于早期阶段。

聚类分析可应用于目标客户群体分类、用户画像、恶意流量识别、图像分割等，存在的问题在于求出的解可能不唯一，容易受数据规模影响，算法对数据噪声和异常值也比较敏感，有时候可靠性也不高，可能会造成聚类失真。

关联规则学习可应用于产品关联关系挖掘和预测、气象关联分析、交通事故成因分析、商户精准营销等，存在的问题在于需要足够多的数据才能发现规则且可能生成太多无用规则，当数据有偏差时，会得到错误结果。

推荐系统可用于个性化推荐、相关推荐、热门推荐等，存在的问题在于随着推荐变得越来越精细，很难选择调整新鲜度百分比，也容易限制推荐的范围，另外，需兼顾与用户隐私保护之间的平衡。

3. 现有概率模型尚需优化

概率模型是描述不同变量之间不确定概率关系的数学模型，主要基于概率理论进行不确定的知识推理和推导。人工智能的概率模型主要包括期望最大化法、卡尔曼滤波器、粒子滤波、隐含狄利克雷分布、贝叶斯模型、马尔可夫模型等。

期望最大化法是机器学习中的一种典型算法，主要用于数据挖掘、图像识别等，存在的问题在于计算复杂、收敛速度较慢，可能会陷入局部极值，另外，能否找到全局最优解与初始化状态有很大关系。

卡尔曼滤波器主要应用于目标跟踪、故障诊断、定位、导航、跟随、追踪、运动控制、估计和预测等，存在的问题在于仅能对线性的过程模型和测量模型进行精确估计，在非线性的场景中并不能达到最优估计效果，而实际应用场景基本都属于非线性场景。

粒子滤波本质上是对目标区域中物体可能出现位置的概率的一种估测，主要应用于图像跟踪、自动驾驶、语音增强、传感器故障诊断等，存在的问题在于需要用大量样本才能很好地近似系统的后验概率密度，当机器人面临异常复杂的实时动态环境时，算法复杂度会非常大。

隐含狄利克雷分布可用于语义分析、文本分类/聚类、文章摘要、社区挖掘、基于内容的图像聚类、目标识别、生物信息数据应用等。隐含狄利克雷分布是一个典型的词袋模型，它把一个文档当作是一组单词的集合，并不考虑单词之间的顺序和上下文关系。

贝叶斯模型主要应用于文本分类、垃圾文本过滤、情感判别、多分类实时预测、分类系统等。贝叶斯网络当前状态取决于之前所有状态，因此事先可能会包含大量变量，计算变量需要大量内存，当使用朴素贝叶斯模型时，如果变量之间高度相关，就会生成误导性结果。

马尔可夫模型主要用于语音识别、机器翻译、拼写错误、手写体识别、图像处理、基因序列分析等。在应用马尔可夫模型之前，需要确保它满足无记忆性质，马尔可夫链收敛到静态分布的速度就会很慢，隐藏状态之间的关系也不是非常明显和清晰。

以上介绍的几种用于人工智能的主流概览预测模型，由于存在自身算法上的范围和局限性，在实际应用中会出现误判、响应慢、消耗资源大、成本高等问题，针对这些问题，很多学者在不断优化这些模型。

4．智能感知技术在应用中表现不佳

智能感知是人工智能的关键能力，下面主要介绍它在信息检索、文本挖掘和分类、信息抽取、机器翻译、语音识别、计算机视觉、机器人七个领域存在的问题[5]。

信息检索的问题主要在于符合检索要求的信息分布在不同的公司、组织或联盟中，这些分割、限制了数据库和信息的访问权限。

文本挖掘和分类如果存在歧义和有偏差的数据，则会出现错误的预测和分类结果。

信息抽取在一定程度上受计算机视觉和机器翻译等相关技术发展的制约。

在某些俚语和行话等内容的翻译上，机器翻译会比较困难，比如医疗领域中的机器翻译的表现不尽如人意。

在声纹识别和鸡尾酒会效应等一些特殊情况下，语音识别会出现错误。现代语音识别系统严重依赖于云，在离线时可能无法取得理想的工作效果。

计算机视觉任务所需的数据量通常比其他类型的任务大，与人类水平相比，机器仍然很难处理缺少细节的模糊属性提取和识别。

在机器人方面，设计和制造成本很高，大多数机器人的行业属性明显，因此应用范围较窄。另外，法律法规和机器人威胁论的观点可能会妨碍机器人领域的发展。

5. 搜索算法缺乏商业方案

运用人工智能技术的搜索算法是驱动计算机/智能体的搜索，促使计算机以人类的方式求解各种问题。主要的人工智能搜索算法见表 12-1。

表 12-1　主要的人工智能搜索算法

算法类别	主 要 算 法
无信息搜索	宽度优先搜索、深度优先搜索、深度限制搜索、双向搜索、迭代深化搜索等
有信息搜索	最佳优先搜索、递归最佳优先搜索、简化有限内存、蒙特卡洛树搜索、束搜索、爬山算法、模拟退火算法、局部束搜索、遗传算法、回溯搜索算法、树分解等
对抗搜索	极小极大（Minimax）搜索、α-β 剪枝等

上述基于人工智能的搜索算法都有不同应用，目前还没有成熟的商业化解决方案。

12.1.3　人工智能网络攻击的局限性

虽然人工智能被大量用于网络攻击，并且已经产生了很多严重的安全问题，但从防御端减弱甚至消解的角度来看，主要存在以下五方面的局限性。

1. 图像领域对抗攻击效果需要进一步研究

运用人工智能技术进行攻击的领域大都存在于图像领域，对链路预测等任务的对抗攻击算法原理与实现研究逐步深入，而目前多数攻击模型都集中于节点分类任务，还缺乏针对图分类、推荐系统、社团探测等任务的攻击模型的深入研究。

当前图对抗攻击领域的扩展性方面还不甚理想，可扩展性主要依据数据集的规模和类型，时间复杂度是其重要衡量指标，研究者针对大规模图的攻击进行了模型设计[6,7]。这些模型基本上围绕静态图展开，虽然在动态图攻击上也有了不错的算法[8,9]，但是将这些攻击算法扩展到大规模图、异构图仍具有挑战性。

针对一种模型设计的对抗样本也可用于攻击其他模型是多数黑盒算法设计的依据，这种方式需要通过设计代理模型使其他模型性能遭到破坏[10-16]。但是，训练代理模型要求拥有被攻击模型的训练集，在少样本甚至零样本情况下还无法获得对抗样本。对于针对一个目标进行的扰动操作应用于其他目标也具有相同或类似的通用性攻击效果，虽然图像领域的通用攻击已经取得了重要进展[17]，但对所有攻击目标设计通用的扰动操作、降低扰动设计的代价，以及图数据通用性攻击方面的研究还处于起步阶段[18]。

对于智能攻击而言，所形成的扰动需要足够隐蔽才能达到攻击效果，基于图数据中节点的关联性，难以确定扰动是否足够隐蔽，同时实际的扰动操作具有不同难度。例如，在图中修改现有节点与注入虚假节点难度差距较大，不同场景中有不同的攻击扰动算法，当前还没有针对扰动隐蔽性和扰动难度的深入研究。

现有图对抗攻击方法对于扰动量的度量及模型效果的评价存在不同标准，在攻击不可察觉性和提高扰动样本的可解释性方面需要增加完善的通用指标才能实现[19]，因此还需要构建攻击扰动模型效果统一的综合评价体系标准。

2. 智能攻击计算复杂度较高

目前，多数攻击模型需要存储大量梯度信息和数据的中间状态，会耗费大量计算和存储资源，而现实世界的数据往往是大规模和动态的，因此设计算法时必须考虑计算复杂度，当前智能攻击算法的效率还有待提升。

3．智能攻击扩展物理世界具有较大挑战

根据攻击者能够获取的信息的不同，可分为白盒、灰盒和黑盒攻击三类。当前攻击算法大都是为白盒模型设计的。攻击者依据已知的目标模型参数、训练数据、类标和预测输出这些信息进行攻击策略选择，如利用模型的梯度信息产生攻击，但在实际情况中往往难以获得这些信息。另外，白盒攻击[20,21]并不能在真实系统中保证扰动的有效性和隐蔽性。例如，在社交网络中，并不能轻易获得与陌生人间的连接许可[22]。

多数黑盒算法[23-25]的训练数据集并不会公开，即使在严格受限的黑盒攻击设定下，攻击者也仅能获取被攻击模型的输出[26-28]，而频繁查询模型的输出结果会引起防御机制的察觉。

针对对抗样本生成，近年来研究者陆续提出了不同的攻击算法，如快速梯度标志（Fast Gradient Sign Method，FGSM）、投影梯度下降算法（Projected Gradient Descent，PGD）、卡里尼-瓦格纳攻击（Carlini and Wagner Attacks，C&W）等。这些对抗攻击算法虽然在数字领域有效，但将其扩展到物理世界很难攻击成功。主要原因一是环境噪声和自然变化将破坏数字空间中计算出的对抗性扰动，比如，实际应用中的播放、录音设备会对样本的特征造成干扰，从而易于被发现，难以实现物理攻击；二是在现实世界中，攻击者仅能在特定物体上添加扰动，而无法对整个环境中的背景添加扰动[29]。

4．智能攻击缺乏足够数据训练

数据是人工智能应用的核心所在，而在实际中，攻击者往往受到包括模型与数据集的限制，攻击算法的效果还需要在更广泛的数据集上进行验证。

如果用于智能攻击所需的训练数据量足够多，使用该数据模型的攻击效果就会越好，而达到理想规模的数据量会促使智能攻击在面对检测和防御时选择其他方法对目标进行有效攻击。但当前的智能攻击算法还只能使用单一模式，当攻击模式受阻时无法像人类一样及时想出另外的攻击方法。

5．面临智能防御的实时对抗

对于已经出现的智能网络攻击，其攻击技术大都只对某一类防御生效，同时也很快会出现针对该攻击的研究和防御方案，其中很多是基于人工智能的防御方案。比如，采用 BP 神经网络、支持向量机、深度学习等算法对潜在、未知的网络安全威胁进行分析和识别，及时发现异常网络流量访问特

性，实现自动化处理并快速响应。

企业通过建立安全运维平台调度各类安全防御设施，把所有单点防御充分结合形成整体协同防御，从检测、分析、处理、解决等层面形成安全闭环。另外，借助智能云端将安全数据加工成信息，最后形成知识，不断进化以应对日新月异的智能网络攻击。

面对以上针对已知和未知的威胁，运用人工智能技术所形成的多种主动式、纵深性、综合力的系统化的智能防御技术和方案，智能赋能攻击也需要不断地进行升级和演化。

12.1.4 人工智能网络防御的局限性

运用智能技术进行安全防御，可分为启发式防御和可证明式防御两类。

启发式防御主要依据经验或者通过试验来发现系统内存在的安全攻击风险。当前，部分启发式防御算法在实践中可以做到对一些特定对抗攻击算法具有良好的防御性能，但没有对防御性能给出理论性保障，缺乏健壮性保证，很容易受到更强的适应性智能攻击。

可证明式防御是指无论攻击者采用哪种攻击方式，都可以保证有一定程度的防御能力，从理论上可以计算出在特定对抗攻击算法攻击下模型的最低准确度，但性能还有待提升。当数据每个环节中都出现攻击问题时，以数据为基础的智能防御就可能失效。同时，智能防御在和智能攻击博弈对抗时总是处于被动后发状态。

1. 启发式防御无法兼顾稳健和高效

目前，主要的启发式防御技术有对抗训练、梯度掩码、随机化、去噪等。

对抗训练启发式防御是现阶段对对抗攻击最有效的防御手段之一。对抗训练最早由 Goodfellow 等提出，为了保持对抗训练的有效性，需要使用高强度的对抗样本，以及要有充足的表达能力网络架构，同时面临无论添加多少对抗样本，都存在新的对抗样本欺骗网络的情形。

梯度掩码启发式防御是一类构建无用的梯度模型的潜在防御机制，如使用最近邻算法（K-Nearest Neighbor，KNN）而不是深度神经网络（Deep Neural Networks，DNN）。虽然梯度掩码使得对抗样本无法直接生成，但是如何生成掩码缺乏有效的方法，同时存在不少技术手段，在无对抗样本的情况下仍然可以实现成功攻击。

随机化启发式防御虽然能够在模型训练或使用阶段加入随机操作而减弱对抗性扰动效果，在黑盒攻击下也有着非常的好的性能表现，但是还无法防御采用诸如期望转化（Expectation over Transformation，EoT）算法等的白盒攻击。

去噪启发式防御主要分为输入降噪和特征降噪两类，主要目的是减轻或去除对抗扰动，从而减弱对抗扰动的功能，但只是在试验中得到了验证，并没有在理论上证明，存在被未来新的网络攻击打破的风险。

以上启发式防御方式无法很好地平衡防御有效性和运算效率，在有效性方面，对抗性训练表现出最好的性能，但计算成本很高；在效率方面，许多基于随机、去噪的防御系统配置只需几秒，但这些防御方法并不有效。

2. 可证明式防御的实际性能并不理想

目前有代表性的可证明式防御技术有区间界分析、基于半正定规划（Semi Definite Programming，SDP）的防御、基于对偶方法的防御、稀疏权重DNN防御、基于KNN的防御、基于贝叶斯模型（Bayesian Neural Network，BNN）的防御、基于最小扰动优化的防御、基于随机平滑（F-divergence Based Random smoothing）的防御等。

区间界分析是目前较为主流的可证明式防御方法，但扩展能力不足，比如不能扩展到深神经网络和大型数据集。Raghunathan 等人[30-31]首先提出一种针对两层网络生成的对抗样本的基于半正定规划的防御方法，虽然能够保证网络健壮性，但是大型数据集训练速度较慢。

Wong 等人[32]提出了基于对偶方法的防御方法，该方法可应用于超过两层的深度神经网络。参考文献[33]中提出一种非线性随机投影技术，可扩展到具有跳过连接和任意非线性激活的更通用、更大型的网络，虽然该方法优化了可证明式防御的健壮性，但只是对已知和部分未知的攻击方式有效，而对于大部分未知的攻击而言，没有验证其防御能力。

稀疏权重 DNN 防御[34-36]虽然可以使线性、非线性神经网络的健壮性更强，但是带来了更高的计算复杂度成本。Wang、Papernot 等人[37-38]陆续提出1-最近邻算法、DkNN 等基于 KNN 的防御算法，但是在面对非理想化、非经典场景中，K 值不容易确定，其计算和空间复杂度都较高。

Liu、Schott 等人[39-40]提出基于贝叶斯模型的防御，但是部分数据必须使用主观概率，同时较大规模数据将产生复杂的分析计算。

基于最小扰动优化的防御在最坏情况下能够抵抗最小扰动下限，但是只限于对小模型有效。

基于随机平滑的防御在小范数攻击时达到了较好的效果，但是不适用于大范数（尤其是无穷范数）攻击。

综合来看，以上可证明式防御方法的实际性能相对于对抗训练而言相差很大，其准确性和有效性还不能满足实际要求。

3. 数据攻击容易绕过智能防御系统

在人工智能模型的数据采集、训练、推理、决策阶段分别存在不同的数据攻击方法。在数据采集阶段，系统端侧设备破解和劫持、传感器干扰、侧信道攻击、数据流的劫持等攻击手段常常会从源头上绕过或干扰智能防御系统决策机制。在数据训练阶段，若训练数据本身存在缺陷或偏差，则会面临攻击者对训练数据集的投毒，对智能防御系统的稳定性造成影响。在数据推理阶段，面对针对数据预处理、抽样、整形等模型算法的攻击手段，这会直接影响智能防御系统的有效性。在数据决策阶段，通过网络漏洞对系统进行攻击，可能会造成智能防御系统的失效。

人工智能基于机器学习，而机器学习完全依赖数据，使用机器学习算法的安全防御能力则来自这些数据及数据之间的关联性，如果数据被篡改或污染，则基于机器学习的防御能力就可能被摧毁，当出现某种错误时，无法判断是真的被攻击还是本身的防御系统性能不好。

4. 智能防御总是滞后于智能攻击

不管是传统的网络安全攻防，还是智能网络安全攻防，其本质都是一种双方动态、实时、全面、反复的安全对抗。攻击者研究人工智能工作模式和学习机制，建立自己的人工智能系统，侵入安全网，制造网络威胁；而防御方相对于攻击方具有信息不对称、不完全，被动的劣势，因此智能防御总是滞后于智能攻击。

在信息不对称方面[41]，智能防御一般都是针对某一风险的某种攻击技术的防御措施，但是对于同一安全风险或漏洞存在多种类别的智能攻击手段和方法，因此当对于同一安全风险的攻击手段发生变化时，智能防御措施就可能失效。

在信息不完全方面，智能防御在预测智能攻击在何时、何地，以何种方式进行攻击还存在较大难度，只能对已经出现的安全风险或存在的安全漏洞争取尽可能全面的防御措施。因此，如果智能防御要完全能够和智能攻击抗衡，就必须掌握所有的安全风险及相对应的智能攻击手段，但这基本上不太可能实现。

在被动性方面，智能防御与智能攻击处于一个不断对抗的过程中，智能防御通过对智能攻击的研究总结出攻击方法的特点而进行有效防御，但这也刺激了智能攻击在老的攻击方法失效之前不断地寻找新的攻击方法。总的来说，智能防御总是处于一种"亡羊补牢"的状态。

12.2　人工智能的安全性

12.2.1　人工智能本身的安全性

任何技术都是在不断优化、迭代和发展的，人工智能经过 80 多年的漫长历程，当前在技术层面上已经取得很大进步，也是最热门的技术领域之一，应用场景非常广泛，但是仍然存在由本身在框架、组件、算法等方面的缺陷导致的安全隐患。

1. 学习框架和组件安全问题

目前主流的人工智能框架和组件有 Theano、Caffe、Keras、TensorFlow、CNTK、SageMaker、PyTorch、Paddle、PocketFlow、X-Deep Learning、MindSpore 等，其自身不足见表 12-2。

表 12-2　主流人工智能框架和组件的自身不足

人工智能框架	开发时间/开发者	自身不足
Theano	2007 年/蒙特利尔大学丽莎实验室	• 不支持分布式 • 不支持多 GPU 和水平扩展 • 大模型编译时间长 • 对已训练过模型支持不足

（续表）

人工智能框架	开发时间/开发者	自 身 不 足
Caffe	2013 年/加州大学伯克利分校	• 循环神经网络表现欠佳 • 大型神经网络开销大 • 商业上支持较少
Keras	2015 年/谷歌	• 占用内存大 • 速度慢
TensorFlow	2015 年/谷歌	• 图需先编译才能运行 • 速度慢 • 难发现错误和调试
CNTK	2015 年/微软	• 不支持 ARM • 移动设备应用受限 • 可视化较差
SageMaker	2017 年/亚马逊	• 自定义部分灵活性不强
PyTorch	2017 年/脸书	• 不适合大规模部署 • 部分功能较难实现
Paddle	2016 年/百度	• 网络需要高性能 • 环境依赖度大 • GPU 需要手动设置
PocketFlow	2018 年/腾讯	• 强化学习消耗时间较多 • 多 GPU 效率不高
X-Deep Learning	2018 年/阿里	• 小规模数据集训练效果不佳
MindSpore	2019 年/华为	• 对异常情况不够敏感 • GPU 使用率较高

表 12-2 列出的人工智能学习框架和组件都基于不同的目的先后开源，但是缺乏严格的测试管理和安全认证，其本身或安装这些框架和组件的硬件、平台都可能存在漏洞和后门等安全风险。近年来，TensorFlow、Caffe 等及其依赖库的安全漏洞被不断暴露，这些漏洞可被攻击者利用进行篡改或窃取人工智能系统数据和信息，导致系统决策错误甚至崩溃。

2．算法设计对安全风险考虑不足

算法在设计时的安全风险主要体现在以下三个方面。

1）算法极易受到数据攻击

数据作为人工智能模型训练及优化的基础，是人工智能算法做出正确、公平、合理决策的保障，因此输入数据的数量规模、准确性、通用性、包容性、全面性等质量因素将直接决定训练得到的模型质量。若未能对数据质量进行有效把控，人工智能算法模型就会习得数据中的偏见、谬误，并将其反映到训练结果中，致使人工智能系统的功能行为及其影响变得不可控。

当前，数据攻击方式主要有数据投毒和模型窃取两种。

数据投毒攻击者将少量精心构造的毒化数据或噪声加入模型的训练集，使模型在测试阶段无法正常使用，或者协助攻击者在没有破坏模型准确率的情况下入侵模型，刻意改变最后的判断结果。数据投毒攻击可以攻击自然语言处理域算法、语音域算法、计算机视觉域算法、联邦机器学习、推荐、搜索等几乎所有算法，此外还会衍生出后门攻击，让带有特殊信息的恶意软件不会被人工智能模型识别，实现逃逸攻击。

模型窃取攻击者通过向人工智能黑盒模型进行查询获取相应结果，窃取对拥有者具有巨大商业价值的黑盒模型参数或对应功能，一旦模型信息泄露，攻击者就能逃避付费或开辟第三方服务，使模型拥有者权益受到严重损害。另外，攻击者可以进一步部署白盒对抗攻击来欺骗在线模型，这时模型信息泄露会大大提高攻击成功率，从而造成严重安全问题。

另外，正常的环境变化也可能产生数据集噪声。比如，仿射变换、光照强度、角度、对比度变化会对人工智能模型的预测产生不可预期的影响，这对人工智能模型的可靠性造成威胁。

2）算法结构存在黑箱性

2016 年，Pasquale[42]将算法"黑箱"分为三类：一是"真实黑箱"，算法隐瞒或淡化算法选择过程和相应规则；二是"法律黑箱"，将算法公开的相关要求都装在法律及商业机密保护框架内，避免履行相关责任；三是"制造混乱"，提供过分冗余的相关信息或采用过分晦涩的语言，以大大提升算法监管难度。

2016 年，加州大学伯克利分校的 Burrel[43]将机器学习算法不透明性分为三个层面：一是组织不透明，指运用算法的组织存在刻意隐瞒或欺诈行为；二是算法不透明，指编写算法所需的专业技能带来的不透明；三是机器学习算法与人类认知过程本质并不相同，存在错配，这一过程不透明。

针对人工智能算法黑箱，浮婷[44]界定了三个彼此相关的算法"黑箱"：一是"技术黑箱"，深度学习等算法本身存在不可控黑箱问题；二是"解释黑箱"，非专业人员难以理解和判断；三是"组织黑箱"，开发和应用算法的企业在运营层面存在黑箱。

人工智能中经常运用的深度神经网络算法，开发者通过调节不同层级神经网络的参数来训练算法，并不遵循数据输入、特征提取、特征选择、逻辑推理、预测的过程，而是由计算机直接从事物原始特征出发，自动学习和生成高级的认知结果，即在人工智能输入的数据和其输出结果之间，存在无法洞悉的多个"隐层"[45]，导致输入数据和输出结果之间的因果逻辑关系难以解释，用户只能被动接受由算法带来的结果而无法洞悉其运行过程，其算法复杂性导致形成算法黑箱。在很多情况下，不仅非专业认识难以理解算法如何做出决策，就连算法的开发者也无从知晓算法最终推导出什么结果。另外，人工智能算法还具有自适应、自学习等特性，导致其容易偏离人类预设目标，复杂程度超出人类理解范畴。

在安全层面上，算法黑箱的存在会引发个人信息数据被侵权、被滥用的情况。在用户提供训练数据的场景中，攻击者能够通过反复查询训练好的模型获得用户隐私信息。比如，谷歌（Google）、亚马逊（Amazon）、百度（Baidu）等网络平台频繁使用 cookie 技术获取大量用户信息数据，运营者运用深度学习算法对这些用户信息数据进行精准分析后进行个性化推送。百度就曾经因为将用户在网上搜索的关键词关联到其他网站被起诉，这是因为用户登录这些网站后被推送各种广告，认为个人隐私被侵犯。

3）算法隐藏的偏见歧视

人工智能算法需要输入或采集相应数据，这些数据容易被攻击或出错。而在获取所需数据后，人工智能算法进入运行阶段，该阶段的算法有两种方式，一是算法设计者或开发人员依据自身所需目的编写算法运行程序，以人为设置与干预方式使算法运算得出预期结果；二是算法具备自我学习能力，进行深度学习，在建立一个神经元的基础上，处理数据得出结论后将该结论传递给其他相邻神经元，其他神经元再不断扩散数据结论，直至得出预期的结论。因此，人工智能的算法偏见歧视可存在于数据输入阶段和算法运行阶段。

在数据输入阶段，一是数据本身存在实效要求，如果数据库不能做出数据的定期甚至实时更新，算法运行得出的结果就无法保证精准；二是如果数据本身受到攻击和污染，算法运行后的结果的应用将会不堪设想，因此来源于数据的偏见会导致发生算法偏见。

在个人征信系统中，如果由于个人信息的数据库更新频次不足，导致数据不准确，在算法对数据进行分析后对个人的信用评价将会与真实情况有出入，则会影响个人贷款的成功率等。

如果数据库数据受到特定社会制度与文化价值攻击而出现严重错误，那么算法运行后的结果必然会存在社会文化层面上的歧视。例如，将种族歧视的观念植入个人征信数据中，导致美国有色人种的信贷利率高于白人的情况时有发生。

脸书（Facebook）将少数族裔和相对弱势群体用户排除在使用业务之外。2018 年 2 月，美国国会举行人工智能听证会，其发言人宣称人工智能领域长期存在（有色人种）偏见。Joy Buolamwini 和 Timnit Gebru 的研究[46]显示，人工智能在白人和有色人种的人脸识别准确性上存在巨大差异。

在算法运行阶段的偏见歧视体现在如下两方面。

（1）由于算法设计者或开发人员具有社会属性，其自身价值观、所处的文化氛围、社会制度，以及有特殊目的的外部驱动必然会带有主观上的偏见歧视，即先行存在偏见（Pre-existing Bias）[47]，或者带着主观去使用带有偏差的训练数据集，这些都会影响编写算法。经过深度学习后，这种偏见就会在算法中得到进一步加强，必然会产生带有歧视性的结果。如果将算法应用在犯罪评估、信用贷款、雇佣评估等关切人身利益的场合，其产生的歧视就会产生严重损害个人权益。比如搜索平台的竞价排名，搜索平台为了获取高额广告费，利用算法按照广告费的高低对广告商进行排名，将支付最高广告费的网页排到搜索结果之首，这样得出的歧视结果就会对用户的选择造成误导。

（2）由于机器自主学习具有预测属性，当算法面对大量数据时，会优先使用先前训练集对数据进行整合归纳，提炼出该部分数据的共同特征，再将新数据按照这些特征归类到与其属性最相似的类别，若这些同类数据还有其他特征，算法会自动预测相似数据也同样拥有该特征。因此，人工智能算法自身也会带有偏见歧视。2013 年，在引入犯罪矫正替代性制裁分析管理系统（Correctional Offender Management Profilingfor Alternative Sanctions，COMPAS）辅助法官断案的美国威斯康星州诉卢米斯案中，COMPAS 依据与犯罪者的访谈和司法部门的情报，同时将种族、性别等带有歧视性的因素纳入算法运行考量，利用深度学习、知识图谱算法得出卢米斯"暴力风险高、再犯风险高、预审风险高"的结论，最终法庭将卢米斯判处六年有期徒刑和五年延期监督，这严重侵害了被告人正当程序权利[48,49]。

2015 年，谷歌图片（Google Photos）将黑人女性错误识别并标记为"黑猩猩"。2016 年，推特（Twitter）公司聊天机器人 Tay 与用户进行一段时间的语言互动后，人工智能算法在对人类引导性语言进行自主归纳整合，再运算处理后，Tay 仿照人类的语言思维继续与用户对话，结果在一天内就变成了"满嘴脏话"的种族歧视者[50]。

3. 对抗样本反映出人工智能的安全弱点

攻击者利用在数据集中故意添加人类感官难以辨识的细微干扰，从而形成恶意输入对抗样本，可以轻易导致机器学习模型接受并产生错误的预测结论，对抗样本就是要促使人工智能系统发生错误决策、判断，被控制等，这反映出人工智能的安全弱点[51]。

在图像、语音、文本等识别领域，通过在图像、语音、文本上叠加精心构造的变化量形成相应的对抗样本，在肉眼难以察觉的情况下，让分类模型产生误判，在社交网络、推荐系统、电子商务网络等实际场景中可能会带来严重后果。

在网络安全领域，攻击者通过对恶意代码插入扰动操作就有可能对人工智能模型产生欺骗。例如，攻击者通过自己设计的恶意样本，让分类器将一个存有恶意行为的软件认定为良性变体，从而构造能自动逃逸恶意软件分类器的攻击方法，以此来对抗机器学习在安全中的应用。

在电子商务领域，生成对抗的网络水军给真实用户带来极大困扰和误导。在社交网络中，生成对抗的虚假消息如果不能被有效检测，就有可能导致谣言散播，造成不良影响。在安全至关重要的金融系统中，攻击者通过生成的对抗样本与高信用客户建立连接，可达到绕过检测系统并获得更高信用值的目的。

对抗样本也难以同时兼顾准确性和健壮性。Eykholt 等人[52]的研究表明，针对在对抗样本攻击下的健壮性，准确性越高的模型普遍健壮性越差，且分类错误率的对数和模型健壮性存在线性关系。

12.2.2 人工智能的衍生安全性

方滨兴院士[53]认为，从本质上来看，衍生安全的存在是由于攻击者利用人工智能技术本身的缺陷或脆弱性去造成其他领域的危害，即源头是人工智能本身的安全性，结果是通过人工智能赋能网络攻击而形成的。本小节主要介绍运用人工智能技术漏洞在公共事件、内容安全和个人隐私方面所造成的安全冲击。

1. 触发公共安全事件

自动驾驶和网络空间是当前人工智能触发公共安全事件的主要领域。

1）自动驾驶

在自动驾驶场景中出现的重大安全事件，一是由于自动驾驶采取的人工智能算法本身存在的问题造成对周边环境、驾驶操作等误判所形成的；二是自动驾驶需要在汽车上安装很多传感器，通过这些传感器实时采取周边情况数据，并向后台的自动驾驶系统发送这些数据，恶意攻击者通过截取、篡改等方式远程控制汽车相关系统，从而导致汽车偏航或发生重大交通事故。

在人工智能算法自身问题产生交通事故方面，2016 年，一辆特斯拉 Model S 汽车在京港澳高速河北邯郸段撞上道路清扫车，造成驾驶员死亡。同年，一辆特斯拉 Model S 汽车在美国佛罗里达州与正在转弯的白色半挂卡车发生碰撞，也造成驾驶员身亡。2018 年，优步（Uber）公司的一辆自动驾驶测试车在进行路试时发生事故，导致行人死亡。2020 年，特斯拉 Model S 汽车在中国和韩国都出现了自动加速撞墙的事件。2019 年和 2021 年，特斯拉 Model Y 汽车与白色半挂卡车连续发生碰撞，造成人员伤亡。以上事件发生的原因一是由于自动驾驶系统错把白色货箱识别成天空，把行人识别成未知物体、车辆、自行车；二是由于当其他车快速违规变道造成两车相距太近时，自动驾驶系统来不及反应。

在人工智能算法被攻击方面，2019 年，以色列网络安全公司 Regulus Cyberr 经测试发现，利用"无线和远程方式"可攻击特斯拉 Model 3 的 GPS 系统，使车辆驾驶辅助功能、空气悬架工作异常，出现突然降速或转向偏离主干道的情况。2020 年，美国加州大学欧文分校研究团队构建了自动驾驶仿真环境测试，通过"GPS 欺骗"扰乱自动驾驶汽车定位，从而使一辆正常行驶的自动驾驶汽车在 30 秒内径直蹭上马路上的障碍物。2016 年以来，仅在俄罗斯就发生过 9883 起"GPS 欺骗"攻击事件，影响了 1311 艘民用船只。

2）网络空间

在网络空间中，黑客、攻击者及一些为了特殊目的的不法分子利用人工智能的自身安全性问题，在社交、政治领域造成了一些安全事件。网络攻击者利用人工智能模拟正常用户人声、影像或行为模式，结合社会工程学实施更加精准的自动化鱼叉式网络钓鱼，或借助"机器人水军"在社交平台实施网络政治干预，利用人工智能恶意软件制造智能化僵尸网络，对关键基础设施实施高性能渗透与攻击等。

2018 年，美国一位女士接到同事电话，同事称收到一份和她丈夫对话的语音电子邮件，调查结果是亚马逊的语音助手 Alexa 出现了故障，原因是 Alexa 误把用户对话识别成指令而产生了错误的操作。

为了博眼球、用流量套现的人员，会利用不支持实名制的社交网络散播谣言，误导网民。不法分子利用近距离无线通信（Near Field Communication，NFC）没有设置强制性通信握手的确认环节，盗刷用户移动钱包。

2．人脸识别面临严重挑战

人脸识别虽然在追捕逃犯、发现犯罪嫌疑人、寻找走失人口、移动支付、手机解锁、考勤打卡等场景中为社会治安和人们生活发挥了重要的正面作用，但是攻击者可通过"深度伪造"（Deep Fake）技术对图像、音视频进行生成或修改，最后达到信息内容以假乱真的目的，一般用户很难辨别其真实性，轻者造成用户的信息受损，重者危害公共安全、社会安全，甚至形成政治安全隐患。

人工智能中的人脸识别技术主要存在的安全风险有人脸识别的算法问题、人类信息录入选取设备的安全问题、仿人脸冒充风险问题、人脸识别系统安全性问题等，主要体现在以下两点。

（1）人脸识别技术将人类生物特征当作访问软件的通行令牌。有人利用苹果 Face ID 对活体检测眼睛时的特性（一个黑色区域中有一个小白点），制作一副特殊眼镜（在普通镜片上贴上黑色胶带，再在胶带中心画上白色小点），成功攻破了 iPhone 手机的面部解锁功能，进而窃取他人隐私信息和银行卡信息等。这给使用者带来心理恐慌和阴影。

（2）人类生物特征信息采集所选取的检测设备至关重要。人脸识别采集技术通常需要用手机摄像头或移动摄像机等设备进行人体信息特征的录入工作，拍摄角度、现场光线照射不均匀、人物面对摄像头的远近等因素都会影响采集的精确度和准确性。有些不法分子利用这些漏洞，对人脸识别技术进行了活体检测攻击，从而导致个人隐私信息泄露。

2017 年，reddit 平台上一个匿名用户使用机器学习将色情明星的面孔替换成某名人的面孔，并发布了色情视频。同年，极棒上海站有攻击者通过入侵并控制人脸识别系统管理端，实现了以任意人脸通过人脸识别门禁。2018 年，美国前总统奥巴马的脸被借用来攻击特朗普总统，视频在 YouTube 上被转发 500 多万次。2019 年，哈啰顺风车平台遭到恶意攻击，在"附近乘客"的"出发地"和"目的地"两栏中出现非常暧昧的信息，因而被用户投诉提供虚假色情订单。

3. 人工智能给数据安全带来巨大风险

2020 年，因新冠肺炎疫情导致的在线经济为人工智能发展提供了丰富广阔的应用场景，不断推动人工智能算法迭代优化，以及向更多行业和更多领域渗透落地。人工智能发展与数据安全更加深度地交织在一起，主要体现在以下三点。

（1）在以"数字新基建、数据新要素、在线新经济"为重要特征的数字经济发展大背景下，人工智能的发展必然伴随着数据总量的井喷式爆发，各类智能化数据采集终端的加快增长，数据在多种渠道和方式下的流动更加复杂，数据利用场景更加多样，整体数字空间对于人类现实社会各个领域的融合渗透更趋于深层次，这使得传统数据安全风险持续地扩大泛化。

（2）人工智能通过训练数据集构造和优化的算法模型，因其对数据资源特有的处理方式，将带来数据污染、数据投毒、算法歧视等一系列新型数据安全问题。

（3）在自动化网络攻击、数据黑产的应用，使得传统网络安全和数据安全威胁更加复杂，对国家和企业现有的数据安全治理能力形成巨大冲击。

人工智能数据安全风险挑战[54]见表 12-3。

表 12-3　人工智能数据安全风险挑战

数据生命周期	数据安全问题	风险影响机制	安全风险后果
数据采集阶段	用户权利保障	对个人数据采集时缺乏充分的用户知情和授权机制	侵犯用户隐私
	过度采集	现场无差别采集时，采集对象、数据类型范围扩大产生过度采集问题	侵犯用户隐私，危害国家安全和公共利益
数据处理阶段	数据污染	训练数据质量较差或缺乏标准化处理，使得数据与算法模型不相适配	导致模型反复优化、测试结果不稳定、成本激增，甚至模型不可用等
	数据投毒攻击	攻击者对训练数据的添加、篡改定向干涉算法的决策和结果输出	直接导致算法决策的错误，并影响到算法关联的设备系统，引发实体物理层面的危害
	数据偏差与歧视	训练数据、样本数据或算法设计本身存在偏差歧视，导致算法决策存在不准确性	涉及公众的算法决策出现偏差，将导致不公平的歧视现象
数据流通阶段	数据交互	人工智能在数据的采集、标注、分析和算法优化时都会涉及各个主体，数据产业链中安全能力薄弱的主体使得整个数据链路面临风险	可能会带来数据泄露、数据盗取的危害
	数据孤岛	目前合法、便捷、安全和低成本的数据交易流通市场尚未形成，企业之间、行业之间存在法律和技术上双重壁垒	制约人工智能发展，可能滋生数据黑产
	数据跨境	人工智能的数据资源供给、数据分析能力、算法研发优化、产品设计应用等环节分散在不同的国家，必然带来跨境数据流动	可能带来涉及个人敏感信息、重要数据的出境问题，从而威胁公民权益和国家安全
数据使用阶段	关联分析	人工智能对于分散数据项的关联分析和深度挖掘，能够将用户本无意公开的信息或特征暴露出来	将严重侵害用户隐私和人身安全，甚至威胁国家安全
	还原分析	人工智能在用于逆向还原攻击时，能够基本还原被攻击者的算法逻辑和训练数据特征集	恶意攻击者通常将其用于窃取企业商业机密
	对抗样本攻击	通过在网络空间或物理世界的样本数据输入中添加细微、无法识别的干扰信息，使人工智能模型在正常运行后输出错误的结果	使得人工智能产生攻击者需要的定向输出结果，引发安全事故

4．个人隐私不断受到侵犯

当前，人工智能正在通过人脸识别、虹膜等技术的应用，大规模、不间断地收集、使用敏感个人信息，使个人隐私泄露风险加大。

2018 年，"剑桥分析"不正当使用 8700 万 Facebook 用户数据，将这些数据输入智能系统中并分析用户政治意向，操纵美国大选及英国脱欧公投。2019 年，陌陌 ZAO 应用由于用户隐私协议不规范、过度攫取用户授权、存在数据泄露风险等网络数据安全问题而被监管机构约谈，要求其自查整改。

2020 年，加州大学 Joseph Makin 博士在论文《自然神经科学》中开发了一个可以将大脑活动转化为文本数据的系统，该系统通过脑机接口翻译大脑想法，这对人们的隐私构成强大威胁。同年，湖南省发生一起利用人工智能语音机器人帮助网络犯罪案，"人工智能语音机器人"非法获取、筛选大量手机号码后进行拨打，将正在炒股或有炒股意向的受害人拉入预先建立的虚假炒股微信群，进而实施诈骗。

2021 年，"315 晚会"曝光科勒卫浴、宝马、MaxMara 等商店安装了人脸识别摄像头，这属于严重侵犯个人隐私和财产安全的行为。

12.3 本章小结

人工智能技术虽然已经得到了快速发展，但依旧有很多局限性，在技术本身上，存在概率模型、感知技术、信息搜索等方面的不足；在赋能网络攻击上，存在攻击效果、复杂度、物理世界攻击、缺乏足够数据训练等方面的局限；从赋能网络防御上，存在启发式和可证明式两种局限性。

从安全的角度看，人工智能存在自身的安全问题，如学习框架、组件、算法设计、对抗样本等，这些安全问题会被黑客或攻击者利用进行攻击。因此，不断提升人工智能自身的安全性是最重要的工作之一。另外，人工智能也带来了衍生安全问题，比如，触发了很多公共安全事件、在各种场景中运用人脸识别所带来的严重挑战，以及在数据安全、个人隐私方面带来巨大安全隐患。

本章参考文献

[1] 方滨兴，时金桥，王忠儒，等. 人工智能赋能网络攻击的安全威胁及应对策略[J]. 中国工程科学，2021，23（3）：60-66.

[2] 超级科技. 聚焦！2019 美国黑帽大会，网络安全七大热点都在这！[EB/OL]. 搜狐网站，2019.

[3] 奇安信代码卫士. Black Hat USA 2020 大会主议题大盘点（上）[EB/OL]. CSDN 网站，[2022-03-02].

[4] 信息安全与通信保密. 2021 美国黑帽大会主要网络安全热点及思考[EB/OL]. 网易网站，[2022-03-02].

[5] 机器之心 Pro.一文纵览人工智能的 23 个分支技术[EB/OL].百度网站，[2022-03-02].

[6] WANG B, GONG N Z.Attacking graph-based classification via manipulating the graph structure[C]. Proceedings of the 2019 ACM SIGSAC Conference on Computer and Communications Security, 2019: 2023-2040.

[7] A BEN HAMZA. Anisotropic Graph Convolutional Network for Semi-supervised Learning [EB/OL]. 来源于钛学术文献服务平台官网.

[8] JIAN ZHANG. Time-aware Gradient Attack on Dynamic Network Link Prediction[EB/OL]. 来源于钛学术文献服务平台官网.

[9] ANG LI. Reinforcement Learning-based Black-Box Evasion Attacks to Link Prediction in Dynamic Graphs[EB/OL]. 来源于钛学术文献服务平台官网.

[10] ZUGNER D, AKBARNEJAI A, GUNNEMANN S.Adversarial attacks on neural networks for graph data[C]. Proceedings of the 24th ACM SIGKDD International Conference on Knowledge Discovery & Data Mining, 2018: 2847-2856

[11] CHEN J, CHEN L, CHEN Y, et al.GA- based Q- attack on community detection[J].IEEE Transactions on Com-putational Social Systems, 2019, 6（3）：491-503.

[12] JINYIN CHEN. Multiscale Evolutionary Perturbation Attack on Community Detection [EB/OL]. 来源于钛学术文献服务平台官网.

[13] YU S, ZHENG J, CHEN J, et al.Unsupervised Euclidean distance attack on network embedding[C]. Proceedings of 2020 IEEE Fifth International Conference on Data Science in Cyberspace（DSC），2020: 71-77.

[14] HAIBIN ZHENG. Fast Gradient Attack on Network Embedding[EB/OL]. 来源于钛学术文献服务平台官网.

[15] HAIBIN ZHENG. Link Prediction Adversarial Attack[EB/OL]. 来源于钛学术文献服务平台官网.

[16] BO LI. Data Poisoning Attack against Unsupervised Node Embedding Methods[EB/OL]. 来源于钛学术文献服务平台官网.

[17] MOOSAVI-DEZFOOLI S M, FAWZI A, FAWZI O, et al.Universal adversarial perturbations[C]. Proceedings of the IEEE Conference on Computer Vision and Pattern Recognition, 2017: 1765-1773.

[18] BO YUAN. Graph Universal Adversarial Attacks: A Few Bad Actors Ruin Graph　Learning Models[EB/OL]. 来源于钛学术文献服务平台官网.

[19] 翟正利, 李鹏辉, 冯舒. 图对抗攻击研究综述[J]. 计算机工程与应用. 2021, 57（7）: 14-21.

[20] JIAN ZHANG . Time-aware Gradient Attack on Dynamic Network Link Prediction[EB/OL]. 来源于钛学术文献服务平台官网.

[21] ANDREW DOCHERTY. Adversarial Examples on Graph Data: Deep Insights into Attack and Defense[EB/OL]. 来源于钛学术文献服务平台官网.

[22] ESTEBAN MORO. Attack Tolerance of Link Prediction Algorithms: How to Hide Your Relations in a Social Network[EB/OL]. 来源于钛学术文献服务平台官网.

[23] DANIEL ZÜGNER. Adversarial Attacks on Graph Neural Networks via Meta Learning [EB/OL]. 来源于钛学术文献服务平台官网.

[24] LI J, ZHANG H, HAN Z, et al.Adversarial attack on community detection by hiding individuals[C]. Proceedings of the Web Conference, 2020: 917-927.

[25] SUHANG WANG. Node Injection Attacks on Graphs via Reinforcement Learning[EB/OL]. 来源于钛学术文献服务平台官网.

[26] HANJUN DAI. Adversarial Attack on Graph Structured Data[EB/OL]. 来源于钛学术文献服务平台官网.

[27] BOJCHEVSKI A, GÜNNEMANN S.Adversarial attacks on node embeddings via graph poisoning[C].Proceedings of International Conference on Machine Learning, 2019: 695-704.

[28] CHANG H, RONG Y, XU T, et al.A restricted black-box adversarial framework towards attacking graph embed-ding models[C].Proceedings of International Conference on AAAI, 2020: 3389-3396.

[29] KUI REN, TIANHANG ZHENG, ZHAN QINA, et al.Adversarial Attacks and Defenses in Deep Learning[J].Engineering ,2020（6）: 346-360.

[30] ADITI RAGHUNATHAN. Certified Defenses against Adversarial Examples[EB/OL]. 来源于钛学术文献服务平台官网.

[31] RAGHUNATHAN A, STEINHARDT J, LIANG P. Semidefinite relaxations for certifying robustness to adversarial examples[C]. Proceedings of the 32nd Conference on Neural Information Processing Systems，2018.

[32] WONG E, KOLTER J Z. Provable defenses against adversarial examples via the convex outer adversarial polytope.[C] Proceedings of the 31st Conference on Neural Information Processing Systems，2017.

[33] ERIC WONG. Scaling provable adversarial defenses[EB/OL]. 来源于钛学术文献服务平台官网.

[34] HEIN M, ANDRIUSHCHENKO M. Formal guarantees on the robustness of a classifier against adversarial manipulation[C]. Proceedings of the 31st Conference on Neural Information Processing Systems，2017: 2266-2276.

[35] ALEKSANDER MADRY. Training for Faster Adversarial Robustness Verification via Inducing ReLU Stability[EB/OL]. 来源于钛学术文献服务平台官网.

[36] KATZ G, BARRETT C, DILL D L, et al. Reluplex: an efficient SMT solver for verifying deep neural networks[C]. Proceedings of the International Conference on Computer aided Verification，2017: 97-117.

[37] KAMALIKA CHAUDHURI. Analyzing the Robustness of Nearest Neighbors to Adversarial Examples[EB/OL]. 来源于钛学术文献服务平台官网.

[38] NICOLAS PAPERNOT. Deep k-Nearest Neighbors: Towards Confident, Interpretable and Robust Deep Learning[EB/OL]. 来源于钛学术文献服务平台官网.

[39] JAMES LUCAS. Adversarial Distillation of Bayesian Neural Network Posteriors[EB/OL]. 来源于钛学术文献服务平台官网.

[40] NEAL R M. Bayesian learning for neural networks[M]. New York: Springer Science & Business Media，2012.

[41] 孟祥宏. 信息安全攻防博弈研究[J]. 计算机技术与发展. 2010, 20（4）: 159-166.

[42] PASQUALE F. The Black Box Society: The Secret Algorithms That Control Money and Information [M]. Cambridge: Harvard University Press，2016.

[43] BURRELL, JENNA. How the machine "thinks": Understanding opacity in machine learning algorithms[J]. Big Data &Society, 2016, 3（1）: 1-12.

[44] 浮婷. 算法"黑箱"与算法责任机制研究[D]. 北京：中国社会科学院大学，2020.

[45] 中国信息通信研究院，中国人工智能产业发展联盟. 人工智能治理白皮书[R]. 2020.

[46] JOY BUOLAMWINI, TIMNIT GEBRU. Gender Shades: Intersectional Accuracy Disparities in Commercial Gender Classification[C].Proceedings of Machine Learning Research, 2018: 1-15.

[47] GOLDMAN E. Search Engine Bias and the Demise of Search Engine Utopianism[M]. Berlin Heidelberg:Springer, 2008.

[48] 张涛，马海群. 智能情报分析中算法风险及其规制研究[J]. 图书情报工作，2021，65（12）: 47-56.

[49] 王率先. 论人工智能在法院裁判中的定位——以美国 COMPAS 量刑辅助系统的应用历史为视角[D]. 上海：华东政法大学，2019.

[50] 吴椒军，郭婉儿. 人工智能时代算法黑箱的法治化治理[J]. 科技与法律（中英文），2021（1）: 19-28.

[51] 全国信息安全标准化技术委员会，大数据安全标准特别工作组. 人工智能安全标准化白皮书（2019 年）[R]. 2019.

[52] EYKHOLT K, EVTIMOV I, FERNANDES, E，et al.Robust physical-world attacks on deep learning visual classification[C]. CVPR，2018.

[53] 方滨兴. 人工智能安全[M]. 北京：电子工业出版社，2020.

[54] 夏玉明，石英村. 人工智能发展与数据安全挑战[J]. 信息安全与通信保密，2020（12）: 70-78.

第 13 章　人工智能的哲学思考与安全治理路径

本章从哲学伦理的角度论述人工智能作为一项当前热门的前沿技术对人类社会带来的影响和冲击，比如对心灵、人脑结构、意识形态、自然进化等方面；给出人工智能的哲学限度；简要讨论通过制度、技术、伦理等遏制人工智能带来的负面因素的安全治理途径。

13.1　人工智能的哲学思考

人工智能在整个发展进程中都与哲学有着紧密联系，通常意义上的"智能"是指智慧与能力结合，从感知、记忆到思维的过程为"智慧"，智慧的结果产生语言与行为，语言和行为表达的过程为"能力"。

13.1.1　人工智能哲学概念解析

在哲学概念上[1]，"人工智能"可以认为是以人类智能为参考模拟对象，增加人的要素，延伸增强、扩大发展人类智能，组合智能要素和模拟智能机制，尽可能增强人工智能与人的相似程度，逐步让人工智能向自然智能进化。

从哲学分类看，人工智能可以分为悲观主义观点的弱人工智能（Artificial Narrow Intelligence，ANI）、乐观主义观点的强人工智能（Artificial General Intelligence，AGI）和理想主义观点的超人工智能（Artificial Super Intelligence，ASI）。

弱人工智能通过程序对人类智能进行局部模拟，擅长某个领域和方面，能实现一定的人类智能行为，是用来帮助人们工作的工具，并不能产生思维意识，但是大规模数据的存储、处理等超越了人脑，已经成为人类智能的重要补充。

强人工智能能够达到与人类智能相当的水平，是人工智能发展到一定阶段后的高级状态，能够模仿人类思维模式进行思考和推理，甚至产生自己特有的思维和意识，最终会具有人类的语言、情感、心灵、本能、欲望、意志、世界观、价值观等。

超人工智能在科学创新、社交技能等任何领域内都可以远远超越人类智能，是一种乌托邦式的终极理想状态[2,3]。

13.1.2　人工智能对人类社会的影响

1．增强人类思维依赖度

思维活动是人对客观世界的能动反映，人通过频繁思维活动产生对世界的基本认识，并在频繁的思维活动中不断强化自身思维能力。

人工智能包含的各种深度学习算法、类脑算法、神经网络等展示出其自身强大的学习能力、搜索能力、总结能力、预测能力等，这些能力能够迅速满足人的需求。比如，智能搜索引擎可以为人类提供一些问题的有效答案，不再需要人类去深入思考而得出，这样人的部分思维活动将逐渐被人工智能所替代。

随着人工智能越来越先进、越来越智能，现存的各种知识也在不断地加速增加和更新，人们的生活、工作、交往、思维等都会被人工智能影响和侵蚀，人们也不再通过自己的思考和判断来解决问题，转变为依靠专家系统、智能机器人等智能技术来进行处理、分析和决策，使得越来越多的人过度依赖人工智能，造成人们对事物的判断能力和认知能力逐渐减弱，导致自身主动思维能力日渐消退，从而在一定程度上削弱了人的创新意识和创新能力。

2．弱化人类实践活动能力

人工智能的实质是对人类智能的模拟和实现，是人类智慧的物化表现形式，是人类实践活动的成果。如果过于依赖技术且受控于自己的创造物，则人的实践活动能力将逐渐弱化。

人工智能的不断进步，在海量数据运算、快速预测、精准医疗、专家咨询系统等方面已经超越人类，无人驾驶汽车、无人机、智能机器人等将大量代替原先由人完成的工作，对人类实践活动的取代将越来越多。这直接对就业带来巨大冲击，必然导致"失业潮"发生。当只有少数人可以实现转型去研发创新技术和产品时，人工智能的发展将导致利益的分化与重构，新创造的社会财富将会不成比例地向资本一方倾斜，低收入与受教育程度较低的人群将在新一轮社会资源分配中处于不利地位。

2016 年世界经济论坛年会发布了基于对全球企业战略高管和个人调查的报告，指出到 2021 年，这将导致全球 15 个主要国家的就业岗位减少 710 万个，其中 2/3 为办公和行政人员；2045 年的全球失业率将超过 50%。而麦肯锡报告推测，到 2030 年机器人将取代 8 亿人的工作，就业问题越发成为社会问题。智能机器对人类劳动的代替，使得社会结构悄然从"人—机器"向"人—智能机器—机器"快速转变，人类必须学习如何与智能机器和睦相处。

3. 弱化人类独立人格

独立人格是区别于他人的根本，任何人都有着不同的独立人格。

人工智能根据人的需求为人提供人格化服务，通过大数据平台收集应用使用者的各种数据，并对这些数据进行融合分析、整理、关联等，并通过统一标准对这些数据进行分类、延展，从而进行大量数据化人格特质分析，为使用者提供所谓个性化服务，极有可能使得人在数据上拥有不属于自己的人格特质，使人在使用人工智能的过程中迷失自身独特人格，从而弱化了人的独立人格。

随着人类对人工智能的依赖程度越来越高，人类在思考和创造方面的惰性也会越来越强，因此在人工智能构造的技术性环境中，人们要在劳动实践过程中不断提高自身主观能动性和创新能力，避免对技术的过度依赖，以确保人在客观物质世界和技术环境中的主体地位。

4. 引起众多伦理问题

人工智能的快速进步使其应用逐渐扩展到多个领域，极大地促进了人类社会发展，但在这个过程中，人工智能应用也使原有的部分伦理准则不能适应新技术的发展要求，在一定程度上加剧了道德冷漠、难以划分责任主体、污染自然环境等[4,5]。

在道德建设方面，人工智能快速发展使其应用大大增加了出现在人类身边的频率，这大大减少了人与人之间的交流互动，造成人与人之间关系疏远。例如，随着人工智能的智能程度不断提升，智能搜索引擎，使人与人之间面对面进行知识交流逐渐变成人与人工智能进行交流，破坏了人与人之间的联系，使人失去在某些道德问题上的共情。另外，当人工智能按照预定程序替人做出道德选择时，也减少了人进行道德选择的机会。例如，美国一家法院曾经使用人工智能定罪系统对罪犯进行风险评估，黑人被判断为高风险罪犯的可能性大大超过白人，这个结果加剧了现实生活中白人对黑人在道德层面的不公平现象。

在人格尊严方面，利用深度伪造技术能实现将人脸转移到色情明星的身体上，伪造逼真的色情场景，使污名化他人及色情报复成为可能。例如，通过 DeepNude 软件，输入一张完整的女性图片就可一键生成相应的裸照，另外，还发生过亚马逊智能音箱劝人自杀等事件。

在责任主体划分方面，人工智能技术应用可以代替人完成很多事情，当它的决策出现问题时，人工智能制造者、人工智能、人工智能使用者都认为自身不应该是责任主体，由谁来负责存在界定难度。人工智能出现错误后，人往往只能采取删除数据或重新编程的方法解决，缺乏对智能体的制造者和使用者进行惩罚的相应措施。

在生态环境方面，人工智能不仅需要物化的机器作为自身承载体，还需要足够的电能来支撑自身实践活动，为了获取更多电能，而将煤、天然气、石油等资源转化为电能的过程会产生生态环境污染问题。

5．容易导致技术失控

新技术最大危险莫过于人类失去对它的控制，或者落入企图利用新技术反对人类的人手中。比如，人类发明了核武器，但随时都会担心核武器带来不可控的恐怖后果。由于人工智能具有一定的智能水平，能够体现一定的自主性，因此人工智能的发展可能会超出人类的可控范围，乃至出现技术失控的现象。

人工智能产生的短期影响主要取决于谁在控制人工智能，而长期影响则取决于能否受到合理控制和约束。作为一种革命性的通用技术，人工智能可能会被用于进行损害人类和危害社会的"智能犯罪"，这种不当使用会造成很大的负面影响，进而影响人类社会的可持续发展。

面对可能的人工智能失控情形，在人工智能的研发设计、管理控制、监督惩罚等方面，需要充分发挥人类对技术发展的积极推动作用，通过有效监督管理来构建一个可控的人工智能体系[6]。

（1）对人工智能技术发展保持高度警惕，形成能够有效防范、检测和侦破各种智能犯罪的有效手段。

（2）通过制度层面设计来管理和监督人工智能的研发及应用，避免技术的不道德使用和非法使用。

（3）树立正确的技术观念，将技术作为人类发展和劳动的工具和手段，注重培养人自身的能动性和创造性，不能忽视对自身独立工作、独立思考、独立分析问题、独立解决问题等方面能力的培养。

13.1.3 人工智能与心灵

在人工智能研究初期，一种观点认为人工智能可造就"人工心灵"，承认人类的智能发端于心灵，把心灵作为智能的发源地、载体。因此，人工智能就是要模拟人类心灵，寻求通过符号表征来找到关于世界方方面面的形式结构，以使智能机器具备解决某一类问题或区分某些类型的模式的能力。

最早，图灵认为智能机器就是要模仿人类心灵，西蒙和纽威尔基于"人类大脑和数字计算机尽管在结构和机制上全然不同，但是在某一抽象层次上具有共同的功能描述。在这一层次上，人类大脑和恰当编程的数字计算机可被看作同一类装置的两个不同特例，这类的装置通过用形式规则操作符号来生成智能行为"的假设提出了物理符号系统，认为心灵和数字计算机都是物理符号系统，"认知模拟"占据主导地位。随后，麻省理工学院的明斯基和帕佩尔特研究了要表征的是何种事实和规则的问题、如何解决常识知识的形式化问题，以及工智能的意识问题等。

麦金（C.McGinn）提出了人工智能造就心灵方案，认为人类心灵的根本特点在于"能通过适当的方式将人与世界关联起来，此特点实即意向性"。他在《心理内容》一书中提出"心智建筑术"概念，倡导要研究大自然设计、制造心灵的方法和途径。

13.1.4　人脑结构与意识形态

虽然神经心理学、脑科学等学科的发展使人类初步认识了人脑结构、人脑功能，但还没有完全认识神经系统结构及其作用，尤其是没有充分认识人脑的运作机理，学术界对智能概念还未形成统一认识。

霍华德·加德纳的多元智能理论将人类智能分为语言、逻辑、空间、肢体运作、音乐、人际、内省七个范畴。人工智能是模拟人脑功能的产物，比如日本京都现代通信研究所的"细胞自动机—仿脑计划"（CAM-Brain Machine Project），包含上千万个用电子元器件实现的"人造神经细胞"，通过模拟自然大脑的生物演化过程可以培养人脑的"学习"能力，以达到执行特定任务的目的。

意识是通过人的感觉器官和大脑的复杂活动对客观世界的反映，是长期物质世界发展的必然产物，也就是人的意识必须处于一定的社会环境中，在社会实践中逐渐产生。人类解决问题的方式不仅仅依靠判断推理，也需要非逻辑思维。

人脑对客观事物的反映具有主观能动性，人的意识不仅通过感觉、知觉等形式反映外部形象，而且能够运用概念、推理等形式对感性材料进行加工，使之升华到理性认识，因此人的意识具有目的和计划性、创造性、引导实践控制生理行为等特性，具有思考功能和社会性。

为了实现智能机器的"意识"，人工智能先驱马文·明斯基在《情感机器》一书中[7]认为，意识就是表示不同类型的精神活动。他认为精神活动可以分为六个层级体系，从低层到高层分别是本能反应、后天反应、思考决策（沉思）、反思、自我反思和自我意识。

人工智能是人类自我认识的产物，作为人类智能的延伸，扩大了人类的认知范围，强化了人类的认知能力，也带来人类认知模式的改变。在很大程度上，人工智能可以完成人类目前尚不能完成的任务，解决人类无法完成的问题，更大限度地解放人类体力劳动和部分脑力劳动，突破人类自身局限性。

人工智能在认知活动的研究中，与神经生理学、人脑科学等其他学科全方面融合发展，把信息加入认识之中，使认识活动中的理性部分分解为对信息的逻辑思维处理，弥补和克服了人类思维的不足。在此基础上进行思维强化，使人类在认识活动中进行更高阶段的创造性思维活动，大大提高了人类认识世界和改造世界的能力，从而更好地推动人类智能发展[8]。

虽然在以上几个方面，人工智能已经可以代替甚至超过人类智能，但是从整体来看，相比于人脑的极端复杂和不断发展，人工智能也只是通过机械地完成指令来模拟人脑的部分功能，人工智能算法无法自我学习、自我反省、发现问题[9,10]。

当出现问题时，人工智能只能通过人类发现问题后提供新的算法或更新指令后，才能解决。也就是说，人工智能对人类智能有很强的依赖性，只能对人类智能不断地重复、模拟和复制，还无法进行高层次的人类思维活动和超越人的意识，即不具备人类智能的主观能动性、创造性、创新能力、情感、意志等，无法主动学习获得自我意识，不能进行独立思考，更不会积极主动进行社会活动，到目前为止还未通过"图灵测试"。因此，人工智能仍然处于弱人工智能阶段，与人类智能是被创造和创造、被使用和使用的关系。

13.1.5　理性主义与经验主义

从哲学的角度看，有两种对人工智能的认知，分别是理性主义和经验主义。

理性主义的代表是海斯、麦卡锡、莫尔等学者，他们的认知前提是人的智能表现在各种遵循演绎理性规则推理过程的模型中，认为如果有以大量知识为基础的程序，并且有表征知识的合适方式，那么人工智能就会实现。这意味着人工智能的研究者只需要在程序中运用根据数理逻辑构造的公理、理论，并伴以解读公理的解释程序，就能够赋予机器智能。麦克·德莫特把这类方案叫作"逻辑主义"的人工智能解决方案，虽然他在最初支持这种方案，但他也发现了这种理性演绎本身的缺陷，即"演绎恰恰没有提供计算任意事物的理论，它追求的只不过是证实任意事物的理论"。因此，他认为理性主义的人工智能"可能实现，也可能实现不了"。

另一个质疑理性主义人工智能的学者是德雷福斯，他认为理性主义人工智能有种"肯定存在着关于人类任意实践活动的形式化理论"的直觉，并以语言并不总是严格地按照语言规则使用为例，按照理性主义的思路就无法模拟人类的语言行为，所体现的人工智能就是有缺陷的"智能"。

经验主义诞生于古希腊，距今已有 2400 余年的历史，它是一种认识论学说，认为人类知识起源于感觉，并以感觉的领会为基础。基于理性主义存在的根本性障碍，经验主义获得了发展空间。

在人工智能的研究中，经验主义继承了哲学上的经验主义传统，并十分强调"经验"对于智能的重要意义。很多学者对包含丰富经验因素的机器学习、机器进化等进行了深入研究，也研制出感知机等智能机器。比如，纽威尔和西蒙认为，"智能系统是一个物理符号系统的基础假设，该假设是经验概括，而不是定理"，同时认为，"符号系统产生智能行为的方式是通过启发式搜索来完成的，而这种启发式搜索是经验证据，而不是从其他前提中推导而出的"。这就体现出经验主义，而后续的连接主义也更倾向于经验主义。

经验主义作为一种人工智能研究方法，同样具有局限性。例如，要建立一个语义识别系统，就必须了解赋予每个符号何种语义，以及如何赋予的问题。纽威尔和西蒙认为，"我们关于符号系统的经验虽然被赋予了丰富的语义信息，并被赋予很多存取这些信息的模式识别能力，但这种经验仍然是极为有限的。"

理性主义贬低经验主义的感觉经验作用，强调理性能力本身在认识中的中心地位，虽然理性主义和经验主义的认知差异长期存在，但也并非完全对立，与归纳与演绎、综合与分析一样，人工智能是理性主义与经验主义的综合体，两者相辅相成。

在知识的获得和正当性中，康德将理性和经验两者综合起来。一方面，经验主义提倡理性主义的严格明晰性和精确标准，对知觉问题、感觉材料和物质对象的关系问题、外部世界问题、科学的结果和方法论等进行了研究；另一方面，理性主义相对于非理性主义而言，指的是人类理性能力和理性原则的一切理论和实践，因此经验主义也属于理性主义范畴。

13.1.6 自然进化与人工进化

自然进化指的是人类智能的进化过程，人类之所以有智能，是大自然长期选择的结果[11]。

古生物学家海瑞·杰瑞森（Harry Jerison）研究了人类智能进化的源头，认为"有一条明晰的分界线在对其他个体知觉和自我知觉之间"。

英国心理学家 Humphrey 着重强调包含在社会世界知识中的创造能力。

他宣称"人类智能主要的创造性运用，并不表现在传统的艺术与科学领域中，而表现在将社会群体凝聚在一起的活动中"。

社会学家 Thomas Luekman 认为"人类能够通过丰富的、相当稳定的客观世界和事件，体验存在的环境"。另外，人类还可以继续将一系列身边的情境与典型历史事件结合，最后逐步进化到人的认同意识的高级阶段。

人工进化的结果就是人工智能，它受到自然进化思想的启发，即让机器在一定环境中进化，也就是智能进化与环境产生共变。智能机器人必须能够完成不断变化的任务，人工智能需要依据变化的任务来同步、更新自身预测模型，使其在整个任务过程中保持预测的准确性，模拟进化远比模拟神经网络更有意义和前景。

13.1.7　人工智能的哲学限度

当前的人工智能还处于弱人工智能阶段，未来会逐步过渡到强人工智能阶段，甚至超人工智能阶段。超人工智能阶段的主要有两个特点，一是人工智能拥有与人类类似的动机与价值观，尤其是嵌入同情、怜悯等道德情感；二是人工智能模拟人类思维和心灵，实现自我意志，并实现自我升级和进化。

第一个特点的哲学限度是要把违反道德约束的行为设定在可选择范围之外，人工智能不会做出违反道德约束的行为。这在具体实现中会有两方面挑战：一是需要设定合适的道德准则；二是需要把这些准则精确编码，并嵌入人工智能设计程序。将伦理道德和价值取舍嵌入人工智能的设计程序，使其成为引导人工智能发展的内在维度，对价值选择和决策十分必要。

伦理学家提出一些基本价值原则[12]，一是人本原则，即人工智能需要在尊重人类主体性的前提下进行技术创新和实际应用；二是公正原则，即人工智能的技术成果应该让尽可能多的人共享；三是责任原则，即人工智能领域的研发、应用和管理应明确不同主体的道德权利和责任义务。

第二个特点的哲学限度是机器没有意向性[13]，只能按人类事先设定的思维方法运行，无法像人类一样主动思考和理解复杂变化的场景，因此要使机器在深度、广度及灵活性上达到人类心智水平，在原理上和实践上都是不可能的。

哥德尔提出了著名的不完全性定理，即"任何一个形式系统，只要包括了简单的初等数论描述，而且是自洽的，它就必定包含某些系统内所允许的方法，既不能证明真，也不能证伪"。

卢卡斯依据哥德尔的定理，认为任何机器都不可能是心灵的完全或充分的模型，心灵在本质上不同于机器，因此机器不可能充分模拟人类心灵。在自我意志和进化方面，由于当前对不断发展的人类大脑本身的运行机理还知之甚少，而把人工智能来代替人脑的目标过于简单，人的意志、思想等智能内核并不能被人为编制的程序形式化。

虽然人工智能有其哲学限度，对自我认知智能起源寻找进化线索比较困难，但作为一项不断发展的创新技术，其本身具备无限的生命力。

当今的人工智能已经不再仅仅是装有计算机芯片的智能机器，而是包括了所有由人创造的智能体，这种认知形式诚然不容易被科学研究人员识别和证明，但是已成为人类技术进步的动力。未来的人工智能不仅是一个研究工具，也是一个暗示，它将在人与自然之间找到合适的空间而获得发展。随着人类对人工智能相关学科研究的深入，现存的人工智能哲学局限性可能最终消失在人类的进步中。

13.2　人工智能安全治理路径

面对人工智能带来的安全风险、局限性、不足等，以及出现的各种重大安全事故和事件，全层次治理模式和多手段治理方式可作为人工智能安全治理的有效路径。

13.2.1　全层次治理模式

人工智能安全治理是一个系统工程，需要政府、行业组织、研发机构和公众四方共同努力，按照全面协同、逐步推进的方式，形成全层次的人工智能安全治理模式。

（1）发挥政府的领导作用，在国家层面采取包容审慎、灵活弹性的原则，对人工智能规范立法，制定人工智能安全政策、法律规制、标准、治理框架等，解决人工智能产品带来的责任归属问题、智能产品侵权等相关法律问题。在规范规制的同时，避免限制人工智能合理发展，可通过设立专业的人工智能管理机构，布局和制订人工智能技术研发路线和投资路线，监督和管理人工智能在规章制度下的运行和发展。

（2）通过各种行业组织推动多方人工智能安全治理，行业协会、标准化组织、产业联盟行业组织制定在具体领域场景中的人工智能技术、产品、产业等的标准，例如在自动驾驶、深度伪造、金融、医疗等各个细分领域制定相应规则、路径和手段，积极协调各方进行综合治理。

（3）人工智能相关研发机构应践行行业自律自治，研发人工智能技术、产品和服务的高校、科研院所、企业等应主动承担相关社会责任，严格遵守科技伦理、技术标准及法律法规，以高标准进行自我约束与监督。

（4）公众要积极参与人工智能安全治理的各个环节，为人工智能治理献计献策，如制定规则、监督治理效果。

13.2.2 多手段治理方式

人工智能安全治理方式包含价值理念、监测评估和技术手段三个方面。

1. 价值理念

倡导人工智能要造福人类、避免伤害、公平正义等，做好人工智能安全伦理工作，制定处理机器与人、机器与社会相互关系时应遵循的道德观和准则，为人工智能技术开发和运用提供价值判断标准。

2. 检测评估

对人工智能进行顶层设计时应充分考虑其存在的风险，重视其潜在风险预判和研究，注重人工智能系统安全防御技术的发展，有效评估涉及的技术安全性，为人工智能乃至系统防御技术提供有效规范，体现人的引导作用，推动人工智能技术的良性应用[14]。

3. 技术手段

可分别运用伦理技术、基础技术和智能技术进行人工智能安全治理。

1）伦理技术

通过数据筛选、算法设计、模型优化等技术，将伦理原则嵌入人工智能应用与产品，解决诸如隐私泄露、算法偏见、非法内容审核等问题。

IBM 通过人工智能 Faireness 360 工具包，监测并报告算法在机器学习训练中可能产生的偏见或歧视，并减小其后续发生概率。微软利用单词嵌入的自然语言处理工具解决文本搜索中的性别偏见问题。

Facebook 利用 DeepText 等工具，审核并发现极端主义或涉及种族歧视等言论的新闻内容，并第一时间对其进行删除、阻断。

2）基础技术

做好计算机硬件设备检查、维护和升级工作，全面检查存储各类数据的硬件设备的状态，分析网络在运行过程中是否存在异常现象，以保证计算机硬件设备能够顺利运行，保障计算机网络信息的安全性。

做好网络运行环境的安全防护，全面分析网络运行环境，结合关键基础设施控制系统体系架构，有针对性地开展漏洞挖掘、安全测试，排查关键信息基础设施安全风险隐患，提升关键信息基础设施的抗侦听、抗攻击和恢复能力，发现网络在运行过程中存在风险性因素时，及时采取一系列防范措施。

加强数据安全和隐私保护技术应用落地，对要在网络中传输的重要文件信息、数据资料采取加密处理，以避免相关信息被窃取和遗失，做好网络传输数据的加密处理，保障网络信息数据安全。

3）智能技术

智能技术是指通过增强人工智能技术在网络防御领域的深度应用，以智能对抗智能安全风险。

针对人工智能网络攻击特点和规律，根据用户行为签名、行为特征、行为序列、关系特性分析，采用监督学习、无监督学习、神经网络、异常检测集成学习等方法进行多维度网络异常行为检测和分析，发现已有网络攻击共性和特殊性，分析恶意程序和攻击手段演化方向，提升网络攻击防御效率和精准度。

加大对感知技术、深度学习、机器学习等人工智能算法的研发力度，提升算法可解释性、透明性、运行效率等。加强基于人工智能的漏洞挖掘、安全测试、威胁预警、攻击检测、应急处置等网络安全技术攻关，强化人工智能安全态势感知、测试评估、威胁信息共享和应急处置等能力。加强对抗性机器学习研究，分析机器学习对抗性攻击对人工智能系统的危害程度，提出应对技术方案，增强算法健壮性。

　　持续研究同态加密、差分隐私、安全多方计算、联邦学习等多种数据和隐私保护技术。目前，国际上致力于此类技术研究的主体主要有以下两类。

　　（1）以谷歌、微软等为代表的全球互联网巨头，投入建设了大量人工智能实验室和研究所，包括 Microsoft Research、Google Brain、Intel AI、Visa Research 等。

　　（2）以伯克利大学、斯坦福大学、麻省理工学院等为代表的学术机构。同态加密用于基于隐私保护的数据外包存储和计算，允许对加密的数据执行计算而无须先解密，通过消除限制数据共享的隐私障碍来利用数据产生新的服务。例如，2018 年，英特尔（Intel）发布的开源工具 HE-Transormer 就应用了同态加密。

　　基于差分隐私的隐私保护技术[15]在统计和机器学习分析的背景下对隐私进行数学定义，当基于隐私数据进行训练时，差分隐私能够保证模型不会学习或记住任何特定数据主体的细节信息，从而提供有效隐私保护。

　　安全多方计算将计算分布在任何一方都不能看到其他方数据的多方之间，能够支持非公开的分布式计算，解决互不信任的参与方在协同计算时的隐私保护问题，使数据在被利用的同时不侵犯隐私[16]。

13.3　本章小结

　　人工智能当前还处于计算、感知阶段，能够形成一定程度的分析能力，要实现人类的决策、理解、心理等能力任重而道远。面向未来，人工智能应综合运用最新技术，在合规合法合理的前提下，在某一或更多方面超越人类智能，朝着"扩充和延伸人的功能来完成人很难完成的任务"[17]的方向发展。

本章参考文献

[1]　玛格丽特 A. 博登. 人工智能哲学[M]. 刘希瑞，等译. 上海：上海译文出版社，2006：5.

[2] 郭沅东. 关于人工智能的哲学思考[D]. 哈尔滨：哈尔滨理工大学，2017.

[3] 林命彬. 智能机器的哲学思考[D]. 长春：吉林大学，2017.

[4] 张开. 人工智能的技术应用批判[D]. 沈阳：沈阳工业大学，2019.

[5] 陈晋. 人工智能技术发展的伦理困境研究[D]. 长春：吉林大学，2016.

[6] 李敏. 人工智能：技术、资本与人的发展[D]. 武汉：中南财经政法大学，2018.

[7] 马文·明斯基.情感机器[M]. 王文革，程玉婷，李小刚，译.杭州：浙江人民出版社，2016.

[8] 钱俊生. 人工智能的哲学问题分析[J]. 理论月刊，1985（4）：56-59.

[9] 张劲松. 人是机器的尺度——论人工智能与人类主体性[J]. 自然辩证法研究，2017，33（1）：49-54.

[10] 吕宝忠. 人类起源与智能进化[J]. 自然科学，2012（5）：1-2.

[11] 霍德华·加德纳. 智能的结构[M]. 沈致隆，译. 北京：中国人民大学出版社，2008.

[12] 孙伟平. 关于人工智能的价值反思[J]. 哲学研究，2017（10）：120-126.

[13] 范阿翔. 人工智能技术创新及其带来的哲学思考[D]. 南京：东南大学，2018.

[14] 贾焰，方滨兴，李爱平，等. 基于人工智能的网络空间安全防御战略研究[J]. 中国工程科学，2021，23（3）：98-105.

[15] 魏国富，石英村. 人工智能数据安全治理与技术发展概述[J]. 信息安全研究，2021（2）：110-119.

[16] 秦丞，贺渝镔. 基于人工智能时代下计算机网络信息安全防范[J]. 电子技术与软件工程，2020（2）：255-256.

[17] 赵泽林. 人工智能的基础哲学问题探究[D]. 武汉：华中师范大学，2009.